储能科学与工程专业"十四五"高等教育系列教材

能 源 化 学

主　编　李法社　陈冠益　马隆龙
副主编　张慧聪　张兴华　孙昱楠

科学出版社
北　京

内 容 简 介

本书从能源和化学两个角度出发，主要讲述各类能源利用过程中的基础化学原理与技术应用方式，包括化学基础、能源利用、节能减排三部分。全书共 9 章，具体包括能源概述、化学基础、化石能源、太阳能、生物质能、核能、氢能、储能电池、节能减排技术。本书内容编排由浅入深，在介绍能源利用化学知识的基础上，有机融入应用案例，并设置了相关习题。

本书可作为普通高等院校能源动力类专业本科生、研究生能源化学课程的教材，也可作为从事科研、设计和生产的技术人员、管理人员的参考书。

图书在版编目（CIP）数据

能源化学 / 李法社, 陈冠益, 马隆龙主编. -- 北京：科学出版社, 2024.12. -- (储能科学与工程专业"十四五"高等教育系列教材). -- ISBN 978-7-03-080527-0

Ⅰ.TK01

中国国家版本馆 CIP 数据核字第 2024F87D12 号

责任编辑：陈　琪 / 责任校对：王　瑞
责任印制：师艳茹 / 封面设计：马晓敏

科 学 出 版 社 出版
北京东黄城根北街 16 号
邮政编码：100717
http://www.sciencep.com

北京华宇信诺印刷有限公司印刷
科学出版社发行　各地新华书店经销

*

2024 年 12 月第　一　版　开本：787×1092　1/16
2024 年 12 月第一次印刷　印张：15 1/4
字数：362 000
定价：69.00 元
（如有印装质量问题，我社负责调换）

储能科学与工程专业"十四五"高等教育系列教材编委会

主　任

　　王　华

副主任

　　束洪春　　李法社

秘书长

　　祝　星

委　员（按姓名拼音排序）

蔡卫江	常玉红	陈冠益	陈　来	丁家满
董　鹏	高　明	郭鹏程	韩奎华	贺　洁
胡　觉	贾宏杰	姜海军	雷顺广	李传常
李德友	李孔斋	李舟航	梁　风	廖志荣
林　岳	刘　洪	刘圣春	鲁兵安	马隆龙
穆云飞	钱　斌	饶中浩	苏岳锋	孙尔军
孙志利	王　霜	王钊宁	吴　锋	肖志怀
徐　超	徐旭辉	尤万方	曾　云	翟玉玲
张慧聪	张英杰	郑志锋	朱　煮	

《能源化学》编委会

主　编

李法社　　陈冠益　　马隆龙

副主编

张慧聪　　张兴华　　孙昱楠

委　员

纳　薇　　段耀宗　　王文超　　刘作文　　倪梓皓

崔　卓　　穆　兰　　陶俊宇　　杨改秀　　武文竹

马　畅　　张　琦　　陈伦刚　　杨　祥　　张启康

李东方　　王　霜　　隋　猛　　卢凤菊　　陈　勇

谭方关　　刘慧利　　祝　星　　朱　焘

序

储能已成为能源系统中不可或缺的一部分，关系国计民生，是支撑新型电力系统的重要技术和基础装备。我国储能产业正处于黄金发展期，已成为全球最大的储能市场，随着应用场景的不断拓展，产业规模迅速扩大，对储能专业人才的需求日益迫切。2020年，经教育部批准，由西安交通大学何雅玲院士率先牵头组建了储能科学与工程专业，提出储能专业知识体系和课程设置方案。

储能科学与工程专业是一个多学科交叉的新工科专业，涉及动力工程及工程热物理、电气工程、水利水电工程、材料科学与工程、化学工程等多个学科，人才培养方案及课程体系建设大多仍处于探索阶段，教材建设滞后于产业发展需求，给储能人才培养带来了巨大挑战。面向储能专业应用型、创新性人才培养，昆明理工大学王华教授组织编写了"储能科学与工程专业'十四五'高等教育系列教材"。本系列教材汇聚了国内储能相关学科方向优势高校及知名能源企业的最新实践经验、教改成果、前沿科技及工程案例，强调产教融合和学科交叉，既注重理论基础，又突出产业应用，紧跟时代步伐，反映了最新的产业发展动态，为全国高校储能专业人才培养提供了重要支撑。归纳起来，本系列教材有以下四个鲜明的特点。

一、学科交叉，构建完备的储能知识体系。多学科交叉融合，建立了储能科学与工程本科专业知识图谱，覆盖了电化学储能、抽水蓄能、储热蓄冷、氢能及储能系统、电力系统及储能、储能专业实验等专业核心课、选修课，特别是多模块教材体系为多样化的储能人才培养奠定了基础。

二、产教融合，以应用案例强化基础理论。系列教材由高校教师和能源领域一流企业专家共同编写，紧跟产业发展趋势，依托各教材建设单位在储能产业化应用方面的优势，将最新工程案例、前沿科技成果等融入教材章节，理论联系实际更为密切，教材内容紧贴行业实践和产业发展。

三、实践创新，提出了储能实验教学方案。联合教育科技企业，组织编写了首部《储能科学与工程专业实验》，系统全面地设计了储能专业实践教学内容，融合了热工、流体、电化学、氢能、抽水蓄能等方面基础实验和综合实验，能够满足不同方向的储能专业人才培养需求，提高学生工程实践能力。

四、数字赋能，强化储能数字化资源建设。教材建设团队依托教育部虚拟教研室，构建了以理论基础为主、以实践环节为辅的储能专业知识图谱，提供了包括线上课程、教学视频、工程案例、虚拟仿真等在内的数字化资源，建成了以"纸质教材+数字化资源"为特征的储能系列教材，方便师生使用、反馈及互动，显著提升了教材使用效果和潜在教学成效。

储能产业属于新兴领域，储能专业属于新兴专业，本系列教材的出版十分及时。希望本系列教材的推出，能引领储能科学与工程专业的核心课程和教学团队建设，持续推动教学改革，为储能人才培养奠定基础、注入新动能，为我国储能产业的持续发展提供重要支撑。

中国工程院院士　吴锋

北京理工大学学术委员会副主任

2024 年 11 月

前　言

能源是经济社会高质量发展的重要基石，也是人类赖以生存的物质保障。从钻木取火、煤炭利用、石油开采，再到新能源的开发，每次能源革命都推动着人类文明发生重大变革。党的二十大报告指出："深入推进能源革命，加强煤炭清洁高效利用，加大油气资源勘探开发和增储上产力度，加快规划建设新型能源体系，统筹水电开发和生态保护，积极安全有序发展核电，加强能源产供储销体系建设，确保能源安全。"在推动能源清洁低碳高效利用，推进工业、建筑、交通等领域清洁低碳转型过程中，离不开化学的参与。能源利用过程存在大量化学反应，如煤的燃烧、太阳能的光电转换、电池储能过程等。熟练掌握能源开发与利用中的基本化学原理与规律，对于解决能源问题具有重要意义。

因此，本书以能源利用过程中的基本化学原理为切入点，围绕煤、石油、天然气、太阳能、生物质能、核能、氢能等能源形式进行重点讲解。化学基础知识的讲解为读者构建基本化学知识体系，也使读者更易理解、消化各类能源利用过程的化学原理。在各章末设置的相关习题可强化读者对知识点的理解与掌握。同时，为强化学生对知识的理解，本书融入视频内容，可扫描书中二维码进行学习。通过对本书的学习，读者可以获得相对完整的能源化学知识内容，为进一步开展科学研究奠定理论基础。

本书在广泛借鉴国内外能源化学类教材内容的基础上，结合授课讲义编写而成，由昆明理工大学李法社教授、天津商业大学陈冠益教授、东南大学马隆龙教授共同主编，第 1、2、5、6、9 章由昆明理工大学李法社、张慧聪、段耀宗、王文超、刘作文、倪梓皓编写，第 3、4 章由天津商业大学陈冠益、孙昱楠、崔卓编写，第 7、8 章由东南大学马隆龙、张兴华编写。本书编写过程中，多位专家学者提出宝贵建议，在此表示最诚挚的感谢！

由于编者学识有限，书中难免有不足之处，恳请各位读者批评指正，以便改进和完善。

编　者
2024 年 9 月

目 录

第1章 能源概述 1
  1.1 能源的定义和分类 1
    1.1.1 能源的定义 1
    1.1.2 能源的分类 1
  1.2 能源利用 2
    1.2.1 能源的作用 2
    1.2.2 能源利用史 3
  1.3 能源储量及消费 5
    1.3.1 能源储量 5
    1.3.2 能源消费 5
    1.3.3 我国能源现状 7
  1.4 能源与化学的联系 8
  习题 9

第2章 化学基础 10
  2.1 原子结构和元素周期系 10
    2.1.1 原子结构 10
    2.1.2 元素周期系 22
  2.2 化学键与分子结构 27
    2.2.1 共价键理论 27
    2.2.2 杂化轨道理论与分子几何构型 32
    2.2.3 分子间作用力 36
    2.2.4 离子键理论 41
    2.2.5 晶体类型 45
  2.3 化学反应中的质量和能量关系 47
    2.3.1 质量守恒定律 47
    2.3.2 能量守恒定律 49
  2.4 化学反应的方向、速率和限度 55
    2.4.1 化学反应的方向 55
    2.4.2 化学反应的速率 57
    2.4.3 化学反应的限度 61
  2.5 无机化学基础 64
    2.5.1 无机反应简介 64

		2.5.2	酸碱反应	66
		2.5.3	沉淀反应	67
		2.5.4	氧化还原反应	69
	2.6	有机化学基础		72
		2.6.1	有机反应简介	72
		2.6.2	烷烃与环烷烃	73
		2.6.3	烯烃与炔烃	75
		2.6.4	芳香烃	77
		2.6.5	其他有机化合物	78
	习题			78
第3章	化石能源			79
	3.1	煤炭转化与利用		79
		3.1.1	概述	79
		3.1.2	煤净化技术	81
		3.1.3	煤矸石的综合利用	85
		3.1.4	煤先进燃烧技术	86
		3.1.5	煤先进转化技术	91
	3.2	石油转化与利用		95
		3.2.1	石油加工原理与技术	95
		3.2.2	石油化工产品与应用	97
	3.3	天然气转化与利用		100
		3.3.1	天然气净化工艺	100
		3.3.2	天然气转化原理与技术	102
	习题			107
第4章	太阳能			108
	4.1	概述		108
		4.1.1	太阳能的优点	108
		4.1.2	太阳能的缺点	109
	4.2	光电利用		109
		4.2.1	基础理论	109
		4.2.2	技术及应用	113
	4.3	光合作用		115
		4.3.1	基础理论	115
		4.3.2	技术及应用	118
	4.4	其他光化学利用		118
		4.4.1	光发酵制氢	118
		4.4.2	污染物光降解	120
	习题			125

第5章 生物质能 ·········· 126
5.1 概述 ·········· 126
5.2 生物质气化 ·········· 128
5.2.1 基础理论 ·········· 128
5.2.2 生物质气化工艺 ·········· 131
5.2.3 气化技术及应用 ·········· 138
5.3 生物质液化 ·········· 142
5.3.1 基础理论 ·········· 142
5.3.2 液化技术及应用 ·········· 148
5.4 生物质碳化 ·········· 154
5.4.1 基础理论 ·········· 154
5.4.2 碳化技术及应用 ·········· 157
习题 ·········· 159

第6章 核能 ·········· 160
6.1 核反应概述 ·········· 160
6.2 放射性与核衰变 ·········· 161
6.2.1 α衰变 ·········· 161
6.2.2 β衰变 ·········· 165
6.2.3 γ衰变 ·········· 167
6.3 核裂变 ·········· 168
6.4 核聚变 ·········· 171
6.5 核能的开发与利用 ·········· 173
习题 ·········· 174

第7章 氢能 ·········· 175
7.1 概述 ·········· 175
7.2 氢气的制备 ·········· 176
7.2.1 基础理论 ·········· 176
7.2.2 技术及应用 ·········· 177
7.3 氢气的利用 ·········· 184
7.3.1 基础理论 ·········· 184
7.3.2 技术及应用 ·········· 185
7.4 氢气的储存 ·········· 188
7.4.1 基础理论 ·········· 188
7.4.2 技术及应用 ·········· 190
习题 ·········· 194

第8章 储能电池 ·········· 195
8.1 概述 ·········· 195
8.1.1 储能电池简介 ·········· 195

8.1.2　储能电池的应用场景 ··· 195
　　8.1.3　储能电池行业的发展 ··· 196
8.2　基础理论 ··· 197
　　8.2.1　锂离子电池 ··· 197
　　8.2.2　铅酸电池 ·· 198
　　8.2.3　钠硫电池 ·· 198
　　8.2.4　全钒液流电池 ··· 199
8.3　技术及应用 ·· 199
　　8.3.1　锂离子电池 ··· 199
　　8.3.2　燃料电池 ·· 203
　　8.3.3　超级电容器 ··· 206
习题 ·· 209

第9章　节能减排技术 ··· 211

9.1　基础理论 ··· 211
　　9.1.1　概述 ·· 211
　　9.1.2　节能 ·· 212
　　9.1.3　低碳 ·· 212
　　9.1.4　零碳 ·· 214
　　9.1.5　减排 ·· 216
9.2　技术及应用 ·· 219
　　9.2.1　清洁能源替代技术 ·· 219
　　9.2.2　能源梯级利用技术 ·· 221
　　9.2.3　化学链技术 ··· 222
　　9.2.4　CO_2 捕集、利用与封存技术 ·· 223
习题 ·· 226

参考文献 ·· 227

第1章 能源概述

1.1 能源的定义和分类

1.1.1 能源的定义

能量的物理量被人们表示为物体做功能力的大小，其形式多种多样，如热能、电能、光能、化学能、动能、势能等。能量是物质运动的一种表现形式，而所有能够提供某种形式能量的物质，或者是物质的运动，统称为能源。能源可以是一种物质，如通过燃烧提供热能的煤炭、石油、天然气等；还有一些物质只有在运动时才能提供能量，这些物质的运动也可以称为能源，如空气、水只有在运动时才能提供动能（风能、水能）。

能量和能源在概念上是不同的，但两者又是并列的关系。简而言之，能源可以被认为是能量的来源或者载体。但在具体定义能源时，无法像定义能量那样抽象地表述出来。究竟什么样的物质才算能源？或者说能源的特点是什么？总的来说，物质至少具有以下特征，才能称为能源。

（1）有限性。无论是在日常生活中，还是在生产活动中，人类所有活动都离不开能源。人类社会进步意味着消耗的能源不断增加，但有些能源并不是取之不竭，要想真正满足人类社会发展需求，则必须合理利用能源，同时仍需开发新的能源形式，能源无限制使用最终将造成能源枯竭。

（2）可替代性。人们可以通过各种技术手段对能源进行转换利用，而且同种能源可在不同情况下使用，即一能多途。但是，能提供人类生产生活中所需有效能的物质众多，所以在多用途的选择下需考虑能源利用的合理途径，才能在能源替代中实现最优化利用。

（3）可行性。能源一定要满足人类当前需要，保证能够应用到当前生产生活中，如传统能源煤炭、石油、天然气等，以及正在积极研究推广的能源，包括地热能、风能、太阳能、生物质能等。对于暂未从其身上找到能够满足当前需求，但未来可能会提供能量，且仍无法满足当前技术可行性的物质，暂时无法将其称为能源。

综上所述，如果某种载体能够为人类的生产和生活提供有效的能量，即为能源。

1.1.2 能源的分类

能源种类较多，其分类形式通常如下。

（1）根据能源的形成和再生性，可分为可再生能源和化石能源（不可再生能源）。可再生能源是指在自然界中可以不断再生、永续利用的资源，它对环境无害或危害极小，而且资源分布广泛，适宜就地开发利用，如太阳能、风能、水能、地热能等，但其能量密度较低，收集利用成本相对较高。化石能源是指地壳中形成的一些矿物燃料，也称为不可再生能源，如煤炭、石油、天然气等，这些能源是由数百万年前动植物遗体经过高温高压作用转化而来，储量有限，且燃烧产生的 CO_2 等温室气体对环境可造成严重影响。

（2）根据能源的成因，可分为一次能源和二次能源。一次能源指直接取自自然界中，且未经过任何加工转换的能源，如煤炭、石油、天然气等。二次能源是由一次能源经过一系列的加工转换后得到的能源产品，如电力、煤气、汽油、柴油等。

（3）根据能源的技术开发程度，可分为常规能源和新型能源。常规能源包括水电、汽油、煤炭、石油、天然气等。新型能源包括太阳能、地热能、核能、风能、生物质能等。

（4）根据能源的原始来源，可分为三类：第一类是来自地球以外的能源，主要来自太阳辐射，包括化石能源、生物质能、水能、风能等；第二类是地球本身蕴藏的能源，主要包括核裂变能、核聚变能及地热能等资源；第三类是地球和月亮、太阳等天体有规律的运动所形成的能源，如潮汐能。

（5）根据能源对环境的影响程度，可分为清洁型能源和污染型能源。狭义的清洁型能源是指可再生能源，如风能、水能、太阳能等，这些能源在消耗之后可以快速得到补充，产生的污染较少。广义的清洁型能源则包含对生态环境污染程度较低或者没有污染的能源，如天然气、洁净煤和核能等。污染型能源主要包括煤炭、石油等，在使用后会产生大量对空气造成污染的物质。

（6）根据能源的实物形态，可分为固体能源、液体能源和气体能源。固体能源大多是碳物质或碳氢化合物，天然固体能源有原煤、石煤、油页岩、木材等，经过加工的有洗煤、焦炭、型煤等。液体能源主要是碳氢化合物或其混合物，天然液体能源有原油，经过加工的有汽油、柴油、煤油等。气体能源一般为含有低分子量的碳氢化合物、氢气和一氧化碳等可燃气体，并常含有二氧化碳、氮气等不可燃气体，主要有天然气、液化石油气、焦炉煤气等。

（7）根据能源的储存和运输性质，可分为含能体能源和过程性能源。含能体能源是指包含能量的物质，如化石燃料、草木燃料、核燃料等，这种含能体可以直接储存运送。过程性能源是指能量比较集中的物质运动过程，通常是在流动过程中产生能量，如流水、海流、潮汐、风、地震、直接的太阳辐射、电能等。

（8）根据能源的使用性质，可分为燃料型能源和非燃料型能源。燃料型能源是指主要通过燃烧以提供热能形式的能源，主要有矿物燃料、生物燃料、化工燃料和核燃料。非燃料型能源多数自身具备机械能、热能和光能，包括水能、风能、地热能、海洋能等。

1.2 能源利用

1.2.1 能源的作用

纵观古今，人类社会的一切活动离不开能源，从日常生活到生产活动都在不同程度地消耗能源。能源历来是人类文明的先决条件,是国民经济发展的重要物质基础和推动力,是国家发展的命脉。无论是过去、现在还是未来,人们一直将能源的开发和利用状况作为衡量一个时代、一个国家经济发展和科学技术水平的重要标志。能源对人类的重要性不言而喻,可从以下几个方面体现能源的作用。

(1) 推动经济发展。能源是现代工业和经济发展的基础,各行各业对能源的需求量巨大,从工业生产、基础设施建设到交通运输等,都离不开能源的支持。能源和经济紧密联系,能源是经济发展的基础,而经济发展也需要能源的支持。为了使经济发展更加健康和可持续,需不断探索创新的、可持续的能源形式。此外,发展能源行业不仅可以提供更多的就业机会、增加国民收入,还可推动经济高质量发展。

(2) 提高人民生活水平。能源的供应和稳定性直接影响人们的生活水平。无论是在城市还是农村,充足的能源资源可以保障人们的基本生活需求。在城市中,能源供应支撑着家庭、企业和公共机构的正常运转。对于农村地区,能源在农田灌溉、农业机械使用和家庭生活中起着至关重要的作用。因此,需要建立更加稳定、可靠的能源供应系统,这对于提高生活水平具有重要意义。

(3) 保障国家安全。能源是国家安全的重要组成部分。能源的供需矛盾和能源战略的变化,都可能带来巨大的政治、经济和安全风险。因此,国家的独立性和自主发展离不开能源安全,能源资源的缺乏或者对外依赖过多可能会使国家面临外部风险和威胁。依赖外部能源供应的国家可能会受到国际市场价格波动、地缘政治风险等因素的影响,进而威胁国家的经济独立性。

(4) 保护环境和可持续发展。能源和环境是可持续发展的两个重大的且具备内在联系的问题。传统能源的开采和利用会导致环境污染和碳排放增加,对气候变化和生态环境产生不利影响,包括空气污染、水污染、土地破坏等。发展清洁能源和可再生能源是保护环境和实现可持续发展的重要途径,从而减少对传统能源的依赖,减少温室气体排放,推动绿色经济发展。

总而言之,能源在经济发展、人民生活水平、国家安全、环境保护和可持续发展方面的重要意义不可估量。只有维持能源在环境效益、经济效益和社会效益之间的平衡发展,才能更好地推动可持续能源的开发和利用。

1.2.2 能源利用史

能源的开发和利用是人类文明史的重要内容。历史上曾经历过多次重大能源变革,每一次能源突破都促进了生产力和人类文明的快速发展,如表 1-1 所示。

表 1-1 不同阶段的能源利用形式

文明类型	时间阶段	能源利用标志	主要能源形式
采猎文明	约 300 万年前至 1.2 万年前	钻木取火	柴薪
农耕文明	约 1.2 万年前至公元 1500 年	驱使牲畜,使用风车、水车	畜力、风力、水力

续表

文明类型	时间阶段	能源利用标志	主要能源形式
工业文明	公元1500年至公元1945年	蒸汽机与内燃机	煤炭、石油
信息文明	公元1945年至今	发电机	电力、石油、煤炭、天然气
生态文明	未来	广泛使用智慧能源	智慧能源

人类历史上第一次重大能源变革是火的控制和利用。在早期社会，主要依靠自然界的能源来满足生产和生活需要，起初依靠最多的就是太阳能、风能和水能。直到170万年前，人类的祖先借来了自然力"火"，能源时代也由此正式开启。8万年前，人类又学会了"钻木取火"。对于史前人类而言，火的利用使人类走出了茹毛饮血的时代，不但提高了人类的智力，还使人类的活动范围不断扩大。火作为人类首次支配的自然力，必然成为人类文明史的一个重大进步。

人类历史上的第二次能源革命，标志着化石能源时代的到来。18世纪末至19世纪初，工业革命的爆发带来了能源利用的巨大变革。我国最早关于煤炭的记载始于汉代，据史书记载，当时的中国人已开始将煤炭作为燃料使用。然而，煤炭真正占据燃料主导地位的时代还要从18世纪60年代的第一次工业革命开始算起。伴随着蒸汽机的诞生，人类首次开始对煤炭进行大规模的开采和利用。由于木材的热值低，已经无法满足能源的巨大需求，高热值、分布广的煤炭成为全球第一大能源。

19世纪60年代，迎来了第二次工业革命，世界由"蒸汽时代"跨入"电气时代"，科技和生产力再一次跨越式发展，煤炭被转换成输送和利用更加便捷的二次能源——电能。电力的应用不仅改变了人们的生活方式，也极大地促进了交通运输、通信和工业生产的发展。同时期，石油逐渐进入大众视野，并发现其是一种比煤炭能量更高，且更容易储存和运输的化石燃料。1859年，美国塞尼卡石油公司在宾夕法尼亚钻出的第一口工业油井拉开了石油时代的序幕。

起初人们对石油的需求还没有很大，但在19世纪末，随着以石油为燃料的内燃机发明问世，以及挖掘技术的改进，石油工业开始迅速发展起来。在石油革命的推动下，石油开始广泛应用于工业、交通和能源领域。20世纪，人类严重依赖石油，使得石油成为决定国际事务、影响世界历史变迁的主要因素之一；20世纪中期，全球石油产量持续增长。1973年和1979年，能源危机爆发后，人们开始意识到石油是一种有限的原料，终将消耗殆尽。对于天然气的使用，现代意义上的天然气开发利用始于20世纪20年代的美国，最初主要是将其作为照明、取暖和炊煮的燃料，后来随着输送管道网络建设的发展，天然气又被广泛应用于居民生活和生产工业中。时至今日，在天然气较快的发展下，其已成为众多国家不可或缺的能源。

人类历史上第三次重大能源变革是可再生能源的蓬勃发展。18世纪至19世纪初，人们开始利用水力发电进行机械的驱动，水轮机将水能转化为可用机械能。20世纪20~50年代，人们开始探索利用太阳能和风能等可再生能源。到20世纪30年代，人们发明了太阳能热水器和太阳能炉等利用太阳能的装置。到20世纪40年代，丹麦开始建造风力发电机,利用风能发电。20世纪60~80年代,石油价格的上涨和环境保护意识的增强,推动了可再生能源的发展,使得新能源技术进步和实际应用的速度进一步加快,太阳能电池的研发、风力发电场的建设开始受到人们的重视。从1990年至今,随着人类环境保护意识的增强和科技的发展突破,可再生能源得到了越来越多的重视,可再生能源的应用和推广也因此更加全面。

能源的利用经历了自然能源—化石能源—电力—可再生能源的发展历程。人类对于能源的需求只会日益增加,这就需要不断探索创新,发展能源技术,寻找更加高效、环保的能源利用方式,坚持可持续发展原则。

1.3 能源储量及消费

1.3.1 能源储量

能源储量是指能够在技术和经济条件下生产和获得的能源资源,通常分为两类,一类是地质储量,另一类是探明储量。前者是指根据能源的地质储藏、形成和分布规律计算出的储量,后者是根据地质勘探报告统计得出的储量。

截至2019年底,全球已探明煤炭储量1069636Mt,可供开采132年。其中,无烟煤和烟煤储量为749167Mt,占总储量的70.04%;次烟煤和褐煤储量为320469Mt,占总储量的29.96%。按国别划分,2019年全球煤炭资源储量前十位的国家分别是美国、俄罗斯、澳大利亚、中国、印度、印度尼西亚、德国、乌克兰、波兰、哈萨克斯坦。前五位的国家煤炭资源可采储量占全球的75.28%。从供需关系看,煤炭主要进口国为中国、日本、印度和韩国,煤炭出口大国为印度尼西亚、澳大利亚、蒙古国和俄罗斯。

从2022年各国更新的剩余探明储量数据来看,全球石油储量为2406.9亿t,天然气储量为211万亿m^3。全球石油储量主要集中在中东和美洲地区,天然气储量主要集中在中东、东欧及北欧。2022年,石油储量前五位国家是委内瑞拉、沙特阿拉伯、伊朗、加拿大和伊拉克,五国总储量占据了全球储量的62%。天然气储量前五位国家为俄罗斯、伊朗、卡塔尔、美国和土库曼斯坦,五国总储量占据了全球储量的63%。

1.3.2 能源消费

能源消费是指生产和生活所消耗的能源。能源消费人均占有量是衡量国家经济发展和人民生活水平的重要标志。人均能耗越多,国内生产总值越大,社会越富裕。在发达国家,能源消费强度变化与工业化进程密切相关。随着经济的增长,工业化阶段初期和中期能源消费一般呈缓慢上升趋势,当经济发展进入后工业化阶段后,经济增长方式发生重大改变,能源消费强度开始下降。全球一次能源消费量与占比随时间的变化分别如图1-1与图1-2所示。总体来看,全球能源消费总量保持持续增长态势,传统化石能源消费占比逐渐降低。

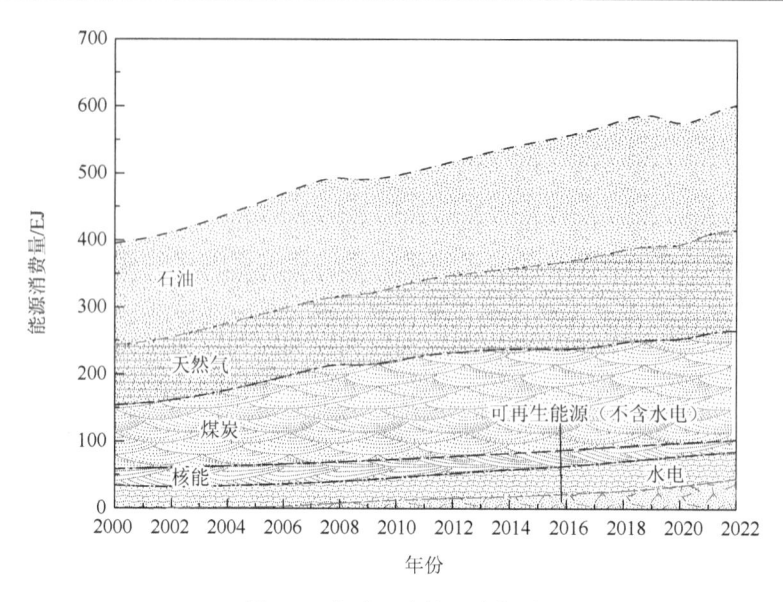

图 1-1 全球一次能源消费量

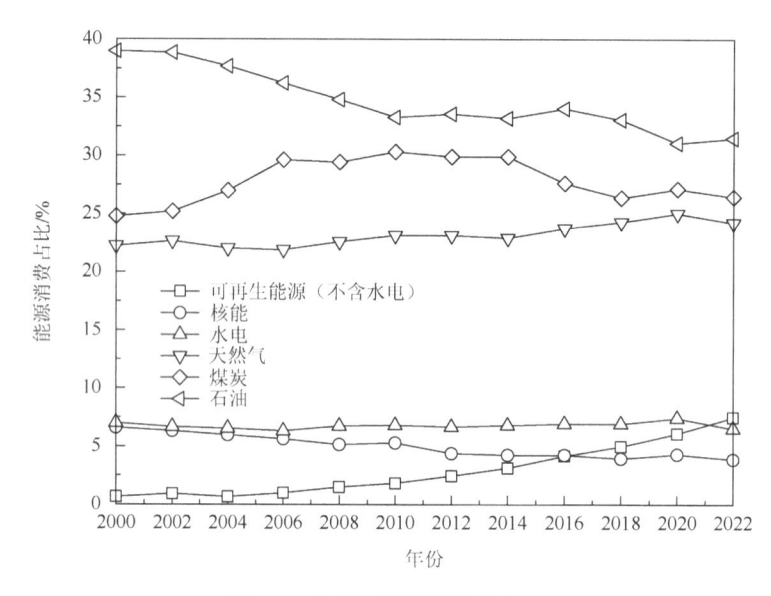

图 1-2 全球一次能源消费占比

1. 石油

2022 年，石油消费量持续增长，全球共消费 190.69EJ［艾焦（EJ）：能量的国际单位，1EJ = 10 万亿 J］，相较于 2021 年增长了 3.2%。按地区来看，亚太地区是消耗石油最多的地区，2022 年共消费石油 69.61EJ，占全球总消费量的 36.50%。从区域来看，经济合作与发展组织国家的消费量增长了 140 万桶·d^{-1}，非经合组织国家的消费量增长了 150 万桶·d^{-1}。大部分增长源自航空煤油（90 万桶·d^{-1}）和柴油/轻油（70 万桶·d^{-1}）。

2. 天然气

2022年全球天然气需求同比下降3%，略低于2021年首次创下的4万亿 m³大关。2022年，天然气在全球一次能源消费中的占比相比2021年略有下降，从2021年的25%降至24%。与2021年相比，2022年全球天然气产量保持相对稳定。2022年液化天然气供应量增长5%（260亿 m³），达到5420亿 m³。液化天然气供应增幅主要来自北美（100亿 m³）和亚太地区（80亿 m³）。亚太地区约占全球液化天然气需求量的65%，但与2021年相比下降6.5%；欧洲地区的液化天然气进口量增加57%。

3. 煤炭

全球煤炭消费量持续增长，2022年全球煤炭需求增长主要由中国（1%）和印度（4%）推动。与2021年相比，两国的需求合并增长1.7EJ，而北美和欧洲地区煤炭消费量分别下降6.8%和3.1%。2022年，经济合作与发展组织国家的煤炭消费量较2019年的水平下降约10%，而非经合组织国家的煤炭消费量上升了6%以上。发电仍是煤炭消费的最重要用途，但全球增速已有所放缓。全球煤炭发电量增幅从2022年的2.3%下降至2023年的1.4%左右。

4. 可再生能源

2022年，全球可再生能源（不包括水电）消费量为45.18EJ，同比增长13.0%。亚太地区仍然是可再生能源最大的消费区，消费量达到了19.45EJ。发电是可再生能源的重要利用方式。与2021年相比，2022年，可再生电力（不包括水电）增长14%，达到40.9EJ，太阳能和风能发电量继续快速增长，创下266GW的历史新高。

1.3.3 我国能源现状

我国幅员辽阔，但并不是一个资源富有的国家。我国拥有的能源总量约占世界能源总量的十分之一，但是人均能源可采储量远低于世界平均水平。我国能源的储量与分布，根据地区的地理结构特点的不同，呈现北多南少、西富东贫，能源品种分布特点为北煤、南水、西部和海上油气。我国的煤炭资源主要分布在华北、西北地区，水力资源主要分布在西南地区，石油、天然气资源则主要分布在东部、中部、西部地区和海域，而我国能源消费主要集中在东部沿海地区。能源分布与消费的地区差异严重影响能源的合理配置和有效利用。

截至2022年末，全国已发现矿产资源173种，其中能源矿产13种，金属矿产59种，非金属矿产95种，水气矿产6种。其中，煤炭储量2070.1亿t，位居矿产资源之首。根据2023年全国油气储量统计快报数据，全国油气勘查新增探明地质储量总体保持高位水平，石油勘查新增探明地质储量连续4年稳定在12亿t以上，天然气、页岩气、煤层气合计勘查新增探明地质储量连续5年保持在1.2万亿 m³以上。截至2023年末，全国石油剩余技术可采储量为38.5亿t，天然气剩余技术可采储量为66834.7亿 m³，页岩气剩余技术可采储量为5516.1亿 m³。我国能源资源的基本特点是富煤、贫油、少气。

2022年，中国一次能源生产总量为46.6亿t标准煤。能源生产结构中煤炭占67.4%，石油占6.3%，天然气占5.9%，水电、核电、风电、太阳能发电等非化石能源占20.4%。能源消费总量为54.1亿t标准煤，能源自给率为86.1%。同时，中国能源消费结构持续优化。2022年煤炭消费占一次能源消费总量的比重为56.2%，石油占17.9%，天然气占8.4%，水电、核电、风电、太阳能发电等非化石能源占17.5%。与2012年相比，煤炭消费占能源消费比重下降了12.3%，水电、核电、风电、太阳能发电等非化石能源比重提高了7.8%。图1-3为2012～2022年中国一次能源生产情况。

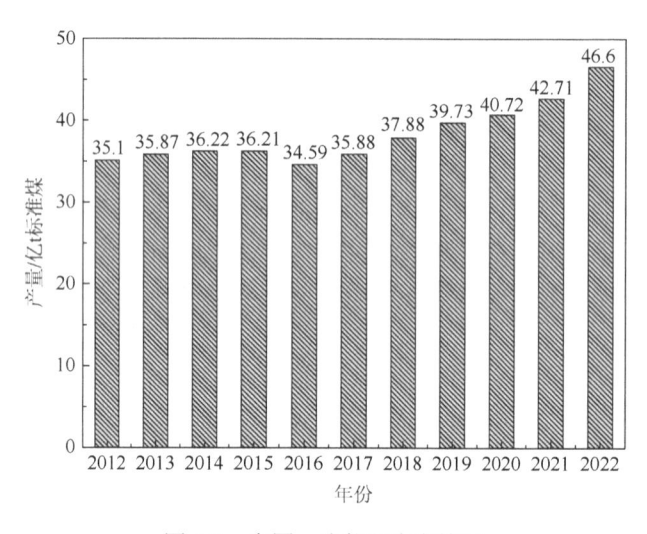

图1-3 中国一次能源生产情况

1.4 能源与化学的联系

能源是人类社会赖以生存和发展的重要物质基础。纵观人类社会发展的历史，人类文明的每一次重大进步都伴随着能源的更替或能源利用方式的改进。能源科学是研究能源在勘探、开采、输运、转化、储存和利用中的基本规律及其应用的科学，属于国际重大科学前沿。能源紧张和由能源问题引发的气候、环境危机是当今人类面临的重大难题。提高能源利用效率和实现能源结构多元化、清洁化是解决能源问题的关键，实现这些过程离不开化学理论与方法，以及以化学为核心的多学科交叉。特别是在能源开发和利用方面，无论是化石能源的高效清洁利用，还是太阳能、生物质能等可再生能源的高效化学转化，都涉及重要的化学基元反应问题，同样依赖于能源化学的基础研究。

一方面，能源的高效利用，特别是传统化石燃料能源体系的高效利用离不开能源化学。能源利用实质上就是能量在不同形式之间转换的过程，通过化学反应可以直接或者间接实现能量和不同化学物质之间的转化与储存。化学能够在分子水平上揭示能源转化过程中的本质和规律，为提高能源利用效率提供新理论、新思路和新方法。例如，在煤化工、石油化工、天然气工业中的许多过程，化学在催化材料的设计与合成、均相与非均相反应等领域，均具有无法替代的重要作用。

另一方面，化学已成为突破新能源开发与转化各环节瓶颈的关键学科。煤、石油、天然气等化石能源储量有限且不可再生，其消耗殆尽已成为不可逆转的趋势。为了满足人类发展需求，必须开发新的能源资源，特别是具有重要战略意义的新能源，包括太阳能、生物质能、核能、天然气水合物、次级能源（如氢能、电能）等。新能源开发与转化过程中遇到的重大科学问题，均迫切需要从化学角度提出新思想、发展新方法，为新能源的开发与转化提供低成本、高效率的新材料和新技术。

因此，无论是在常规能源的综合利用还是新能源的研究开发中，能源化学均担重任，为人类社会的可持续发展发挥巨大作用。以下章节将以化学基础知识和各类能源为切入点，重点讲解主要能源形式利用过程涉及的化学基本原理，为能源动力类专业学生、专业技术人员从事相关工作奠定理论基础。

习　　题

1. 简述能源的具体分类方式。
2. 简述能源的发展历程。
3. 简述我国能源结构的基本情况。
4. 简述能源化学的重要性。

第 2 章 化 学 基 础

2.1 原子结构和元素周期系

原子是指化学反应中不可再分的基本微粒,但其在物理状态中可以分割。本节将对原子结构及元素周期系作简要介绍。

2.1.1 原子结构

原子基本结构由位于中心的原子核和核外电子组成。核外电子围绕原子核做轨道运动,如同太阳系中行星围绕太阳运行。在化学反应范畴内原子是最小的微粒,无法进一步发生变化,直径约在 10^{-10}m 量级。在微观结构上,原子核由质子和中子构成,质子和中子各由三个夸克构成。原子结构与其性质如图 2-1 所示。

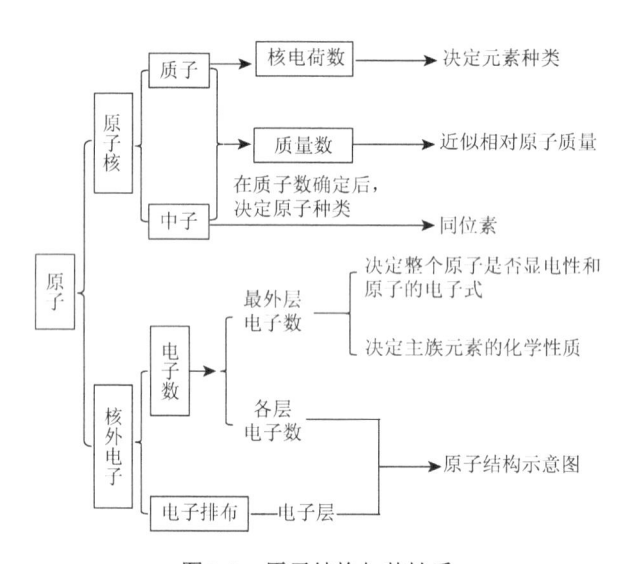

图 2-1 原子结构与其性质

如图 2-2 所示,原子核位于原子中央,占据整个原子大部分质量。质子由两个上夸克和一个下夸克组成,带一个单位正电荷(上夸克:+2/3 电荷,下夸克:−1/3 电荷)。中子由一个上夸克和两个下夸克组成,两种夸克的电荷相互抵消使中子显电中性。原子核中质子数和中子数不同将造成原子类型的差异:质子数决定了原子所属元素,拥有相同质子数的原子是同一种元素,原子序数 = 质子数 = 核电荷数 = 核外电子数;中子数确定了此元素的同位素类别,对于某特定元素,中子数可以发生改变。

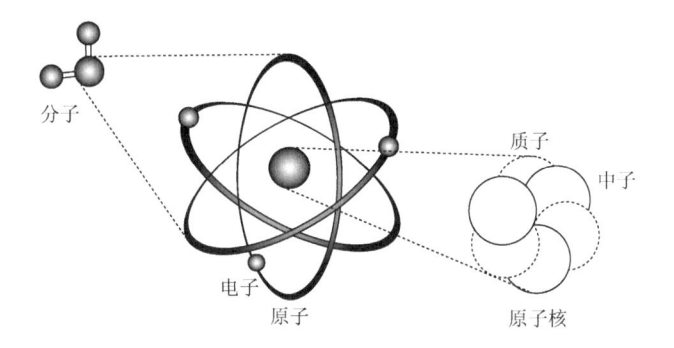

图2-2 分子、原子及原子核的关系图

电子是最早发现的亚原子粒子，其质量为 9.11×10^{-31}kg，质子和中子的质量分别是电子的 1836 倍和 1839 倍。电子带有一个单位的负电荷，电量为 1.6×10^{-19}C，是 1907~1913 年美国物理学家密立根通过研究电场和重力场中带电油滴运动得出的。电子因过于微小，现有技术仍无法测量其体积大小。

1. 氢原子结构

氢原子是最简单的原子，其原子核外仅有一个电子。氢原子的核外电子运动状态研究通常是从氢原子光谱入手的。

1）氢原子光谱和玻尔原子模型

一般情况下，可见光经过三棱镜折射后，会呈现红、橙、黄、绿、蓝、靛、紫七种颜色谱带。任何元素的气态原子在加热或在高压电作用下，激发射出的光通过三棱镜后，都会形成系列不连续的线状光谱，称为原子光谱。氢原子光谱是一种最简单的原子光谱，如图2-3所示。氢气放电管发出的光经过宽度与光波长相当的狭缝和棱镜后，在屏幕上可得到 H_α（红色）、H_β（绿色）、H_γ（蓝色）和 H_δ（紫色）4条不连续的氢原子光谱。

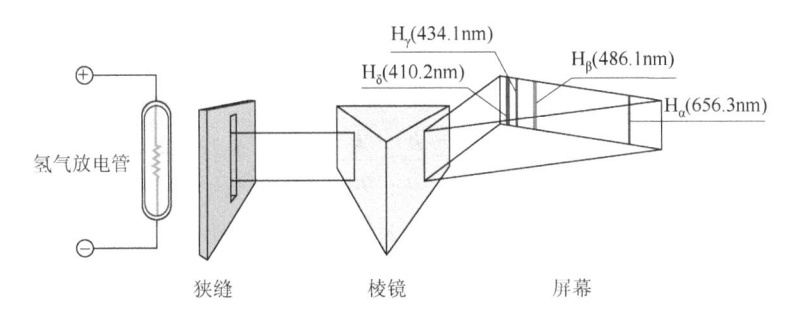

图2-3 氢原子光谱实验示意图

为了解释氢原子光谱现象，1913 年玻尔根据里德伯等的实验结果、卢瑟福的含核原子模型、普朗克量子论，推论出原子中电子的能量是不连续的，而且是量子化的，据此提出了玻尔原子模型，具体如下。

（1）定态。

氢原子的电子只能在某些以原子核为中心的，符合一定量子化条件的圆形轨道上运动。当电子在轨道上运动时，处于既不吸收能量又不放出能量的状态，称为定态。能量最低的定态为基态，而能量相对较高的定态称为激发态。这些不连续能量的定态称为能级。

（2）基态与激发态。

当电子处于离核最近的轨道上时，原子能量最低，此时原子处于基态。当原子从外界吸收能量时（加热、辐射、放电等），低能量轨道的电子可被激发跃迁至较高能量轨道上，此时原子和电子处于激发态。

氢原子中各种可能的量子化轨道上电子所具有的能量如式（2-1）所示：

$$E = -\frac{13.6}{n^2}\text{eV} \tag{2-1}$$

式中，n 为主量子数，可取 1, 2, 3, $\cdots$, n（正整数），分别对应电子所在的轨道和能级。n 值越大，表示电子离原子核距离越远。当 $n = \infty$ 时，表示电子将完全脱离原子核电场的引力，能量为零。

当激发态原子中的电子从较高能级跃迁回较低能级时，原子会以光子形式放出能量。光子能量大小取决于两个能级间的能量差，如式（2-2）所示：

$$\Delta E = E_2 - E_1 = h\nu \tag{2-2}$$

式中，E_2 为高能级能量；E_1 为低能级能量；h 为普朗克常量；ν 为发射光频率。

玻尔原子模型可用于解释氢原子和类氢离子（He^+、Li^{2+}、Be^{3+}等）的光谱现象，初步确定电子在原子核外为分层排布。但将玻尔原子模型推广到带有两个或更多电子的原子时，所得结果与实验结果差异较大。这主要在于玻尔原子模型虽引用了普朗克的量子化概念，但在讨论氢原子中电子运动的圆周轨道和计算轨道半径时，仍以经典力学为基础，难以正确反映微观粒子所特有的波粒二象性。

2）微观粒子运动的特殊性

（1）微观粒子的波粒二象性。

启发于光的波粒二象性，1924 年法国物理学家德布罗意提出电子等微观粒子也具有波粒二象性，并预言微观粒子的波长可用式（2-3）表示：

$$\lambda = \frac{h}{p} = \frac{h}{mv} \tag{2-3}$$

式中，m、v、p、h 分别为电子质量、电子运动速度、电子动量、普朗克常量。式（2-3）中表示波动性的物理量 λ 与表示粒子性的物理量 p，通过普朗克常量 h 定量地联系起来。随后在 1927 年，戴维森和革末发现将电子射线穿过薄晶片或晶体粉末时，产生了衍射现象，从而证实了德布罗意的假设，说明电子运动具有波动性。

实际上处于运动状态的质子、中子、原子、分子等微观粒子都具备波动性质，意味着波粒二象性是微观粒子运动的特征。因此，以上微观粒子的运动规律无法用经典牛顿力学描述，需采用描述微观粒子运动规律的量子力学。量子力学认为，由于电子质量非常小、运动速度极快，且具有波粒二象性，因此无法同时准确地测定电子运动的速度及其所在的空间位置。这可通过海森伯不确定原理进行解释。

（2）不确定原理。

1927年，德国物理学家海森伯提出了量子力学中的一个重要关系式——不确定原理，其数学表达式如式（2-4）所示：

$$\Delta x \cdot \Delta p \geqslant \frac{h}{4\pi} \tag{2-4}$$

式中，h、Δx、Δp 分别为普朗克常量、粒子位置的不准量、粒子动量的不准量。该公式指出微观粒子在某一方向上位置的不准量和动量的不准量乘积必须大于等于 $h/4\pi$，表明无法同时准确测定微观粒子运动速度和所在空间位置。不确定原理是微观粒子波粒二象性的另一种表述。由不确定原理可知微观粒子的运动不符合经典力学理论，只能用量子理论统计方法来描述。

3）核外电子运动状态的描述

（1）薛定谔方程。

为描述核外电子运动状态，1926年奥地利物理学家薛定谔根据微观粒子具有波粒二象性的假设，将展现微观粒子的粒子性特征值（m、E、V）与波动性特征值（ψ）有机融合，建立了著名的薛定谔方程，如式（2-5）所示（以下方程为与时间无关的简化版本）：

$$\frac{\partial^2 \psi}{\partial x^2} + \frac{\partial^2 \psi}{\partial y^2} + \frac{\partial^2 \psi}{\partial z^2} + \frac{8\pi^2 m}{h^2}(E-V)\psi = 0 \tag{2-5}$$

式中，ψ 为波函数；m 为电子质量；h 为普朗克常量；V 为势能；E 为系统的总能量；x、y、z 为三维空间坐标。薛定谔方程是量子力学的基本方程，真实地反映了微观粒子的运动状态，表明质量为 m 的微观粒子，在势能为 V 的势能场中，其运动状态可用波函数描述。

（2）描述电子运动状态的三种方法。

①波函数和原子轨道。

在薛定谔方程中，能量 E 和波函数 ψ 均为未知数。该方程的引出和求解涉及较深的数理基础，此处只讨论方程的解。薛定谔方程每个合理的解表示电子运动的某一定态，与该解相对应的能量值即为该定态所对应的能级。由此可见，量子力学是用波函数和与其相对应的能量来描述微观粒子的运动状态。量子力学借用经典力学中描述物体运动的"轨道"概念，将波函数的空间图像称为原子轨道。该原子轨道既不同于宏观物体的运动轨道，又不同于玻尔理论中的固定轨道，它指的是电子的一种运动状态。

为方便薛定谔方程求解，将直角坐标表示的 $\psi(x,y,z)$ 转换成球坐标表示的 $\psi(r,\theta,\varphi)$。如图2-4所示，坐标原点 O 表示原子核，P 为核外电子所在的任一空间位置，$OP=r$ 表示电子离核的距离；θ 为 z 轴

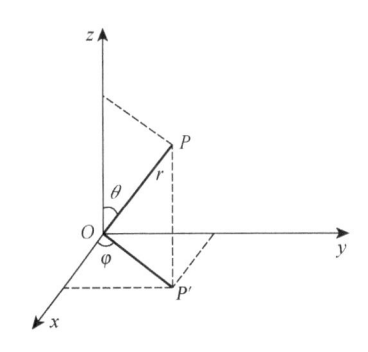

图2-4 直角坐标与球坐标的换算关系

与 OP 之间的夹角；φ 为 OP 在 xOy 平面上的投影 OP' 和 x 轴间的夹角。两种坐标的换算关系见式（2-6）与式（2-7）：

$$x = r\sin\theta\cos\varphi, \quad y = r\sin\theta\sin\varphi, \quad z = r\cos\theta \tag{2-6}$$

$$r = \sqrt{x^2 + y^2 + z^2} \tag{2-7}$$

由于 $\psi(r,\theta,\varphi)$ 含有三个变量，其空间图像较难绘出。为此，可从 ψ 随半径 r 的变化和随角度 θ、φ 的变化两个方面进行讨论，并将球坐标的 $\psi(r,\theta,\varphi)$ 分解成两部分，详见式（2-8）：

$$\psi(r,\theta,\varphi) = R(r) \cdot Y(\theta,\varphi) \tag{2-8}$$

式中，$R(r)$ 为波函数的径向分布函数，表示 θ、φ 一定时，波函数 ψ 随 r 变化的关系，由 n 和 l 决定；$Y(\theta,\varphi)$ 为波函数的角度分布函数，表示 r 一定时，波函数 ψ 随 θ、φ 变化的关系，由 l 和 m 决定。n、l、m 是在解薛定谔方程过程中引入的参数，称为量子数。n 为主量子数，l 为角量子数，m 为磁量子数。n、m 取值一定时，通过变量分离可分别解出波函数的径向分布函数和角度分布函数。

②量子数。

量子数是量子力学中用来描述核外电子运动状态的数字。原子核外电子的运动状态需用 n、l、m 和 m_s 四个量子数来描述，其中 n、l、m 是描述原子轨道具体特征的量子数，m_s 是描述电子自旋运动特征的量子数。

主量子数 n 表示原子核外电子到原子核之间的平均距离，还表示电子层数。主量子数 n 的取值为 1, 2, 3, $\cdots$, n 等正整数，在光谱学上也常用大写字母 K, L, M, N, $\cdots$ 对应地表示 n = 1, 2, 3, 4, $\cdots$。例如，n = 1 代表电子离核平均距离最近的一层，即第一电子层（K 层）；n = 2 代表电子离核平均距离比第一层稍远的一层，即第二电子层（L 层）；以此类推。可见，n 值越大，表示电子离核平均距离越远，n 是决定电子能量的主要因素。对单电子原子（或离子）来说，电子的能量高低只与主量子数 n 有关，详见式（2-1）。

角量子数 l 代表原子轨道的形状，是决定原子中电子能量的次要因素。角量子数 l 的取值受主量子数 n 限制，l 的取值为 0, 1, 2, $\cdots$, n–1 的正整数，一共可取 n 个值，其最大值为 n–1。l 数值不同，轨道形状也不同。角量子数 l 也表示电子所在的电子亚层，同一电子层中可有不同的亚层（如第二电子层中有 2s、2p 两个亚层），l 值相同的原子轨道属同一电子亚层。与 l 值对应的电子亚层符号和原子轨道形状如表 2-1 所示。

表 2-1 与 l 值对应的电子亚层符号和原子轨道形状

角量子数	电子亚层符号	原子轨道形状	角量子数	电子亚层符号	原子轨道形状
0	s	球形	3	f	复杂
1	p	哑铃形	$\vdots$	$\vdots$	$\vdots$
2	d	花瓣形			

磁量子数 m 代表原子轨道在空间的取向，每一种取向代表一个原子轨道。磁量子数 m 的取值为 0, ±1, ±2, ⋯, ±l，共可取 $2l+1$ 个数值。磁量子数 m 的取值受角量子数限制，例如：

$l=0$，s 轨道（球形），只有一种取向；

$l=1$，p 轨道（哑铃形），有 3 种不同的取向 p_x, p_y, p_z；

$l=2$，d 轨道（花瓣形），有 5 种不同的取向 d_{xy}, d_{yz}, d_{xz}, $d_{x^2-y^2}$, d_{z^2}。

原子核外的电子除绕核做高速运动外，还有自身旋转运动。自旋量子数 m_s 的取值只有两个，即 $m_s = ±1/2$。这说明电子的自旋存在两个方向，即顺时针方向和逆时针方向，分别用箭头"↑"和"↓"表示。

4 个量子数确定后，电子在原子核外的运动状态相应确定。根据 4 个量子数间的关系，可得出各电子层中可能存在的电子运动状态数目，如表 2-2 所示。

表 2-2　核外电子可能存在的运动状态数

电子层	原子轨道符号	轨道数	电子运动状态数	电子层	原子轨道符号	轨道数	电子运动状态数
K($n=1$)	1s	1	2	N($n=4$)	4s, 4p, 4d, 4f	1, 3, 5, 7	32
L($n=2$)	2s, 2p	1, 3	8	⋮	⋮	⋮	⋮
M($n=3$)	3s, 3p, 3d	1, 3, 5	18	$n=n$	⋯	⋯	$2n^2$

③概率密度和电子云。

波函数的平方 ψ^2 代表核外空间某处电子出现的概率，即概率密度，也代表着电子在核外空间某处微体积元内出现的概率。概率密度与该区域微体积元的乘积 $\psi^2 \cdot d\tau$，等于电子在核外某区域中出现的概率。用小黑点疏密程度表示核外空间各点概率密度的大小，从而形成的图形称为电子云。ψ^2 越大的地方，小黑点越密集，表示电子出现的概率密度越大，反之越小。因此电子云是从统计概念出发对核外电子出现的概率密度 ψ^2 的形象化图示。氢原子的 1s 电子云如图 2-5（a）所示，可知原子核附近处 ψ^2 较大，而离原子核距离越远，ψ^2 越小。

(a) 电子云图　　(b) 电子云的等概率密度面图　　(c) 电子云界面图

图 2-5　氢原子 1s 原子轨道

将电子云图中概率密度相等的点连起来得到的空间曲面称为等概率密度面，氢原子 1s 电子云的等概率密度面如图 2-5（b）所示。电子云是不存在边界的，即使在离原子核很远的地方，电子仍有可能出现，只是概率很低甚至可以忽略。若假定一个等概率密度面作为界面，使界面内电子出现的概率为 90%，所得图形称为电子云界面图。氢原子的 1s 电子云界面图如图 2-5（c）所示。

（3）波函数和电子云的分布图。

波函数、电子云的分布图分别是 ψ、ψ^2 随 r、θ、φ 变化的图形。有关波函数和电子云的图形多种多样，其中波函数、电子云的角度分布图和电子云的径向分布图较为重要。

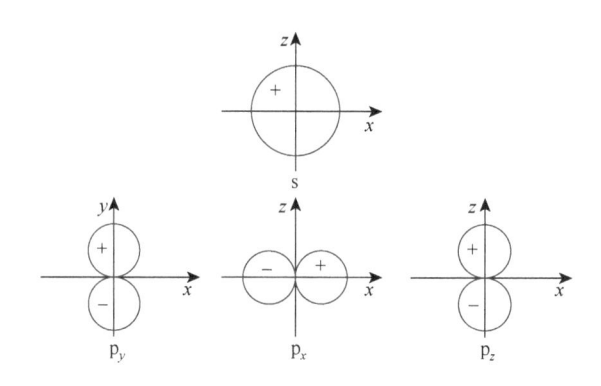

波函数角度分布图又称原子轨道角度分布图，是波函数 ψ 的角度分布函数 $Y(\theta, \varphi)$ 随角度 θ、φ 变化的图像。以 $2p_z$ 为例，其波函数角度部分为 $Y = \sqrt{\dfrac{3}{4\pi}} \cos\theta$（与 φ 无关）。从坐标原点出发，引出与 z 轴的夹角为 θ 的直线，其长度为 $Y(p_z)$ 值。连接所有线段的端点得到如图 2-6（a）所示的图形，再围绕 z 轴旋转 180°可得到如图 2-6（b）所示的 p_z 轨道角度分布图。p_z 的角度分布图形状是两个相切的球体，但上下两球的符号相反。图中的正负号和 Y 的极大值空间取向对原子之间能否成键和成键的方向起着重要作用。部分原子轨道角度分布图及其正负号如图 2-7 所示。由图可知，s 轨道、p 轨道和 d 轨道的角度分布依次有 1、3、5 种形式。应注意，原子轨道角度分布图只是反映了函数的角度部分，而不是实际轨道形状。

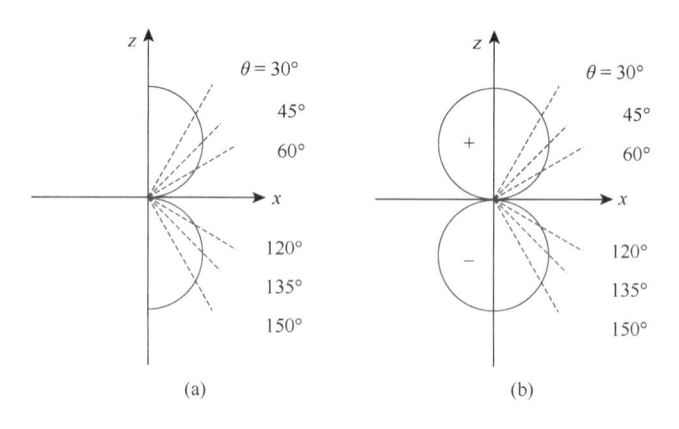

图 2-6　p_z 轨道角度分布图

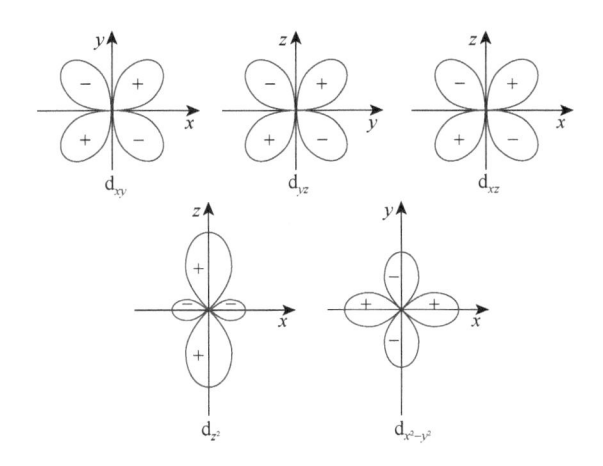

图 2-7 原子轨道角度分布图

电子云角度分布图是表现 Y^2 值随 θ、φ 变化的图像。其作图方法与原子轨道角度分布图类似，形成的电子云角度分布图如图 2-8 所示。该图表示在曲面上任意一点到原点的距离代表这个角度（θ、φ）上 Y^2 值的大小，也可以理解为在这个角度方向上电子出现的概率密度（即电子云）的相对大小。比较图 2-7 和图 2-8 可知，原子轨道角度分布图与电

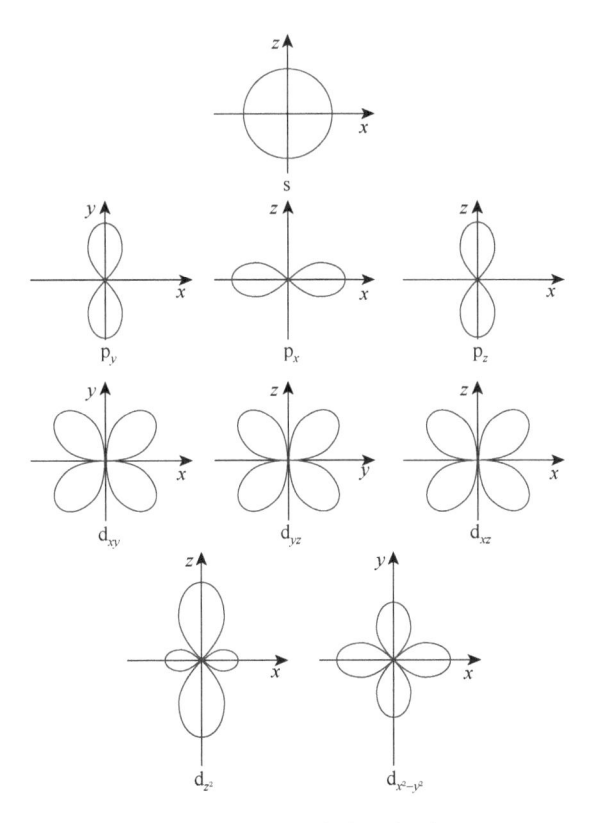

图 2-8 电子云角度分布图

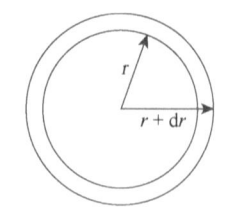

图 2-9 薄层球壳示意图

子云角度分布图图形相似,但存在两点主要区别:一是电子云的角度分布图比原子轨道角度分布图要"瘦"一些,这是因为 Y 值小于1,所以 Y^2 的值变得更小;二是原子轨道角度分布图有正负号之分,而电子云的角度分布图无正负号标志,因为 Y 平方后为正值。

电子云径向分布图反映电子出现概率密度与离核远近的关系。一个离核半径为 r、厚度为 dr 的薄层球壳,如图 2-9 所示。以 r 为半径的球面面积为 $4\pi r^2$,薄层球壳的体积为 $4\pi r^2 dr$。因此薄层球壳内发现电子的概率为 $4\pi r^2 R^2(r)dr$。若令 $D(r) = 4\pi r^2 R^2(r)$,则 $D(r)$ 为径向分布函数,用 $D(r)$ 对 r 作图可得到电子云的径向分布图,氢原子电子云的径向分布如图 2-10 所示。$D(r)$ 的数值越大,说明电子在半径为 r、厚度为 dr 的球壳中出现的概率也越大。

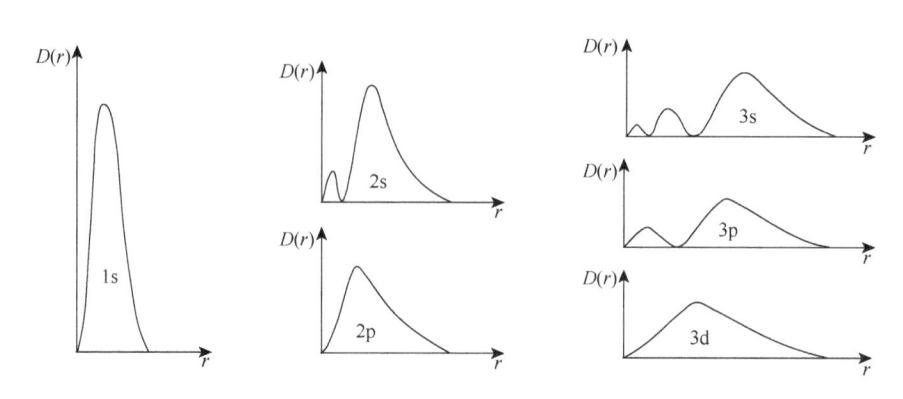

图 2-10 氢原子电子云的径向分布图

由氢原子电子云的径向分布图,可得以下几点结论。

①在径向分布图中,对于 n 确定的轨道,存在 $n-l$ 个峰,即有 $n-l$ 个极大值。当 n 相同时,l 越小,极大值峰的个数就越多。例如,3d 轨道,$n = 3$,$l = 2$,其极大值峰为 1 个;3p 轨道,$n = 3$,$l = 1$,其极大值峰为 2 个;3s 轨道,$n = 3$,$l = 0$,其极大值峰为 3 个。

②当 l 相同时,n 越大,径向分布曲线的最高峰离核越远;当 n 相同时,l 越小的轨道,它的第一个峰离核的距离越近,即 l 越小的轨道,第一个峰钻得越深。

③由径向分布图可知,ns 比 np 多一个离核较近的峰,np 比 nd 也多一个离核较近的峰,nd 又比 nf 多一个离核较近的峰。这些峰都进入近核空间中,但进入的程度各不相同。它对解释多电子原子的能级分裂非常重要。

2. 多电子原子结构

多电子原子(核外电子数大于1)的能级与氢原子不同,除与主量子数 n 有关外,还与角量子数 l 有关。因此,讨论多电子原子结构,需先了解多电子原子的能级。

1) 多电子原子能级

(1) 鲍林的原子轨道近似能级图。

美国化学家鲍林根据光谱实验结果提出了多电子原子的原子轨道近似能级图,如图 2-11

所示。图中的能级顺序是原子核外电子排布的顺序,即电子填入原子轨道时各能级能量的相对高低。

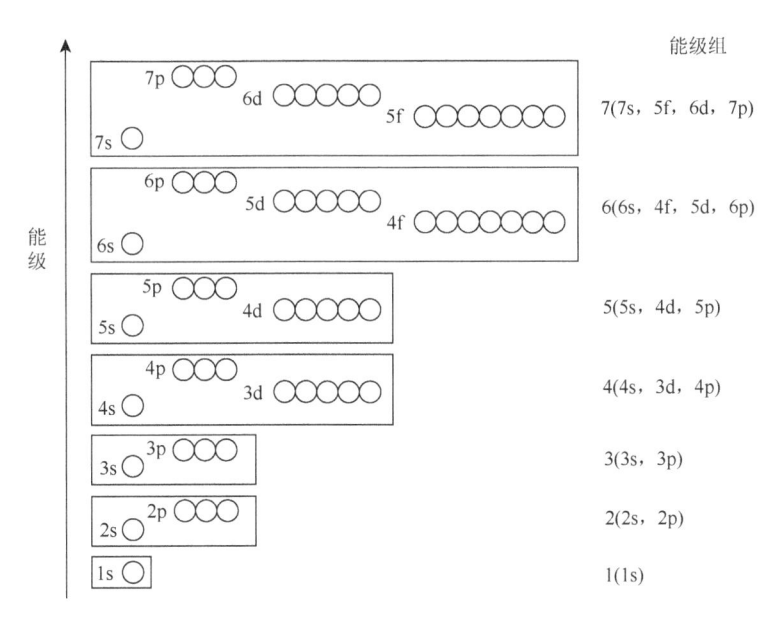

图 2-11 鲍林近似能级图

鲍林近似能级图中的每个方框代表一个能级组,对应于周期表中的一个周期。能级组内各能级的能量差别不大,组与组之间能级的能量差别较大。能级组的存在是元素周期表中元素划分为各个周期及确定每个周期应有元素数目的根本原因。方框内的每个圆圈代表一个原子轨道。p 亚层中有 3 个圆圈,表示此亚层有 3 个原子轨道。这 3 个 p 轨道能量相等、形状相同,只是空间取向不同,这种 n、l 相同,m 不同,能量相等的轨道称为简并轨道或等价轨道。因此 3 个 p 轨道是三重简并轨道。同理,同一亚层的 5 个 d 轨道(d_{xy},d_{yz},d_{xz},$d_{x^2-y^2}$,d_{z^2})是五重简并轨道。

由鲍林近似能级图可以看出以下几点。

①角量子数 l 相同的轨道,其能级由主量子数 n 决定。n 越大,电子离核的平均距离越远,轨道能量越高。例如,$E_{1s} < E_{2s} < E_{3s} < E_{4s}$。

②主量子数 n 相同的轨道,其能级由角量子数 l 决定。l 越大,轨道能量越高。例如,$E_{3s} < E_{3p} < E_{3d}$。

③主量子数 n 和角量子数 l 都不相同的轨道,出现主量子数小的原子轨道能级高于主量子数大的原子轨道能级的现象,这种现象称为能级交错。例如,$E_{4s} < E_{3d} < E_{4p}$,$E_{5s} < E_{4d} < E_{5p}$。

上述能级顺序可分别用屏蔽效应和钻穿效应解释。

(2)屏蔽效应。

氢原子的核外只有一个电子,该电子仅受到原子核的吸引,电子能量只与主量子数 n 有关。在多电子原子中,原子核外的电子除了受到原子核的引力外,还存在着电子之间的排斥力。这种排斥力的存在抵消了部分核电荷作用力，引起了有效核电荷数的降低，削弱了原子核对该电子的吸引，这种作用称为屏蔽效应。

在核电荷数 Z 和主量子数 n 一定的条件下，屏蔽效应越大，有效核电荷数越小，原子核对该电子的吸引力越小，因此该层电子的能量越高。通常内层电子对外层电子的屏蔽作用较大，同层电子的屏蔽作用较小，外层电子对内层电子的屏蔽作用可忽略不计。主量子数 n 相同时，电子所受的屏蔽作用随着角量子数 l 的增大而增大，因此出现 $E_{ns} < E_{np} < E_{nd} < E_{nf}$ 的能级顺序。

（3）钻穿效应。

可以粗略地利用氢原子电子云的径向分布图来说明多电子原子中 n 相同时，其他电子对 l 越大的电子屏蔽作用越大的原因。从图 2-10 可见，同属第三电子层的 3s、3p、3d 轨道，其径向分布有很大的不同，3s 有 3 个峰，这表明 3s 电子除有较多的机会出现在离核较远的区域以外，它还可能钻到（或渗入）内部空间而靠近原子核。外层电子钻到内部空间而靠近原子核的现象，称为钻穿效应。3p 有 2 个峰，这表明 3p 电子虽然也有钻穿作用，但小于 3s。3d 仅有 1 个峰，几乎不存在钻穿作用。由此可见，4s、4p、4d、4f 各轨道上电子的钻穿作用依次减弱。钻穿效应的大小对轨道的能量有明显的影响。电子钻得越深，受其他电子的屏蔽作用越小，受核的引力越大，因此能量越低。同样，能级交错也可以用钻穿效应来解释。参考氢原子的 3d 和 4s 电子云径向分布图（图 2-12），虽然 4s 的最大峰比 3d 离核远得多，但由于它有小峰钻到离核很近的地方，对轨道能量的降低有很大的贡献，因而 4s 比 3d 的能量低。

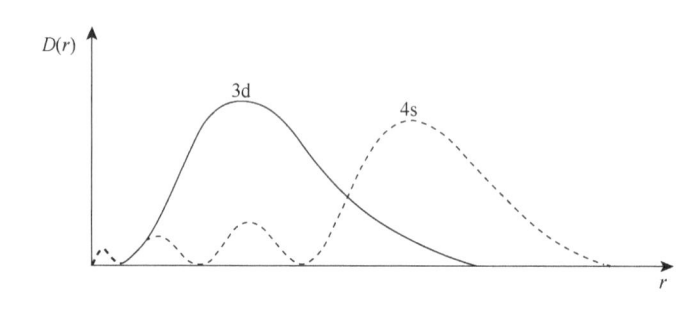

图 2-12 3d 与 4s 电子云径向分布图

通过上面的讨论可以看出，屏蔽效应与钻穿效应是两种相反的作用，某电子的钻穿作用不但是对其他电子屏蔽作用的反屏蔽，而且会反过来对其他电子造成屏蔽作用。原子能够稳定存在的原因正是这种屏蔽与反屏蔽的作用，使得各电子在核外不断地运动，电子不可能落到核上，也不可能远离核。

（4）科顿的原子轨道能级图。

鲍林近似能级图假定所有元素原子的轨道能级高低顺序都是相同的，但实际上并非如此。1962 年，美国化学家科顿提出了原子轨道的能量与原子序数的关系图，如图 2-13 所示。随着原子序数的增大，各原子轨道的能量逐渐降低，而且不同元素的轨道能量降低程度不同，如 Na 原子的 3s 轨道能量低于 H 原子的 3s 轨道能量。因此，轨道的能量曲线产生了相交现象。例如，3d 与 4s 轨道的能量高低关系：原子序数为 15～20 的元素，$E_{4s}<E_{3d}$；原子序数大于 20 的元素，$E_{3d}<E_{4s}$。

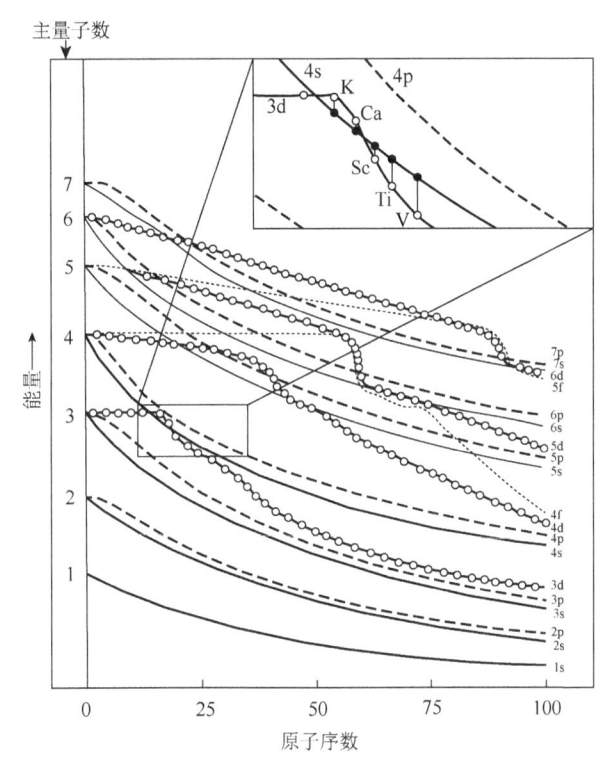

图 2-13　科顿的原子轨道能级图

2）原子核外电子的排布

原子核外电子的排布情况，通常称为电子层结构，简称电子构型。在化学中常用两种方法表示原子的电子构型。一种是形象直观的轨道表示式：用一个小圆圈（或方框）代表一个原子轨道，圆圈（或方框）内用箭头（"↑"或"↓"）表示电子的自旋方向，圆圈（或方框）下面标出该轨道的符号；另一种是简单方便的电子排布式：在原子轨道的右上角用数字注明所排列的电子数。了解原子核外电子排布，可以从原子结构角度认识元素性质周期性变化的本质。原子核外电子的排布遵循泡利不相容原理、能量最低原理和洪德规则。

泡利不相容原理，即在同一原子中不可能存在 4 种量子数完全相同的电子，或者说在同一原子中没有运动状态完全相同的电子；也可表述为任一原子轨道最多能容纳 2 个自旋方向相反的电子。在不违反泡利不相容原理的前提下，电子总是尽可能分布到能量最低的轨道，然后按鲍林的原子轨道近似能级图依次向能量较高的能级分布，这一规律称为能量最低原理。

洪德规则是德国物理学家洪德在 1925 年从大量光谱实验数据中总结出来的规律：电子在简并轨道上排布时，总是优先以自旋相同的方向，单独占据能量相同的轨道。作为洪德规则的特例，简并轨道处于全充满（p^6、d^{10}、f^{14}）、半充满（p^3、d^5、f^7）或全空（p^0、d^0、f^0）的状态是比较稳定的。

根据原子核外电子排布的三个原则，结合鲍林和科顿的原子轨道近似能级图，基本上可以解决核外电子的分布问题。应说明，核外电子排布的三个原则只是一般规律。随着原子序数的增大、电子数目的增多和电子之间相互作用的增强，核外电子排布常出现例外情况。因此，对某一具体元素原子的电子排布情况，还应尊重实验事实，结合实验的结果加以判断。

2.1.2 元素周期系

1. 元素周期表

将元素按原子序数递增的顺序排列起来可得到元素周期表，其是元素周期律的表现形式。元素周期律是元素的性质随着原子序数的递增呈现周期性变化的规律。目前教学上长期使用的是由瑞士化学家维尔纳倡导的长式周期表。

1) 元素的周期

元素周期表有七个横行，每一横行为一个周期，共七个周期。第一周期是特短周期，有 2 种元素；第二、三周期是短周期，各有 8 种元素；第四、五周期是长周期，各有 18 种元素；第六周期是特长周期，有 32 种元素；第七周期也为特长周期，有 32 种元素（87～118 号）。各周期所包含元素的数目恰好等于相应能级组中原子轨道所能容纳的电子总数。

从原子核外电子排布的规律可知，原子的电子层数与该元素所在的周期数是相对应的，并与原子核外电子填充的最高主量子数的值是一致的；而元素所在的周期数又是与各能级组相对应的，因此能级组的划分是各元素划分为周期的本质原因。

每一周期元素原子最外层上的电子数自 1 增到 8（第一周期除外）呈现出明显的周期性变化。所以每一周期元素都是从碱金属开始，以稀有气体元素结束。每一次重复，都意味着新周期的开始，旧周期的结束。由于元素的性质主要是由原子的核外电子排布和最外层电子数决定的，因此，元素性质的周期性变化是原子核外电子排布周期性变化的表现。

2) 元素的族

元素周期表中共有 18 纵行，有关族的划分主要有两种方法。一种是分为 16 个族，除了稀有气体（零族）和第Ⅷ族外，还有 7 个主族和 7 个副族。主族元素是指电子最后填充在 s 轨道和 p 轨道上的元素，用 A 表示。最外层电子数等于元素所处的族数。副族元素是指电子最后填充在 d 轨道和 f 轨道上的元素，用 B 表示，最外层电子排布为 ns^{1-2}，次外层电子排布为 $(n-1)d^{1-10}$，外属第三层电子排布是 $(n-2)f^{1-14}$。同族内各原子的主量子数不同，但都有相同的外层电子结构，因此同族元素化学性质相似。位于周期表下面的镧系元素和锕系元素，按其所在的族来说应属于ⅢB 族，但因性质较为特殊，单独列出。另一种划分方法是 1986 年国际纯粹和应用化学联合会推荐的，每个纵行为一族，分为 18 个族，从左向右用阿拉伯数字 1～18 标明族数。

3）元素的分区

根据元素原子的外层电子结构，可将周期表中的元素分成 5 个区域，如图 2-14 所示。

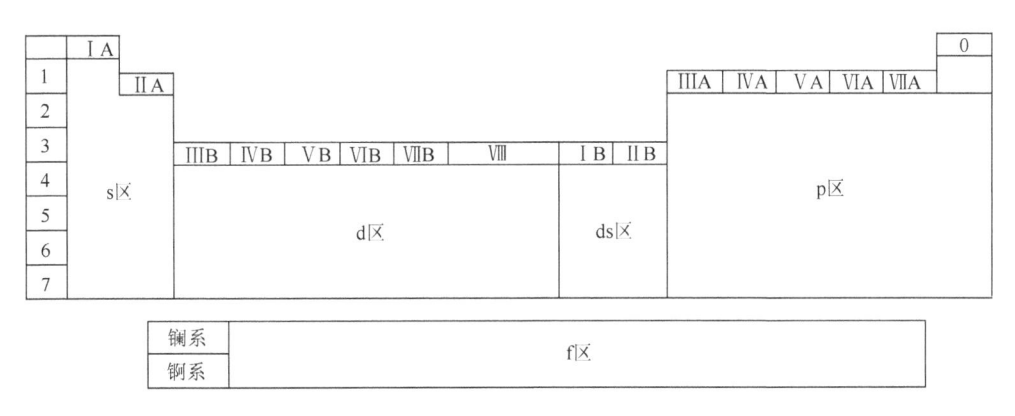

图 2-14 周期表中元素的分区

(1) s 区元素。

最后一个电子填充在 s 轨道上的元素称为 s 区元素。包括ⅠA族碱金属元素和ⅡA碱土金属元素，原子的价层电子结构为 $ns^{1～2}$。这些元素是活泼金属，在化学反应中容易失去 1 个或 2 个电子形成 M^+ 或 M^{2+} 阳离子。

(2) p 区元素。

最后一个电子填充在 p 轨道上的元素称为 p 区元素。包括ⅢA～ⅦA族和零族元素，除氦元素外，原子的价层电子结构为 $ns^2np^{1～6}$。p 区中有最活泼的非金属和一般的非金属，也包括两性元素和活泼性较小的金属元素，稀有气体也在此区域。

(3) d 区元素。

最后一个电子填充在 d 轨道上的元素称为 d 区元素。包括ⅢB～ⅦB族和第Ⅷ族元素，原子的价层电子结构为 $(n-1)d^{1～9}ns^{1～2}$（有例外）。d 区中的元素都是金属元素，性质变化较为缓慢，一般多变价，又称为过渡元素。

(4) ds 区元素。

最后一个电子填充在 d 轨道且达到 d^{10} 状态的元素称为 ds 区元素。包括ⅠB、ⅡB族元素。原子的价层电子结构为 $(n-1)d^{10}ns^{1～2}$。在讨论元素性质时，常归为 d 区元素。

(5) f 区元素。

最后一个电子填充在 f 轨道上的元素称为 f 区元素，包括镧系（57～71）元素和锕系（89～103）元素，原子的价层电子结构为 $(n-2)f^{1～14}(n-1)d^{0～2}ns^2$（有例外）。f 区元素又称内过渡元素，具有非常相似的化学性质。

2. 元素性质的周期性

由于原子核外电子排布的周期性，因此与核外电子排布有关的元素性质，如原子半径、电离能、电子亲和能、电负性等，也呈现明显的周期性。

1）原子半径

原子半径可理解为原子核到最外层电子的平均距离。对于任何元素来说，原子总是以键合形式存在于单质或化合物中（稀有气体例外）。从量子力学观点考虑，原子在形成化学键时总是会发生一定程度的原子轨道重叠，因此严格说来，原子半径具有不确定的含义，而且难以给出任何情况下均适用的原子半径。通常所说的原子半径是指共价半径、金属半径和范德华半径，如图 2-15 所示。

(a) 共价半径　　(b) 金属半径　　(c) 范德华半径

图 2-15　原子半径示意图

同种元素的两个原子以共价单键结合时（如 H_2、Cl_2 等），它们核间距离的一半称为原子的共价半径。如果将金属晶体看成是由球状的金属原子堆积而成，并假定相邻的两个原子彼此互相接触，它们核间距离的一半则为该原子的金属半径。在分子晶体中，两个分子之间是以范德华力（即分子间力）结合的，相邻分子间两个非键合原子核间距离的一半称为范德华半径。

因为原子之间形成共价键时，总是会发生原子轨道的重叠，所以原子的金属半径一般比共价半径大。由于分子间力较小，分子间距离较大，范德华半径通常较大。因此，比较原子半径大小时，应采用同类型数据。通常采用的是原子的共价半径，但稀有气体元素只能采用范德华半径。周期表中各元素的原子半径如图 2-16 所示。

H 37																	He 122
Li 152	Be 111											B 88	C 77	N 70	O 66	F 67	Ne 160
Na 186	Mg 160											Al 143	Si 117	P 110	S 104	Cl 99	Ar 191
K 227	Ca 197	Sc 161	Ti 145	V 132	Cr 125	Mn 124	Fe 124	Co 125	Ni 125	Cu 128	Zn 133	Ga 122	Ge 122	As 121	Se 117	Br 114	Kr 198
Rb 248	Sr 215	Y 181	Zr 160	Nb 143	Mo 136	Tc 136	Ru 133	Rh 135	Pd 138	Ag 144	Cd 149	In 163	Sn 141	Sb 141	Te 137	I 133	Xe 218
Cs 265	Ba 217	La~Lu	Hf 159	Ta 143	W 137	Re 137	Os 134	Ir 136	Pt 136	Au 144	Hg 160	Tl 170	Pb 175	Bi 155	Po 153	At —	Rn —

镧系元素

La 188	Ce 183	Pr 183	Nd 182	Pm 181	Sm 180	Eu 204	Gd 180	Tb 178	Dy 177	Ho 177	Er 176	Tm 175	Yb 194	Lu 172

图 2-16　周期表中各元素的原子半径（单位：pm）

原子半径的大小主要取决于原子的有效核电荷数和核外电子层数。周期表中的同一周期主族元素，从 ⅠA 到 ⅦA 族，由于原子的核电荷数逐渐增加，电子层数保持不变，新增加的电子依次填充在同一电子层中。电子之间的相互排斥作用虽然增加,但因同层电子的排斥作用增加效果小于核电荷数增加的效果。因此,原子核对电子的吸引力增大,同一周期中主族元素随着核电荷数的增加,原子半径逐渐变小。

过渡元素和内过渡元素原子半径的变化情况有所不同。过渡元素随着核电荷数的增加,原子核对外层电子的吸引力增加缓慢,从而使原子半径的总体变化趋势略有减小;当 d 轨道处于全充满时,原子半径要略大一些。对于电子最后填入 f 轨道的镧系和锕系元素,也有类似的情况。即总体趋势是原子半径随原子序数增加而减小,并在 f 轨道处于半充满、全充满时出现原子半径略有增大。

由于镧系元素随着原子序数的增加,原子半径总体上减小,虽然相邻元素的原子半径减小幅度有限,但十多个元素的原子半径减小的累积效果,使其后的过渡元素原子半径也因此而缩小,从而导致第五周期过渡元素原子半径与第六周期同族元素的原子半径非常接近,此现象称为镧系收缩。对同一族的过渡元素,因其价电子构型与原子半径都较为相似,它们的化学、物理性质基本一致。所以,这些元素呈现在自然界中的形式非常相似,并且分离困难。

在同一族中,自上而下,原子中的电子层数是逐渐增多的,其最外层电子的主量子数增大,离核平均距离也增大,因此,原子半径显著增大。其中主族元素的原子半径随周期数增大而增加的幅度较大;副族元素的原子半径随周期数增大而增加的幅度较小,尤其是第五周期和第六周期的同族元素,受镧系收缩的影响,原子半径非常接近。

2)电离能和电子亲和能

原子失去电子的难易程度可用电离能来衡量,结合电子的难易程度可用电子亲和能进行定性比较。电离能和电子亲和能只表征孤立气态原子或离子得失电子的能力。

(1)电离能。

基态气态原子或离子失去电子的过程称为电离,完成这一过程所需要的能量称为电离能,用符号 I 表示,单位为 $kJ·mol^{-1}$。电离所需能量的多少反映了原子或离子失去电子的难易程度。一个基态的气态原子失去一个电子形成 +1 价气态阳离子所需的能量称为第一电离能(I_1),由 +1 价气态阳离子再失去一个电子形成 +2 价气态阳离子所需的能量称为第二电离能(I_2),以此类推,且存在 $I_1<I_2<I_3\cdots$ 的关系。通常所说的电离能是指第一电离能。元素的电离能越小,原子越容易失去电子,元素的金属性越强;反之,原子越难失去电子,其金属性越弱。

同一周期从左到右,主族元素原子核作用在最外层电子上的有效核电荷数逐渐增大,原子半径逐渐减小,原子核对最外层电子的吸引力逐渐增强,电离能呈增大趋势;副族元素由于增加的电子排布在次外层轨道上,有效核电荷数增幅不明显,原子半径减小缓慢,电离能增幅较小且无规律。同一族自上而下,主族元素原子核作用在最外层电子上的有效核电荷数增加不多,而原子半径明显增大,致使原子核对外层电子的吸引力减弱,因此元素的电离能减小。

(2)电子亲和能。

一个基态的气态原子得到一个电子形成 –1 价气态阴离子时所放出的能量,称为元素的第一电子亲和能,用符号 E 表示,单位为 $kJ·mol^{-1}$。元素的第一电子亲和能除ⅡA族和零族元素外，一般都为负值；所有元素的第二电子亲和能都是正值。元素的第一电子亲和能越小，原子越容易得到电子；反之，其获得电子的能力越小。

同一周期从左到右，随着元素原子的有效核电荷数增大，原子半径逐渐减小，原子核对外层电子的吸引力增强，因此电子亲和能的代数值呈现减小趋势，原子得到电子的能力增大。当原子核外电子的排布处于全充满、半充满或全空的较稳定状态时，若要得到一个电子，则要破坏这种稳定排布，因此ⅡA、ⅤA族元素原子的第一电子亲和能大于其相邻元素原子的第一电子亲和能。若获得电子后，原子核外电子的排布达到半充满或全充满状态，则放出能量更多，电子亲和能代数值更小。同一主族元素，自上而下，电子亲和能代数值总变化趋势是逐渐增大的，得到电子的能力降低。

3）电负性

由于原子组成分子的过程是原子之间得失电子综合能力的全面体现，因此单纯用得失电子能力来考察分子中各原子吸引电子的情况显然是不全面的。为了全面衡量分子中各原子吸引电子的能力，引入了电负性概念。1932年，鲍林定义元素的电负性是元素原子在分子中吸引电子的能力，并指定氟的电负性为4.0，然后通过热化学方法计算得到其他元素的电负性。

元素的电负性越大，表示该原子在分子中吸引电子的能力越强，生成阴离子的倾向越大，非金属性越强；反之，元素原子在分子中吸引电子能力越弱，生成阳离子的倾向越大，金属性越强。一般来说，非金属元素的电负性大于金属元素，非金属元素的电负性大多在2.0以上，而金属元素的电负性多数在2.0以下。同一周期从左到右，电负性随着核电荷数的增加而增大；同一族自上而下，电负性随着电子层数的增加而减小。因此，除稀有气体外，电负性大的元素位于周期表的右上角，氟的电负性最大，非金属性最强；电负性小的元素位于周期表的左下角，铯的电负性最小，金属性最强。副族元素电负性的变化规律不明显。

4）元素的氧化数

元素的氧化数是指元素原子得失或偏移电子的数目。氧化数主要在氧化还原反应中使用。确定元素氧化数的规则如下。

单质元素原子的氧化数为零。在化合物中，氢的氧化数一般为+1，但在金属氢化物中，如 NaH、CaH_2 等，氢的氧化数为-1。氧的氧化数一般为-2，但在过氧化物中，如 H_2O_2、Na_2O_2 等，氧的氧化数为-1；在氧的氟化物，如 OF_2 和 O_2F_2 中，氧的氧化数分别为+2和+1。在所有的氟化物中，氟的氧化数为-1。

在中性分子中，各元素氧化数的代数和等于零。在单原子离子中，元素的氧化数等于离子所带的电荷数，如 Cu^{2+}、Cl^-、S^{2-} 的氧化数分别为+2、-1、-2；在多原子离子中，各元素的氧化数的代数和等于该离子所带的电荷数。由于氢的氧化数是+1，氧的氧化数是-2，因此元素的氧化数可以是分数，如在 Fe_3O_4 中铁的氧化数为+8/3。而且同一元素可以有不同的氧化数，如在 $S_2O_3^{2-}$、$S_4O_6^{2-}$、$S_2O_8^{2-}$ 中硫的氧化数分别为+2、+5/2、+7。

元素的氧化数与原子的价电子数及其排布直接相关。主族元素与副族元素的价层电子排布不同，它们的氧化数变化情况也不同。主族元素（F、O除外）的最高氧化数等于该元素原子的价电子总数或族数。即在同一周期中，主族元素的最高氧化数从左到右逐渐增加，呈现周期性变化。

对于 d 区副族元素，从ⅢB 族到ⅦB 族元素的最高氧化数从 +3 逐渐变为 +7，与其族数相同；第Ⅷ族元素中，只有第六周期中的 Os、Ru 达到 +8 氧化数，第四、五周期的元素因有效核电荷数较大，核对外层电子的吸引力强，使得次外层的 d 轨道不易全部参与形成化学键，因此，它们的最高氧化数在同周期中存在随核电荷数增加而减小的趋势。

ds 区（ⅠB、ⅡB 族）元素中，ⅡB 族元素的次外层排布较稳定，无法参与形成化学键，所以ⅡB 族元素的最高氧化数与其族数相同。但ⅠB 族元素的次外层 d 电子也能部分参与成键，所以其最高氧化数与族数不同。

5) 元素的金属性和非金属性

元素的金属性是指原子在化学反应中失去电子成为正离子的性质；元素的非金属性是指原子在化学反应中得到电子成为负离子的性质。元素原子在化学反应中越容易失去电子，其金属性越强；反之，其非金属性越强。元素金属性和非金属性的相对强弱可以用电离能、电子亲和能和电负性的相对大小来衡量。s 区（除氢外）、d 区、ds 区和 f 区都是金属元素，p 区中部分是金属元素，部分是非金属元素。

2.2 化学键与分子结构

自然界的物质除稀有气体外，其他元素的原子都是通过一定的化学键结合成分子或晶体形式存在。将分子或晶体中相邻原子（或离子）之间强烈的相互吸引作用称为化学键。1916 年，美国化学家路易斯和德国化学家科塞尔根据稀有气体具有稳定性质的事实，分别提出共价键和离子键理论，后来科学家又提出了金属键理论。因此，化学键可大致分为离子键、共价键和金属键三种类型。此外，分子间还存在较弱的分子间力（范德华力）和氢键。

2.2.1 共价键理论

路易斯认为电负性相同或相近的两个原子由于共用电子对而结合在一起，并且两个原子都达到了稀有气体原子的电子稳定结构，这种通过共用电子对形成的键称为共价键。

1. 价键理论

1) 共价键的形成

海特勒和伦敦应用量子力学方法处理 H_2 分子的成键，并假设当两个氢原子相距较远时，彼此间作用力忽略不计，体系能量定为相对零点。用这种方法计算氢分子体系的波函数和能量，得到 H_2 电子云分布的能量（E）与核间距（R）的关系曲线，如图 2-17 所示。

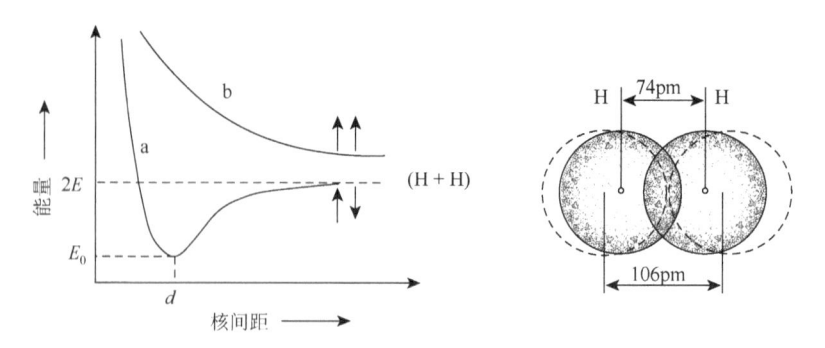

图 2-17 H₂ 分子能量曲线与核间距

（1）曲线 a：两个 H 原子中电子的自旋方向相反时。

当这两个 H 原子相互靠近时，每个 H 原子核除了吸引自身的 1s 电子外，还可以吸引另一个 H 原子的 1s 电子，即发生两个 1s 轨道重叠。从电子出现的概率密度分布（电子云）来看，由于轨道的重叠，在两核间的概率密度增大，形成了高电子概率密度区域（图 2-17），增强了核对电子的吸引，同时部分抵消了两核间的排斥，此时系统能量降到最低，吸引和排斥达到平衡状态，从而形成了稳定的化学键。但两原子无法无限靠近，因为两核距离越小，二者间的斥力迅速增加。

（2）曲线 b：两个 H 原子的自旋方向相同时。

当这两个 H 原子相互靠近时，两原子核间的电子概率密度几乎为零，两核的正电荷互斥，使系统能量升高，处于不稳定状态，无法形成化学键。

2）理论要点

1930 年美国化学家鲍林将上述研究 H₂ 分子的成果应用于其他双原子和多原子分子系统，建立了现代价键理论，基本要点如下。

（1）电子配对原理。

两个键合原子互相接近时，各提供 1 个自旋方向相反的电子以供配对，形成共价键，因此价键理论又称电子配对法。例如，H₂ 分子的形成可表示为

H[↑]+H[↓] ⟶ H[↑↓]H（或写成 H∶H 或 H—H）

（2）最大重叠原理。

成键电子的原子轨道重叠越多，两核间电子概率密度越大，形成的共价键越牢固。

2. 共价键的特征

价键理论的两个基本要点决定了共价键具有饱和性和方向性。

1）饱和性

共价键的饱和性是指每个原子所能成键的总数或以单键连接的原子数目是一定的。共价键形成的一个重要条件是成键原子必须具有未成对电子，自旋相反的两个未成对电子，可以配对形成一个共价键。可知如果一个原子有几个未成对电子，仅能和同数目的自旋方向相反的未成对电子配对成键。如果形成共价键的配对电子只在两个原子的核间附近运动，这种电子常称为定域电子。

2）方向性

除 s 原子轨道是球形对称，没有方向性外，p、d、f 原子轨道中的等价轨道，都具有一定的空间伸展方向。在形成共价键时，只有当成键原子轨道沿合适的方向相互靠近才能达到最大程度的重叠，形成稳定的共价键。因此，共价键必然具有方向性。例如，Cl 原子的 p 轨道中的 p_x 有一个未成对电子，H 原子的 s 轨道中自旋方向相反的未成对电子只能沿着 x 轴方向与其相互靠近，才能达到原子轨道的最大重叠，如图 2-18 所示。

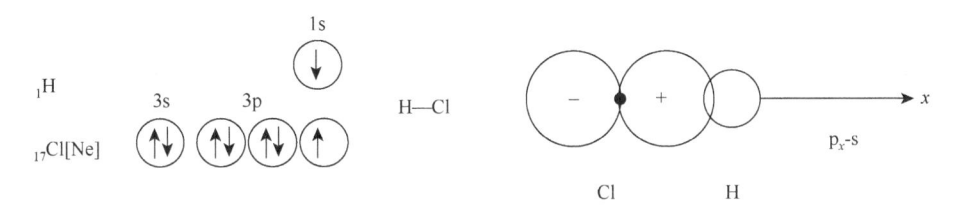

图 2-18 HCl 分子的形成

3. 共价键的类型

1）σ 键和 π 键

根据原子轨道重叠方式，将共价键分为 σ 键和 π 键。

（1）σ 键。

原子轨道沿两原子核的连线（键轴）以"头顶头"方式重叠，重叠部分集中在两核之间，通过并对称于键轴，这种键称为 σ 键。形成 σ 键的电子称为 σ 电子，图 2-19 所示的 H—H 键、H—Cl 键、Cl—Cl 键均为 σ 键。

图 2-19 σ 键示意图

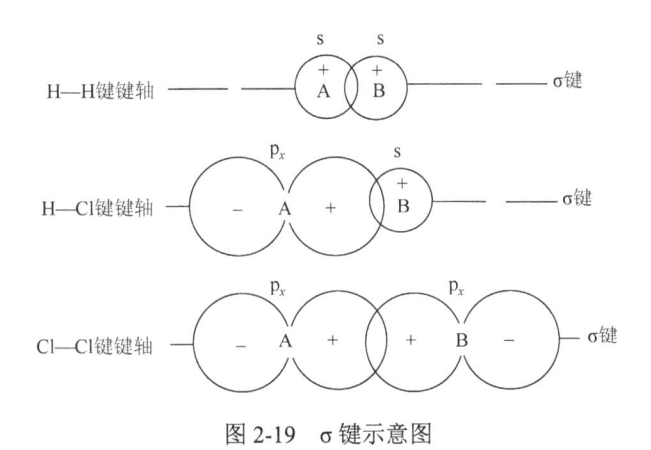

（2）π 键。

原子轨道垂直于两原子核的连线，以"肩并肩"方式重叠，重叠部分在键轴的两侧并对称于与键轴垂直的平面，这样形成的键称为 π 键，如图 2-20 所示。形成 π 键的电子称为 π 电子。通常 π 键形成时原子轨道重叠程度小于 σ 键，因此 π 键稳定性通常弱于 σ

键，π 电子容易参与化学反应。当两原子形成双键或三键时，既有 σ 键又有 π 键。例如，N_2 分子的 2 个 N 原子间存在一个（且只能有一个）σ 键和两个 π 键。N 原子的价层电子构型是 $2s^2 2p^3$，三个未成对的 2p 电子分布在三个互相垂直的 $2p_x$、$2p_y$、$2p_z$ 原子轨道上。当两个 N 原子形成 N_2 分子时，若两个 N 原子的 $2p_x$ 以"头顶头"方式重叠形成 $σ_x$ 键，则垂直于 σ 键键轴的 $2p_y$、$2p_z$ 只能分别以"肩并肩"方式重叠，形成 $π_y$ 和 $π_z$ 键，如图 2-21 所示。

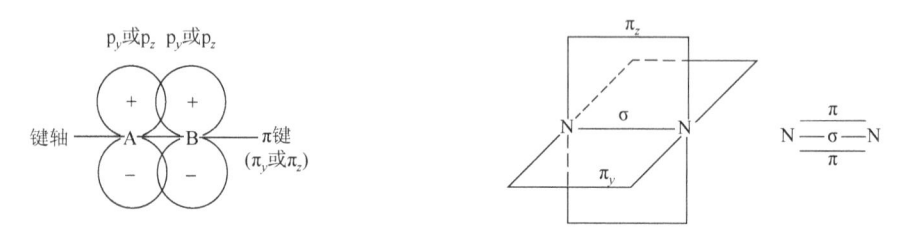

图 2-20 π 键示意图　　　图 2-21 N_2 分子中 σ 键和 π 键示意图

2）非极性键、极性键和配位键

按照成键原子的种类不同，可分为非极性键、极性键、配位键。

（1）非极性键。

由同种原子组成的共价键，由于元素的电负性相同，电子云在两核间均匀分布，核间电子云密度最大的区域正好位于两核的中间位置，如 H_2、O_2、P_4、N_2 等，这样的共价键称为非极性键。

（2）极性键。

HCl、H_2S、H_2O、NH_3、CCl_4、CH_4 等一些化合物分子中的共价键是由不同元素的原子形成的。因为元素的电负性不同，对电子对的吸引能力也不同，所以共用电子对偏向电负性较大元素的原子。电负性较大元素的原子一端电子云密度大，带部分负电荷而显负电性；电负性较小的一端呈正电性，这样的共价键称为极性键。键的极性大小取决于成键元素电负性的大小，通常可用元素电负性差值 $\Delta\chi$ 来衡量。$\Delta\chi$ 值越大，键的极性越强；反之越弱。离子键是极性键的一个极端，非极性键则是极性键的另一个极端。

化学键的极性大小常通过离子性表示。化学键的离子性，是指将完全得失电子而构成的离子键定为 100%离子性，将非极性共价键定为离子性 0%。一种化学键的离子性与两元素的电负性差值存在联系，就 AB 型化合物单键而言，其离子性成分与电负性差值（$\Delta\chi$）之间的关系存在以下经验值，如表 2-3 所示。如果 $\Delta\chi$ 值小于 1.7，一般认为是共价键；如果 $\Delta\chi$ 值大于 1.7，离子性大于 50%，可以认为该化学键属于离子键，但也存在一些例外。例如 BF_3，F 和 B 的 $\Delta\chi$ 约为 2，F—B 仍算共价键。CsF 是最典型的离子化合物，化学键的离子性仅达到 92%。可知，纯粹的离子键是不存在的。离子键和共价键之间不存在明显的界限，离子键或多或少地存在电子云部分重叠的共价性成分。

表 2-3 AB 型单键化合物离子性成分与电负性差值的关系

电负性差值	键的离子性/%	电负性差值	键的离子性/%	电负性差值	键的离子性/%
0.8	15	1.8	55	3.2	95
1.2	30	2.2	70		
1.6	47	2.8	86		

（3）配位键。

配位键是由一个原子单方面提供一对电子与另一个具备空轨道的原子（或离子）共用所形成的共价键。其中，提供电子对的原子称为电子给予体；接受电子对的原子称为电子接受体。配位键的符号用"→"表示，箭头指向接受体。例如，CO 中 C 原子（$2s^22p^2$）和 O 原子（$2s^22p^4$）的 2p 轨道上各有 2 个未成对电子，可以形成 2 个共价键。此外，C 原子的 2p 轨道上还有一个空轨道，O 原子的 2p 轨道上又有一对成对电子（也称孤对电子），可提供给 C 原子的空轨道共用形成配位键，如图 2-22 所示。此类共价键在无机化合物中是大量存在的，如 NH_4^+、SO_4^{2-}、PO_4^{3-}、ClO_4^- 等离子中都存在配位键。

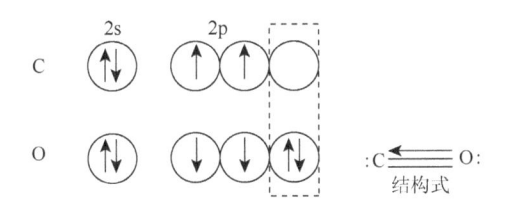

图 2-22 CO 配位键的形成

4. 键参数

表征化学键基本性质的物理量统称为键参数，如键能、键长、键角等。

1）键能

键能是化学键牢固程度的量度。在一定温度和标准压力下，断裂气态分子的化学键，使它变成气态原子或原子团时所需要的能量，称为键能，用符号 E 表示，单位为 $kJ·mol^{-1}$。对于双原子分子，键能在数值上等于键解离能；对于 A_mB 或 AB_n 类多原子分子，键能指的是 m 个或 n 个等价键的解离能的平均值，如表 2-4 所示。可知，键能越大，该键越牢固，键的断裂所需能量越大。

表 2-4 一些共价键的键能和键长

共价键	键长 l/pm	键能 E/(kJ·mol^{-1})	共价键	键长 l/pm	键能 E/(kJ·mol^{-1})
H—H	74	436	N—N	145	159
C—C	154	347	O—O	148	142
C=C	134	611	Cl—Cl	199	244
C≡C	120	837	Br—Br	228	192

续表

共价键	键长 l/pm	键能 E/(kJ·mol⁻¹)	共价键	键长 l/pm	键能 E/(kJ·mol⁻¹)
I—I	267	150	C—Cl	177	326
S—S	205	264	N—H	101	389
C—H	109	414	O—H	96	464
C—N	147	305	S—H	136	368
C—O	143	360	N≡N	110	946
C=O	121	736	F—F	128	158

2）键长

分子中成键的两原子核间的平衡距离（即核间距），称为键长或键距，常用单位为 pm。键长大小与键的稳定性的关联性强，键越短，键能越大，共价键越牢固。通常两个相同原子形成的共价键键长存在如下关系：单键＞双键＞三键。

3）键角

键角指的是分子结构中键与键之间的夹角，键角是反映分子几何构型的重要参数。通常如果掌握一个分子中所有共价键的键长和键角，该分子的几何构型即可确定。分子的键长、键角和几何构型示例如表 2-5 所示。对于双原子分子，分子的形状总是直线形的；对于多原子组成的分子结构，因为原子在空间的排列不同，所以存在不同的键角和几何构型。

表 2-5 分子的键长、键角和几何构型

分子（AD$_n$）	键长 l/pm	键角 α	几何构型
HgCl$_2$	234	180°	直线形
CO$_2$	116.3	180°	
H$_2$O	96	104.5°	折线形（角形、V 形）
SO$_2$	143	119.5°	
BF$_3$	131	120°	三角形
SO$_3$	143	120°	
NH$_3$	101.5	107°18′	三角锥形
SO$_3^{2-}$	151	106°	
CH$_4$	109	109.5°	四面体形
SO$_4^{2-}$	149	109.5°	

2.2.2 杂化轨道理论与分子几何构型

价键理论较好地阐明了共价键的形成和本质，解释了共价键的方向性和饱和性等特

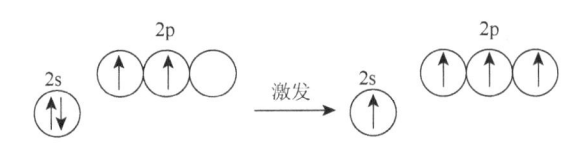

点。但将该理论应用于 HgCl$_2$、BF$_3$、CH$_4$ 等分子时，无法解释分子几何构型与成键情况。例如，在 CH$_4$ 分子中有 4 个 C—H 键，键长为 109 pm，键能为 414 kJ·mol^{-1}，两个 C—H 键的夹角为 109.5°，因此 CH$_4$ 的立体构型为正四面体，C 原子位于四面体中心，四个 H 原子占据四面体四个顶点。根据价键理论，基态 C 原子的电子排布为 1s^{2}2s^{2}2p^2，p 轨道上只有 2 个未成对电子，与 H 原子只能形成 2 个 C—H 键，显然与事实不符。为了解释该情况，提出了激发成键的概念，即在化学反应中，C 原子的 2 个 s 电子，其中 1 个 s 电子跃迁到 2p 轨道，使价电子层内具有 4 个未成对电子，如图 2-23 所示。

图 2-23 激发成键

这样即可形成 4 个 C—H 键，但由于 s 轨道和 p 轨道能级不同，这 4 个 C—H 键的键能和键角不应相同。为了解决上述问题，1931 年鲍林和斯莱托在价键理论的基础上，提出杂化轨道理论，较好地解释了 CH$_4$ 等分子的成键数目、键角、分子构型等问题，补充和发展了价键理论。

1. 杂化轨道理论概要

原子在成键时，常将其价层的成对电子中的 1 个电子激发到邻近的空轨道上，以增加能成键的单个电子。例如，Be（2s^2）、Hg（5d^{10}6s^2）、B（2s^{2}2p^1）、C（2s^{2}2p^2）等元素原子，成键时都将 1 个 ns 电子激发到 np 轨道上，相应增加 2 个未成对电子，便可多形成 2 个键。多成键后释放出的能量远比激发电子所需的能量多，因此系统总能量是降低的。

（1）原子与原子在形成分子时，由于原子间的相互影响，同一原子中一定数目、能量相近的几个原子轨道混合起来，组合成一组新的轨道，这一过程称为原子轨道的杂化，所组成的新轨道称为杂化轨道。

（2）有几个原子轨道参与杂化就形成几个杂化轨道。杂化轨道与原来的原子轨道相比，其角度分布及形状均发生变化，能量也趋于平均化。

（3）形成的杂化轨道是一头大、一头小，大的一头与另一原子成键时，原子轨道可以得到更大程度的重叠，所以杂化轨道的成键能力比未杂化前更强，如图 2-24 所示。由

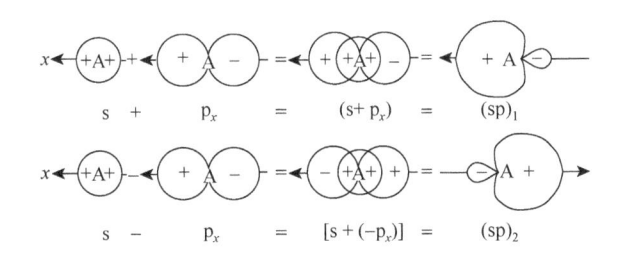

图 2-24 两个 sp 杂化轨道的形成和方向

于杂化轨道方向发生改变，它们在空间取最大键角（斥力最小），使系统能量降低得更多，生成的分子也更加稳定。

虽然电子激发和轨道杂化都可使成键系统能量降低，但前者是由于多成键，后者是因为形成的键更稳定，二者本质并不相同。原子成键时可以同时发生电子激发和轨道杂化，也可以仅进行轨道杂化。

2. 杂化轨道类型

杂化轨道类型与分子的几何构型存在密切联系，根据参与杂化的原子轨道的种类和数量不同，可组成不同类型的杂化轨道。

1）sp 杂化

以 $HgCl_2$ 分子的形成为例，实验测得 $HgCl_2$ 分子构型为直线形，键角为 180°。用杂化轨道理论分析，该分子的形成过程如下。

Hg 原子的价层电子为 $5d^{10}6s^2$，成键时 1 个 6s 轨道上的电子激发到空的 6p 轨道上（成为激发态 $6s^16p^1$），同时发生杂化，组成 2 个等价的 sp 杂化轨道。sp 杂化是同一原子的 1 个 s 轨道和 1 个 p 轨道之间进行的杂化，形成 2 个等价的 sp 杂化轨道。这两个轨道在一条直线上，杂化轨道间的夹角为 180°，如图 2-25 所示。2 个 Cl 原子的 3p 轨道以"头顶头"方式与 Hg 原子的 2 个杂化轨道大的一端发生重叠，形成两个 σ 键。$HgCl_2$ 分子中三个原子在一条直线上，Hg 原子位于中间。如此圆满地解释了 $HgCl_2$ 分子的几何构型。

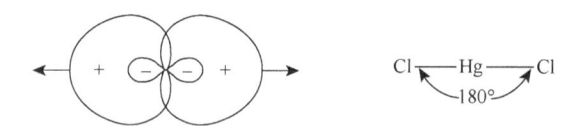

图 2-25 sp 杂化轨道的分布与分子几何构型

2）sp^2 杂化

以 BF_3 分子的形成为例，实验测得 BF_3 分子的几何构型为平面正三角形，键角为 120°。该分子形成过程如下：B 原子的价层电子为 $2s^22p^1$，只存在 1 个未成对电子，成键过程中 2s 的 1 个电子激发到 2p 空轨道上（成为激发态 $2s^12p_x^12p_y^1$），同时发生杂化，组成 3 个新的等价 sp^2 杂化轨道。sp^2 杂化是同一原子的 1 个 s 轨道和 2 个 p 轨道进行杂化。这 3 个杂化轨道指向正三角形的 3 个顶点，杂化轨道间的夹角为 120°，如图 2-26 所示。3 个 F 原

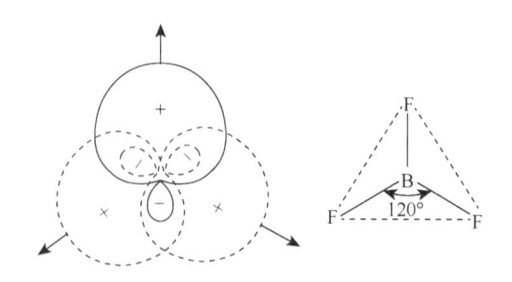

图 2-26 sp^2 杂化轨道的分布与分子几何构型

子的 2p 轨道以"头顶头"方式与 B 原子的 3 个杂化轨道的大头重叠，形成 3 个 σ 键。所以 BF₃ 为平面正三角形，B 原子位于中心。

3）sp³ 杂化

CH₄ 分子为正四面体形，分子形成过程如下：C 原子的价层电子为 $2s^22p^2$（或 $2s^22p_x^12p_y^1$），只有 2 个未成对电子。成键过程中，经过激发，成为 $2s^12p_x^12p_y^12p_z^1$。同时发生杂化，组成 4 个新的等价 sp³ 杂化轨道。sp³ 杂化是同一原子的 1 个 s 轨道和 3 个 p 轨道间的杂化。4 个杂化轨道的大头指向正四面体的 4 个顶点，杂化轨道间的夹角为 109.5°，如图 2-27 所示。4 个 H 原子的 s 轨道以"头顶头"方式与 4 个杂化轨道的大头重叠，形成 4 个 σ 键。所以，CH₄ 分子为正四面体形，C 原子位于其中心。

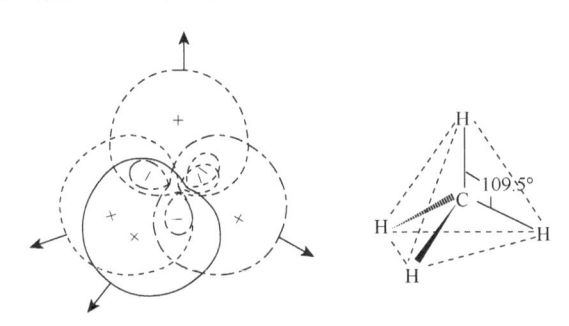

图 2-27 sp³ 杂化轨道的分布与分子几何构型

4）等性杂化与不等性杂化

（1）等性杂化。

在以上三种杂化轨道类型中，每种类型形成的各个杂化轨道的形状和能量完全相同，所含 s 轨道和 p 轨道的成分也相等，这类杂化称为等性杂化。

（2）不等性杂化。

当几个能量相近的原子轨道杂化后，所形成的各杂化轨道的成分不完全相等时，即为不等性杂化。

以 NH₃ 分子和 H₂O 分子形成为例，实验测定 NH₃ 为三角锥形，键角为 107.18°，略小于正四面体时的键角。N 原子的价层电子构型为 $2s^22p^3$，成键时形成 4 个 sp³ 杂化轨道。其中 3 个杂化轨道中各有 1 个未成对电子，分别与 H 原子的 1s 轨道重叠成键。第 4 个杂化轨道被成对电子所占有，不参与成键。由于孤对电子与成键电子对间的斥力大于成键电子对与成键电子对间的斥力，N—H 键的夹角变小，如图 2-28（a）所示。H₂O 分子的

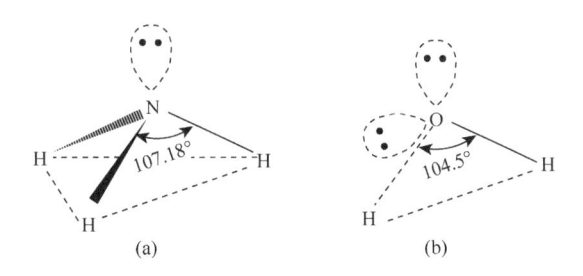

图 2-28 NH₃ 和 H₂O 的几何构型

形成与此类似，其中 O 原子也采取不等性 sp^3 杂化，只是 4 个杂化轨道中有 2 个被成对电子所占有，其夹角压缩到 104.5°，分子为角形（或 V 形），如图 2-28（b）所示。

如果键合原子不完全相同，也可引起中心原子轨道的不等性杂化。例如，$CHCl_3$ 分子中，C 原子采取 sp^3 杂化，其中与 Cl 原子键合的 3 个 sp^3 杂化轨道，每个含 s 轨道成分为 0.258，而与 H 原子键合的 1 个 sp^3 杂化轨道所含 s 轨道成分为 0.226，所以 $CHCl_3$ 中 C 原子的 sp^3 杂化也是不等性的。

3. 离域 π 键

π 键是由原子轨道按"肩并肩"方式重叠而形成的键，通常 π 键是由两个 p 轨道重叠而成，也有 p-d 重叠的 π 键。由 3 个或 3 个以上原子的 p 轨道按"肩并肩"形式重叠，形成的键称为离域 π 键或大 π 键，通常写作 π_n^m，其中上角标 m 为大 π 键中的电子数，下角标 n 为组成大 π 键的原子数。

大 π 键的形成条件：①参与形成大 π 键的电子必须共面；②每个原子必须提供一个 p 轨道，且互相平行，即垂直于参与形成大 π 键原子所在的平面；③大 π 键上的电子数必须小于轨道数目的两倍（即 $m<2n$）。

大 π 键中的电子并不固定在两个原子之间，而是在整个层中的各原子间自由运动，体系能量降低，使分子稳定性增加，这种效应称为离域效应。分子结构中的大 π 键，不仅存在于很多无机化合物中（如 CO_2），而且更多地存在于有机化合物分子中（如 C_6H_6），如图 2-29 所示。

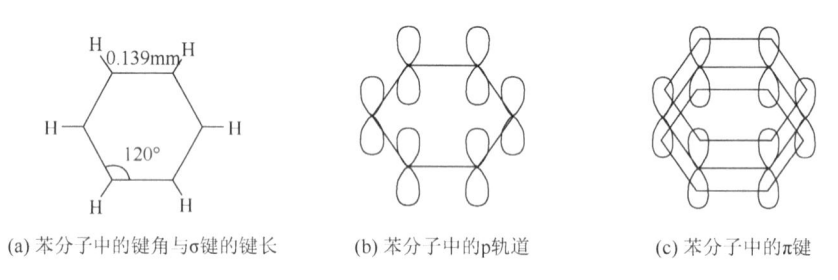

(a) 苯分子中的键角与σ键的键长　　(b) 苯分子中的p轨道　　(c) 苯分子中的π键

图 2-29　苯（C_6H_6）的分子结构

2.2.3　分子间作用力

气态物质能凝结成液态，液态物质能凝固成固态，正是分子之间相互作用或吸引的结果，说明分子间存在相互作用力。分子间力是 1873 年首先由荷兰物理学家范德华提出的，因此又称范德华力。分子间力不是化学键，强度也不及化学键。分子间力本质上属于电性引力。为了说明这种引力的由来，首先介绍分子的极性。

1. 分子的极性

1）极性分子与非极性分子

任何以共价键结合的分子中，都存在带正电荷的原子核和带负电荷的电子。尽管整个分子是电中性的，但可设想分子中两种电荷分别集中于一点，分别称为正电荷中心和负电荷中心，即"+"极和"−"极。如果两个电荷中心存在一定距离，即形成偶极，这样的分子存在极性，称为极性分子；如果两个电荷中心重合，分子则不存在极性，称为非极性分子。

对于双原子分子来说，分子的极性和化学键的极性是一致的。例如，H_2、O_2、N_2、Cl_2 等分子都是由非极性键相结合的，它们都是非极性分子；HF、HCl、HBr、HI 等分子由极性键结合，正、负电荷中心不重合，它们都是极性分子。

对于多原子分子来说，分子有无极性由分子组成和结构决定。例如，CO_2 分子中的 C=O 键虽为极性键，但由于 CO_2 分子是直线形，结构对称（图 2-30），两边键的极性相互抵消，整个分子的正、负电荷中心重合，因此 CO_2 分子是非极性分子。在 H_2O 分子中，H—O 键为极性键，分子为 V 形结构（图 2-31），分子的正、负电荷中心不重合，所以水分子是极性分子。

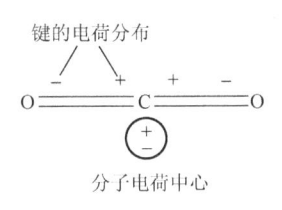

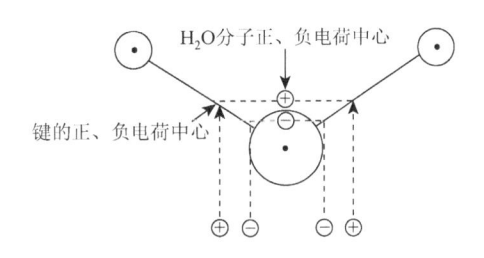

图 2-30　CO_2 分子中的正、负电荷中心分布

图 2-31　H_2O 分子中的正、负电荷中心分布

2）分子偶极矩

分子极性的大小通常用偶极矩来衡量。偶极矩（μ）定义为分子中正电荷中心或负电荷中心上的荷电量（q）与正、负电荷中心间距离（d）的乘积：$\mu = q \cdot d$。偶极矩单位为 $C \cdot m$，是一个矢量，方向为正极指向负极。双原子分子偶极矩如图 2-32 所示。分子的偶极矩可通过实验测定。表 2-6 是一些气态分子偶极矩的实验值。

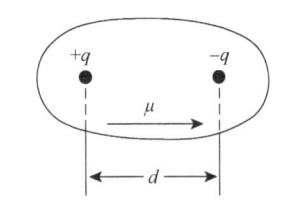

图 2-32　双原子分子偶极矩

表 2-6　物质分子的偶极矩及分子构型

分子式	$\mu/(10^{-30}C \cdot m)$	分子构型	分子式	$\mu/(10^{-30}C \cdot m)$	分子构型
H_2	0	直线形	$CHCl_3$	3.50	四面体形
N_2	0	直线形	H_2S	3.67	折线形
CO_2	0	直线形	SO_2	5.33	折线形
CS_2	0	直线形	H_2O	6.17	折线形
CH_4	0	正四面体形	NH_3	4.90	三角锥形
CO	0.40	直线形	HCN	9.85	直线形

续表

分子式	$\mu/(10^{-30}C\cdot m)$	分子构型	分子式	$\mu/(10^{-30}C\cdot m)$	分子构型
HF	6.37	直线形	HBr	2.67	直线形
HCl	3.57	直线形	HI	1.40	直线形

表 2-6 中 $\mu = 0$ 的分子为非极性分子，$\mu \neq 0$ 的分子为极性分子。μ 值越大，分子的极性越强。分子的极性既与化学键的极性有关，又和分子几何构型有关，所以测定分子的偶极矩，有助于比较物质极性的强弱和推断分子的几何构型。

3）分子的极化

上述极性与非极性为未受外界影响下分子本身的属性。如果分子受到外电场作用，分子内部电荷分布会因同电相斥、异电相吸的作用而发生相对位移。例如，非极性分子在受电场作用前，正、负电荷中心重合；受到电场作用后，分子中带正电荷的核被吸向负极，带负电荷的电子云被引向正极，使正、负电荷中心发生位移而产生偶极（这种偶极称为诱导偶极），整个分子发生变形；外电场消失时，诱导偶极也随之消失，分子恢复为原来的非极性分子，如图 2-33 所示。

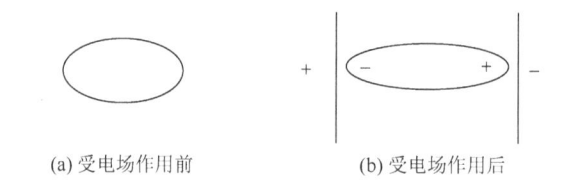

(a) 受电场作用前　　(b) 受电场作用后

图 2-33　非极性分子在电场中的变形极化

对于极性分子，分子中存在偶极（称为固有偶极），通常这些极性分子在做不规则的热运动，如图 2-34（a）所示。当分子进入外电场后进行定向排列，如图 2-34（b）所示，这个过程称为取向。在外电场的作用下，分子的正、负电荷中心也将发生位移，即固有偶极加上诱导偶极，使分子极性增加，分子发生变形，如图 2-34（c）所示。如果外电场消失，诱导偶极也随之消失，但固有偶极不变。

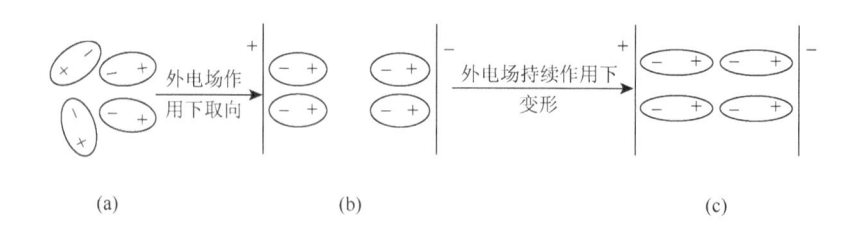

(a)　　(b)　　(c)

图 2-34　极性分子在电场中的变形极化

非极性分子或极性分子受外电场作用而产生诱导偶极的过程，称为分子的极化

（或称变形极化）。分子极化后外形发生改变，称为分子的变形性。一方面，电场越强，产生的诱导偶极越大，分子变形越显著；另一方面，分子越大，所含电子越多，其变形性越强。分子在外电场作用下的变形程度可用极化率（α）量度，并可通过实验测定。

2. 分子间力

分子具有极性和变形性是分子间产生作用力的根本原因。现在认为，分子间存在三种作用力，即色散力、诱导力和取向力。分子间力普遍存在于各种分子之间，它对物质的物理性质如熔点、沸点、硬度、溶解度等都有一定的影响。

1）色散力

非极性分子的偶极矩为零，似乎不存在相互作用。事实上分子内的原子核和电子在不断地运动，在某一瞬间，正、负电荷中心发生相对位移，使分子产生瞬时偶极，如图 2-35（a）所示。当两个或多个非极性分子在一定条件下充分靠近时，可能会因瞬时偶极而发生异极相吸的作用，如图 2-35（b）和（c）所示。这种作用力虽然短暂，但原子核和电子时刻在运动，瞬时偶极将不断出现，异极相吸的状态也时刻出现，所以分子间始终存在这种作用力。这种因瞬时偶极出现的分子间力，称为色散力。色散力不仅出现于非极性分子之间，也出现于极性分子之间。色散力的大小与分子的变形性或极化率有关。极化率越大，分子间的色散力越大，物质的熔沸点越高，如表 2-7 所示。

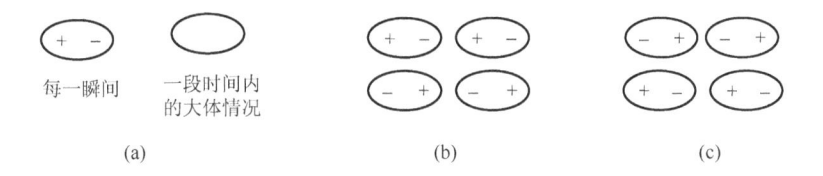

图 2-35 非极性分子间的相互作用

表 2-7 物质的极化率、色散能与熔沸点

物质	极化率 $\alpha/(10^{-40}C \cdot m^2 \cdot V^{-1})$	色散能 $E/10^{-22}J$	熔点 $t_m/℃$	沸点 $t_b/℃$
He	0.227	0.05	−272.2	−268.94
Ar	1.81	2.9	−189.38	−185.87
Xe	4.45	18	−111.8	−108.10

注：色散能测试条件为两分子间距离 $d = 500pm$，温度 $T = 25℃$。

2）诱导力

极性分子中存在固有偶极，可以作为一个微小的电场。当非极性分子与它充分靠近时，非极性分子会被极性分子极化而产生诱导偶极（图 2-36），诱导偶极与极性分子固有偶极之间将产生作用力；同时，诱导偶极又可反过来作用于极性分子，使其也产生诱导偶极,从而增强分子间力。这种由于诱导偶极形成而产生的作用力,称为诱导力。诱导力与分子的极性和变形性有关,分子的极性和变形性越大,其产生的诱导力越大。极性分子与极性分子之间也存在诱导力。

(a) 分子离得较远　　　　(b) 分子靠近时

图 2-36　极性分子与非极性分子间的相互作用

3）取向力

当两个极性分子充分靠近时,由于极性分子中存在固有偶极,将会发生同极相斥、异极相吸的取向排列,如图 2-37（b）所示。随后固有偶极之间产生的作用力,称为取向力。取向力的大小取决于极性分子的偶极距,偶极距越大,取向力越大。极性分子与极性分子之间也存在诱导力和色散力。综上所述,在非极性分子之间只有色散力,在极性分子和非极性分子之间存在诱导力和色散力,在极性分子和极性分子之间存在取向力、诱导力和色散力。这些力本质上是静电引力。

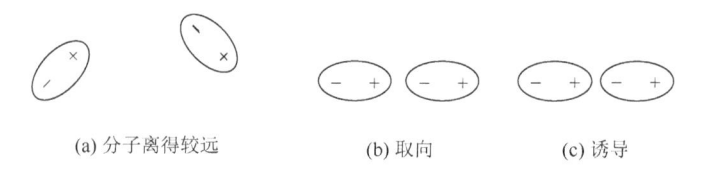

(a) 分子离得较远　　(b) 取向　　(c) 诱导

图 2-37　极性分子间的相互作用

三种作用力中,色散力存在于一切分子之间,一般也是分子间的主要作用力,取向力次之,诱导力最小。除了极性很强的分子是以取向力为主外,如 HF、H_2O 等,一般分子都是以色散力为主。

4）分子间力的特点

（1）它是存在于分子间的一种吸引力。

（2）分子间的吸引作用比化学键弱得多,是化学键的 1/100～1/10。

（3）分子间的距离为几百皮米时,才表现出分子间力,其随分子间距离的增大而迅速减小。

（4）分子间力没有饱和性和方向性。

（5）一般情况下,色散力比取向力、诱导力大,取向力仅在极性很强的分子间占比较大。

（6）在同类型分子中,色散力随分子量增大而增大。

3. 氢键

按照分子间力的特性,在卤化氢系列化合物中 HF 的熔沸点理应最低,但事实并非如此。如图 2-38 所示，HF、H₂O 和 NH₃ 有着反常的高熔沸点，说明这些分子除了普遍存在的分子间力外，还存在着一种特殊的作用力，称为氢键。

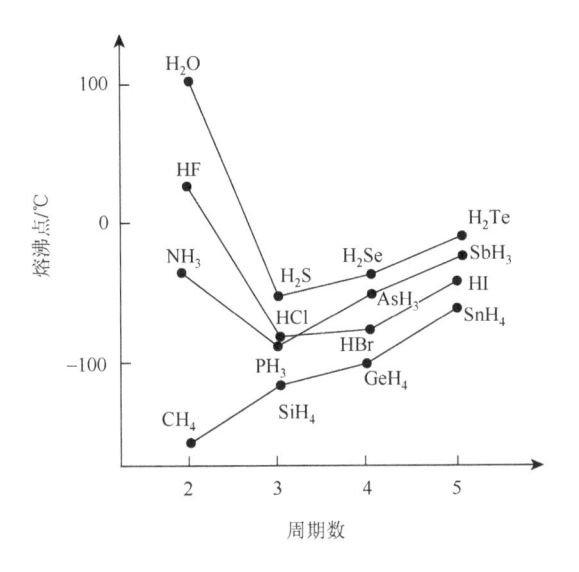

图 2-38 ⅣA～ⅦA 族各元素的氢化物的熔沸点

在 HF 分子中，由于 F 原子的半径小、电负性大，共用电子对强烈偏向于 F 原子一方，使 H 原子核几乎"裸露"出来。这个半径很小又无内层电子的带正电荷的氢核，能和相邻 HF 分子中 F 原子的孤对电子相互吸引，如图 2-39 所示，这种静电吸引力称为氢键。

图 2-39 氢键示意图

氢键的组成可用 X—H⋯Y 表示，其中 X、Y 代表电负性大、半径小，且有孤对电子的原子，一般是 F、O、N 等原子。X、Y 可以相同，也可以不同。氢键也有饱和性和方向性：每个 X—H 只能与一个 Y 原子相互吸引形成氢键。Y 与 H 形成氢键时，尽可能沿 X—H 键键轴的方向，使 X—H⋯Y 在同一直线上。氢键既可存在于同一种分子内，称为分子内氢键，如硝酸、水杨醛、邻苯二酚等；又可存在于不同分子间，称为分子间氢键，如 HF、H₂O、甲酸等；还可存在于晶体中，如 NaHCO₃ 等。

氢键的形成会对某些物质的物理性质产生一定的影响，由固态转化为液态，或由液态转化为气态时，除需克服分子间力外，还需破坏比分子间力更大的氢键，所需能量更大，这是 HF、H₂O、NH₃ 熔沸点出现异常的原因。此外，如果溶质分子与溶剂分子间能形成氢键，将有利于溶质的溶解，NH₃ 在水中有较大的溶解度与此相关。

2.2.4 离子键理论

大多数盐类、碱及一些金属氧化物都有一些共同的特点：它们一般以晶体形式存在，熔沸点较高，在固态下几乎不导电，熔融或溶于水时能产生离子并导电。在此类化合物中，阴、阳离子通过静电作用结合在一起，这类化合物称为离子化合物。

1. 离子键的形成

离子键理论是德国化学家科塞尔在 1916 年根据稀有气体具有稳定结构的事实提出的，离子键的本质是阴、阳离子间的静电引力。当电负性相差较大的两种元素原子相互接近时，电子从电负性小的原子转移到电负性大的原子，从而形成了阳离子和阴离子。相邻阴、阳离子之间的吸引作用即为离子键。阴、阳离子分别是键的两极，因此离子键呈强极性。

离子的电场分布是球形对称的，可以从任何方向吸引带异号电荷的离子，不存在特定的最有利方向，形成了离子键无方向性的特点。此外，只要离子周围空间允许，它将尽可能吸引带异号电荷的离子，形成尽可能多的离子键，从而在三维空间上无限伸展形成巨大的离子晶体。但事实上，一种离子周围所能结合的异号离子数目并不是任意的，而是具有确定数目。例如，NaCl 晶体中，每个 Na^+ 周围等距离地排列着 6 个具有相反电荷的 Cl^-，Cl^- 周围也同样等距离地排列着 6 个 Na^+，这并不意味着每个 Na^+（Cl^-）吸引 6 个 Cl^-（Na^+）后达到饱和，阴、阳离子相互吸引的具体情况是由阴、阳离子半径的相对大小及所带电荷数量决定的。在 Na^+ 吸引了 6 个 Cl^- 后，还可与更远的若干个 Na^+ 和 Cl^- 产生相互排斥或吸引作用，只是静电引力会随距离增大而相对减弱，说明离子键无饱和性。

2. 离子的结构特征

1）离子的电荷

简单离子的电荷是由原子获得或失去电子形成的，其电荷绝对值为得到或失去的电子数，如 F 得到一个电子变为 F^-，Fe 失去三个电子变为 Fe^{3+}。

2）离子的电子构型

所有简单阴离子的电子构型都是 8 电子型，和与其相邻稀有气体的电子构型相同，如 F^-（$2s^22p^6$）。阳离子的构型可分为 2 电子型[Li^+、Be^{2+}（$1s^2$）]、8 电子型[K^+、Ba^{2+} 等（ns^2np^6）]、18 电子型[Ag^+、Zn^{2+}、Sn^{4+} 等（$ns^2np^6nd^{10}$）]、18 + 2 电子型{Sn^{2+}、Bi^{3+} 等[$ns^2np^6nd^{10}(n+1)s^2$]}、9~17 电子型[Fe^{2+}、Fe^{3+}、Cu^{2+}、Pt^{2+} 等（$ns^2np^6nd^{1~9}$）]。

3）离子半径

离子没有严格意义上的半径，通常是将离子晶体中阴、阳离子近似看成相互接触的球体，相邻两核间距为阴、阳离子半径之和，核间距的大小可由 X 射线衍射分析测定。目前应用最为广泛的离子半径计算方法是 1927 年由鲍林根据核电荷数和屏蔽常数等因素推出的半经验公式。

离子半径也呈规律性变化，主要有如下几点：①阳离子的半径小于其原子半径，简单阴离子半径大于其原子半径；②同一周期电子层结构相同的阳离子的半径随离子电荷的增加而减小；③同族元素离子电荷数相同的阴或阳离子的半径随电子层数的增多而增大；④同一元素形成不同电荷的阳离子时，电荷数高的半径小。

离子半径的大小是决定离子键强弱的重要因素之一，离子半径越小，离子间引力越大，离子键越牢固，相应的离子化合物熔沸点越高。离子半径大小还对离子的氧化还原性能及溶解性有重要影响。

3. 离子极化

在离子晶体中，除阴、阳离子间起主导作用的静电引力外，仍会有其他作用力。晶格结点上排列的是离子，离子间因强烈的静电作用会相互作为电场使彼此的原子核和电子云发生相对位移，即发生与分子极化类似的离子极化作用。

1）离子在电场中的极化

离子在外电场的作用下，正极吸引核外电子，负极吸引原子核，使离子中的电荷分布发生相对位移，离子变形，产生诱导偶极，这种现象称为离子极化（图2-40）。外电场越强，离子受到的极化作用越强，离子的变形程度越大，产生的诱导偶极也越大。

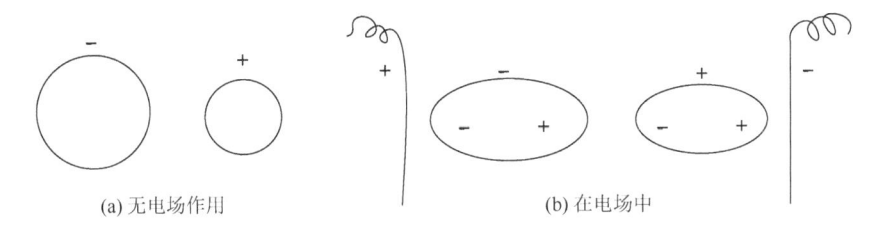

(a) 无电场作用　　　　　　(b) 在电场中

图 2-40　离子极化示意图

在外电场相同的情况下，离子半径越大，外层电子离核越远，离子越容易变形。关于离子变形性的大小，可以用离子极化率来量度。通常，同族元素离子从上到下离子半径增大，离子的变形性增大，极化率增大；阴离子的极化率通常比阳离子大，阴离子比阳离子更容易变形。

2）离子间的相互极化

离子带有电荷，每个离子都可看作一个微小的电场。在离子晶体中，阴、阳离子靠得越近，则存在相互极化的可能性，使离子具有以下双重性质。

（1）极化力。

离子作为电场，可使周围的异电荷离子受到极化而变形，这种作用称为极化作用。离子使异性电荷极化的能力，称为极化力。离子极化力的大小，主要取决于离子半径、电荷和电子构型。

（2）变形性。

离子作为被极化对象，其外层电子与核将发生相对位移而变形。离子变形性的大小，也取决于离子半径、电荷和电子构型。

阴、阳离子都具备极化力和变形性双重性质，影响因素相近。但由于阳离子半径通常比阴离子半径小，表现出极化力强，变形性小，因此一般以对阴离子的极化为主；反之，阴离子半径大，变形性大，极化力弱，一般以变形性为主。一些18电子、18+2电子构型的阳离子，它们的极化力和变形性都很强，在使阴离子极化的同时，其自身会被阴离子所极化。阴、阳离子相互极化的结果，使彼此变形性增大，诱导偶极增大，导致彼此的极化作用进一步加强。这种因相互极化而增加的极化能力，称为附加极化力。此类情况下，每个离子的总极化力等于该离子固有极化力和附加极化力之和。

3）离子极化对物质结构和性质的影响

（1）键型过渡。

在离子晶体中，若离子间相互极化作用很弱，对化学键影响不大，化学键仍为离子键；若离子间相互极化作用很强，引起离子变形后，阴、阳离子的电子云将发生重叠，键的离子性降低而共价性增加。离子间相互极化作用越强，电子云重叠程度越大，键的共价性越强，将有可能由离子键过渡为共价键。其过程示意如图 2-41 所示。

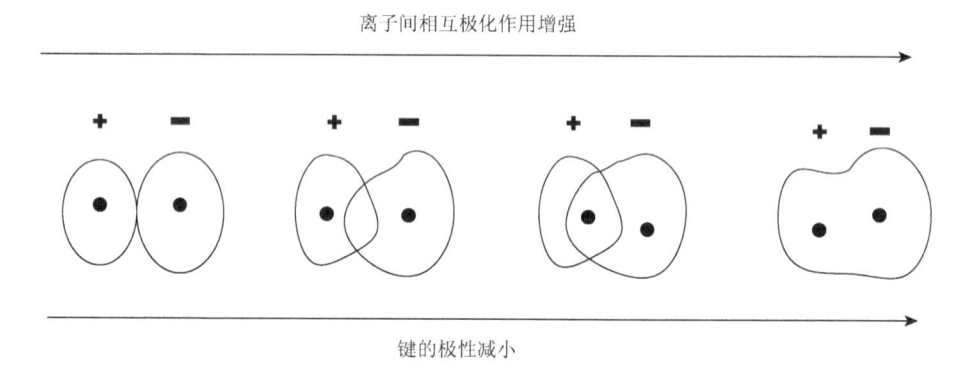

图 2-41 离子极化对键型的影响

以 AgF、AgCl、AgBr、AgI 的键型过渡为例，如表 2-8 所示。Ag^+ 为 18 电子构型，它的极化力和变形性都很大；从 F^- 到 I^-，离子半径依次增大、变形性依次增加。因此，除 F^- 离子半径较小，相互极化作用较弱外，从 Cl^- 到 I^-，离子间在相互极化的同时，附加极化作用也依次增强，离子间电子云的相互重叠依次增加，核间距明显小于阴、阳离子半径之和，并且差值依次增加，化学键从 AgF 的离子键逐渐过渡为 AgI 的共价键。

表 2-8 卤化银的键型和性质

卤化银	卤素离子半径 r/pm	离子半径之和 $(r_+ + r_-)$/pm	实测键长 /pm	键型	晶体构型	溶解度 $s/(mol·L^{-1})$	颜色
AgF	136	262	246	离子键	NaCl 型	易溶	白色
AgCl	181	307	277	过渡键型	NaCl 型	$1.34×10^{-5}$	白色
AgBr	195	321	288	过渡键型	NaCl 型	$7.07×10^{-7}$	淡黄色
AgI	216	342	299	共价键	ZnS 型	$9.11×10^{-9}$	黄色

（2）溶解度。

离子化合物大多易溶于水，离子相互极化引起键型过渡后，往往导致化合物溶解度减小，具体如表 2-8 所示。

(3) 化合物的颜色。

离子极化作用对化合物的颜色也存在影响。相互极化作用越强，化合物的颜色越深，具体如表 2-8 所示。

(4) 晶体的熔点。

离子化合物的熔点一般都比较高，由共价化合物形成的分子晶体的熔点较低。当化合物由离子键向共价键过渡后，其熔点也相应降低。

2.2.5 晶体类型

通过 X 射线衍射对晶体结构的研究发现，组成晶体的微粒在空间呈规则排列，而且每隔一定间距便重复出现，有明显的周期性。为便于研究晶体的空间结构和特性，将晶体中按周期重复的微粒简化成几何点，从而构成一个空间点阵。这种排列状态或点阵结构在结晶学上称为晶格；体现晶格一切特征的最小单元称为晶胞。若掌握了晶胞特征，便可获得整个晶体的空间结构。微粒所占据的点称为晶格的结点，结点按不同方式排列，将构成不同类型的晶格。图 2-42（a）为某类型晶格，（b）为该晶格的晶胞。晶体的种类繁多，晶体某些物理性质的差异，除因晶格类型不同外，主要还取决于晶格结点上所排列的微粒种类和微粒间的相互作用。

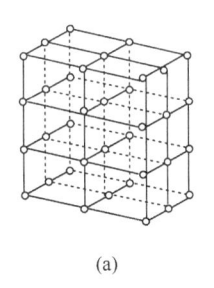

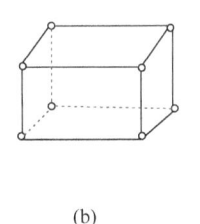

图 2-42　晶格与晶胞

1. 分子晶体

晶格结点上排列的微粒是分子，分子间以分子间力（包括分子间氢键）连接起来而形成的晶体即是分子晶体。固态 CO_2（干冰）是一种典型的分子晶体，如图 2-43 所示。晶格结点上是 CO_2 分子，分子间力很微弱，所以固态 CO_2 在常压下，在 194 K 时即可升华。此外，非金属单质（如 H_2、O_2、N_2、P_4、S_8、卤素等）、非金属化合物（如 NH_3、H_2O、SO_2 等），以及大部分有机化合物，在固态时也都是分子晶体。由于分子间力远弱于化学键，因而分子晶体一般具有熔沸点低、硬度小等特征。同时由于共价分子中不含有自由电子、阴离子和阳离子，因此分子晶体在固态和熔融态不导电。

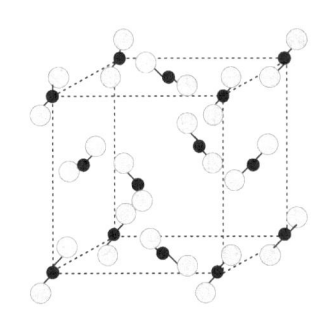

图 2-43　CO_2 的分子晶体

2. 离子晶体

由阴、阳离子按一定规则排列在晶格结点上形成的晶体为离子晶体。这类晶体中不存在独立的小分子，常以化学式表示其组成，如 NaCl，如图 2-44 所示。离子晶体主要有如下的特征：离子晶体中晶格结点上微粒间的作用力为阴、阳离子之间的库仑力（即离子键），这种引力较强烈，因此离子晶体的熔沸点较高，常温下均为固体，且硬度较大。离子晶体因其强极性，多数易溶于极性较强的溶剂，如 H_2O。离子晶体中，阴、阳离子被束缚在相对固定的位置上，无法自由移动，难以导电。但在熔融状态或水溶液中，离子能自由移动，在外电场作用下可导电。

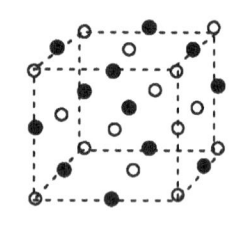

图 2-44　NaCl 晶体的结构

3. 原子晶体

若晶格结点上排列的是原子，且原子之间通过共价键结合而形成的晶体，称为原子晶体。典型的原子晶体并不多，常见的有金刚石（C）、单质硅（Si）、单质硼（B）、碳化硅（SiC）、石英（SiO_2）、立方氮化硼等。这类晶体的主要特点是：原子间的化学结合力是共价键，非常牢固，因此原子晶体熔点高、硬度大；原子晶体中不存在离子，也不存在独立的小分子，因此不溶于一切溶剂，且熔融状态不导电，不存在确定的分子量。图 2-45 是金刚石的晶体结构示意图，无数个四面体取向的 C 原子以共价键结合成一个坚固的骨架结构整体。

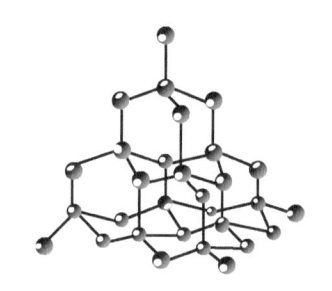

图 2-45　金刚石的晶体结构

4. 金属晶体

金属晶体中晶格结点上排列的是金属原子或离子。由于金属原子的最外电子层上电子较少，且与原子核联系较弱而容易脱落成自由电子，它们可被许多原子或离子共用，处于非定域态。众多原子或离子被自由电子"胶合"在一起，形成金属键。金属键是金属晶体中的金属原子、离子与维系它们的自由电子间产生的结合力。由于金属键中电子不是固定在两个原子之间，且金属原子和金属离子共用的电子数量不限，因此金属键无方向性和饱和性。

自由电子可在整个晶体中运动，并将电能和热能迅速传递，因此金属是电和热的良导体。金属晶格各部分如果发生相对位移，不会改变自由电子的流动和"胶合"状态，也不会破坏金属键，因此金属有较好的延展性。金属键有一定强度，因此大多数金属具有较高的熔沸点和硬度。表 2-9 归纳了四种晶体的基本性质。

5. 混合型晶体

在四种基本类型的晶体中，同一类晶体晶格结点上粒子间的作用力都是相同的。另有一些晶体，其晶格结点上粒子间的作用力并不完全相同，这种晶体称为混合型晶体。

表 2-9 四种晶体的结构与性质

晶体类型	晶格结点上的粒子	粒子间的作用力	晶体的一般性质	实例
离子晶体	阴、阳离子	离子键	熔点较高,硬度大而质地脆,固态不导电,熔融态或水溶液导电	NaCl、MgO
原子晶体	原子	共价键	熔点高，硬度大，不导电	金刚石、SiC
分子晶体	分子	分子间力（或存在氢键）	熔点低，硬度小，不导电	CO_2、NH_3
金属晶体	原子、离子	金属键	熔点一般较高，硬度一般较大，能导电、导热，具有延展性	W、Ag、Cu

以石墨晶体为例，实验测定石墨是层状结构。在同一层中相邻两 C 原子之间的距离为 142pm，层与层之间距离为 335pm（图 2-46）。每个 C 原子均以 3 个 sp^2 杂化轨道与同一平面的 3 个 C 原子形成三个 σ 键，键角为 120°。这种结构不断延展，构成由无数个正六边形组成的网状平面。此外，每个 C 原子还有一个未杂化的 2p 轨道垂直于平面，它和相邻的其他 C 原子 2p 轨道以"肩并肩"的方式重叠，形成了多个原子参与的一个 π 键整体。大 π 键垂直于网状平面，构成一个"巨大"的分子。石墨中有大量离域电子，石墨层与层之间的作用力为范德华力。因此，在石墨晶体中既有共价键，又有分子间力，它是兼具原子晶体、分子晶体和金属晶体特征的混合型晶体。此外，云母、氮化硼等也是层状结构的混合型晶体；AgCl、AgBr 等既有离子键成分，又有共价键成分，也属混合型晶体。

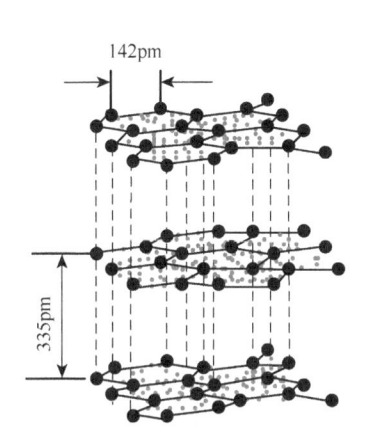

图 2-46 石墨的层状晶体结构

2.3 化学反应中的质量和能量关系

目前能源利用过程 90%以上来自化学反应，主要是煤、天然气和石油的燃烧。化学反应中的能量变化与新物质的生成是互相联系的，同样的反应物在不同条件下可以生成不同的产物，伴随的能量变化也有所不同。要获得更多目标性产物，必须考虑化学反应中能量变化的影响。在此仅讨论化学反应中的两个定律——质量守恒定律和能量守恒定律。

2.3.1 质量守恒定律

质量守恒定律指出："物质既不会被创造也不会被毁灭，只是从一种形式转化为另一种形式。"质量守恒定律并非普遍适用，仅适用于没有核反应的环境和地球表面的正常条件，因为在核反应或接近光速的情况下物质将转化为能量。

1. 未发生化学反应的质量守恒

图 2-47 为简单的干燥过程示意图。水分含量为 90%的物质 A 进入烘干机，物质 A 离开烘干机时水分含量为 60%。与此同时，烘干机中未发生化学反应，干燥仅为物理过程。将烘干机视为一个系统，可以建立相应的物料平衡。在烘干机内 A 的累积质量等于进入和离开系统的 A 的质量之差，如式（2-9）所示：

图 2-47 干燥过程（无反应系统）

$$m_{A_{in}} - m_{A_{out}} = m_{A_{acc}} \qquad (2-9)$$

式中，$m_{A_{in}}$、$m_{A_{out}}$ 和 $m_{A_{acc}}$ 分别为 A 的输入、输出和累积质量。将式（2-9）两边按时间关系转换，得到质量流量的关系式：

$$\dot{m}_{A_{in}} - \dot{m}_{A_{out}} = \dot{m}_{A_{acc}} \qquad (2-10)$$

由于未发生反应，物质的量平衡也可建立如下关系式。进入和离开烘干机 A 物质的量之差是系统内 A 累积的物质的量：

$$n_{A_{in}} - n_{A_{out}} = n_{A_{acc}} \qquad (2-11)$$

$$\dot{n}_{A_{in}} - \dot{n}_{A_{out}} = \dot{n}_{A_{acc}} \qquad (2-12)$$

式中，$n_{A_{in}}$、$n_{A_{out}}$ 和 $n_{A_{acc}}$ 分别为 A 的输入、输出和累积的物质的量；符号 $\dot{n}$ 为摩尔流量。

当关注的对象为水时，质量和物质的量平衡式分别变成：

$$\dot{m}_{H_2O_{in}} - \dot{m}_{H_2O_{out}} = \dot{m}_{H_2O_{acc}} \qquad (2-13)$$

$$\dot{n}_{H_2O_{in}} - \dot{n}_{H_2O_{out}} = \dot{n}_{H_2O_{acc}} \qquad (2-14)$$

应用式（2-13）和式（2-14）时，需要注意的是，水以两种形态离开烘干机：水蒸气和残留在 A 中的水分。上述方程适用于非定常系统，对于稳态系统，式（2-10）和式（2-12）的等号右边为零，可得

$$\sum \dot{m}_{A_{in}} = \sum \dot{m}_{A_{out}} \qquad (2-15)$$

$$\sum \dot{n}_{A_{in}} = \sum \dot{n}_{A_{out}} \qquad (2-16)$$

2. 化学反应中的质量守恒

假定一个简单的反应器，如图 2-48 所示，输入 A 和 B 两种物质，输出流中为 A、B 和 C 三种物质，表明转化率小于 100%。当发生化学反应时，除了物质的输入和输出外，还需考虑系统内的生产量或消耗量。因此，系统积累的物质质量等于输入物质的质量加上化学反应产生的物质质量减去离开系统并在化学反应中消耗的物质质量，如式（2-17）所示。

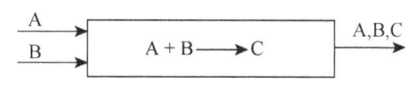

图 2-48 简易反应过程

$$\text{输入质量} - \text{输出质量} + \text{生产量} - \text{消耗量} = \text{积累量} \qquad (2-17)$$

反应中物料 A 的质量平衡可用下式表示：

$$\dot{m}_{A_{in}} - \dot{m}_{A_{out}} + \dot{m}_{A_{gen}} - \dot{m}_{A_{cons}} = \dot{m}_{A_{acc}} \tag{2-18}$$

式中，$\dot{m}_{A_{in}}$ 和 $\dot{m}_{A_{out}}$ 分别为进入和离开系统的质量流量；$\dot{m}_{A_{gen}}$ 和 $\dot{m}_{A_{cons}}$ 分别为质量生产量和消耗量；$\dot{m}_{A_{acc}}$ 为 A 在系统中的质量积累量。

式（2-18）为一般关系式，对于图 2-48 所示的具体情况，物质 A 为反应物，其生成速率为零时，稳态方程（2-18）可表示为

$$\dot{m}_{A_{in}} - \dot{m}_{A_{out}} - \dot{m}_{A_{cons}} = 0 \tag{2-19}$$

2.3.2 能量守恒定律

能量被定义为做功的能力，可以分为两个基本类别：动能（与运动有关的能量）和势能（与物体位置有关的能量）。此外，虽然能量可以从一种类型转换为另一种类型，但总能量是守恒的，也可表述成"能量既不能被创造，也不能被毁灭"。

1. 能量

1）功

在经典物理学中，功被定义为力与物体在力方向上位移的乘积。在热力学中，功是在没有熵的情况下从一个系统转移到另一个系统的能量；另一个定义为在系统和环境之间交换的一种能量形式，通常设定一个在引力场升降某物质，且不考虑摩擦的系统，如图 2-49 所示。当气缸内的气体受热膨胀时，活塞向上运动。在力的推动下，通过有序运动方式传递的能量可称为功。这种类型的机械功包括膨胀功、压缩功等。

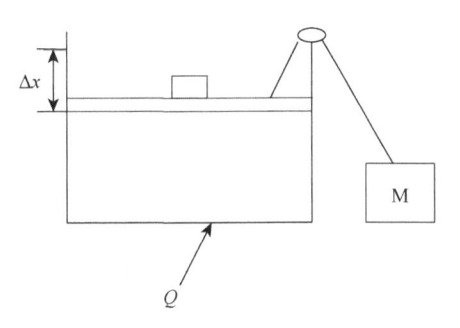

图 2-49 简单做功系统

当力使物体产生位移时，将产生位移功，可用以下公式表示：

$$dW = Fdx \Rightarrow W = \int_{x_1}^{x_2} F_{ext} dx \tag{2-20}$$

$$F_{ext} = p_{ext} \cdot A \tag{2-21}$$

式中，F 为力；W 为功；A 为截面积；p 为压力；下标"ext"表示外力。

膨胀功和压缩功可由图 2-50 说明。由图可知，活塞-气缸系统具有恒定的横截面积。气缸内的气体受热膨胀时，活塞将向上运动。位移、膨胀体积和横截面积之间的关系用 $dx = \dfrac{1}{A}dV$ 表示，其中 V 为体积，A 为横截面积，x 为位移。代入式（2-20），得到对气体所做的功为

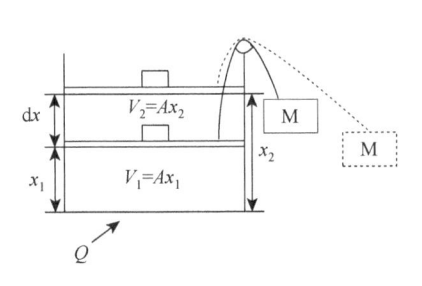

$$W = \int_{V_1}^{V_2} p_{ext} dV \tag{2-22}$$

图 2-50 简易活塞-气缸系统

2）热传递

热传递是由于系统和周围环境存在温差而产生的一种能量交换形式。只要两个系统之间或系统与环境之间存在温差，它们之间就可以发生热传递。功和热可以看作是运动的能量。系统和环境之间通过边界进行功和热的交换。两个系统之间的能量交换可通过做功或传热来实现。

3）动能

物体的动能是由于其运动而具有的能量。这种形式的能量可以用式（2-23）表示：

$$E_k = \frac{1}{2}mv^2 \quad (2\text{-}23)$$

式中，E_k 为物体的动能；m 为物体的质量；v 为物体具有的速度。

4）势能

势能是储存在物体相对于参考点的位置上的能量。势能可由式（2-24）表示：

$$E_p = mgz \quad (2\text{-}24)$$

式中，E_p 为物体的势能；m 为物体的质量；g 为重力加速度；z 为物体相对于参考点的高度。

5）热力学能

组成物质的粒子能量总和（动能和势能）称为热力学能。一切物体都是由小粒子如分子、原子、电子等组成的。动能归因于这些粒子的随机运动。此外，由于引力和斥力，它们还具有势能。这种动能和势能被称为微观动能和势能，它们与之前介绍的宏观动能和势能有些不同。以桌子上的一杯开水为例，由于热量传递到环境中，它的温度将降低。随着温度的降低，水分子的运动速度减小，热力学能也随之减小。由于玻璃的高度随时间变化保持不变，因此它的宏观动能和势能未发生变化。从热力学能的定义来看，当粒子的动能和势能之和为零时，热力学能为零。然而，粒子之间不存在引力或斥力，微观势能为零的情况不可能发生，因此无法确定热力学能绝对为零的点，系统的绝对热力学能也无法测量。

在工程系统中，经常讨论的是热力学能的变化值，而不是绝对值。可以通过设置一个热力学能为零的参考点来实现，并计算热力学能相对于该参考点的变化。温度从 T_1 变成 T_2，对应的热力学能 U_1 和 U_2 是未知的。因此，为了计算 ΔU，通常使用 U_1' 和 U_2'，如下式所示：

$$\Delta U = U_2 - U_1 = U_2' - U_1' \quad (2\text{-}25)$$

式中，U_1' 和 U_2' 为系统相对于参考温度（T_0）的热力学能，典型的参考温度为25℃和0℃。

2. 热力学第一定律

热力学第一定律的表述为：能量既不能被创造，也不能被毁灭；相反，它会从一种形式转变为另一种形式。对于工程计算，首先需要定义数量关系。典型的热力学性质包括：①强度性质：与物质的量无关的性质，如压力和温度等，不具有加和性；②广度性质：与物质的量有关的性质，如质量、体积和热力学能等，具有加和性。

热力学函数是依赖于热力学性质的量，如热力学能和焓：

$$U = U(T, V) \tag{2-26}$$
$$H = H(T, p) \tag{2-27}$$

式中，U 为热力学能；H 为焓。热力学能是温度和体积的函数，而焓是温度和压力的函数。

热力学函数包括：①过程函数：依赖于热力学路径的函数；②状态函数：不依赖于热力学路径的函数，只与系统始末状态有关。

假设将一定量的水从 25℃加热至 80℃，可以通过不同的方式实现，如使用煤气灶或太阳能进行加热，这两种方法在热力学路径上是不同的，传热量可能不同。因此，可以说热量是过程函数。无论何种路径，水的热力学能变化都是相同的，这是因为初始温度和最终温度相同。

势能的变化是状态函数，而功的变化与路径相关。例如，一块砖要从地面向上移动 3 m，可以将砖笔直地向上扔，称为路径 1；或者，可以将砖放在坡道上，然后把它拉起来，称为路径 2。显然，在路径 2 中砖移动的距离更长，但是两者最终都具有相同的高度和势能的变化。然而，路径 2 所需的工作量大于路径 1，这是因为所做的功与砖移动的距离成正比。

图 2-51 展示了一个有三条热力学路径的过程。在路径 I 中，系统被恒压加热到温度 T_2，然后 T_2 处的系统恒温升压，直至终点 B。在路径 II 中，温度为 T_1 的系统被等温压缩，压力变为 p_2，然后将系统恒压加热到终点 B。在路径 III 中，温度和压力从 A 点到 B 点同时变化，沿着不同的路径从相同的起点到达相同的终点。在这三条路径中，存在以下关系：

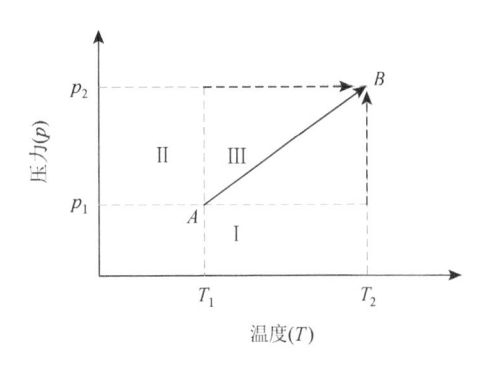

图 2-51 三种热力学路径及关系

$$\Delta U_\mathrm{I} = \Delta U_\mathrm{II} = \Delta U_\mathrm{III} \text{ 但 } Q_\mathrm{I} \ne Q_\mathrm{II} \ne Q_\mathrm{III} \tag{2-28}$$

热力学状态函数可用图上的点表示，而过程函数则用曲线下的面积表示，如图 2-52 所示。状态函数和过程函数的另一个区别是它们的微分符号表示方法，$\mathrm{d}U$、$\mathrm{d}E_\mathrm{k}$ 和 $\mathrm{d}E_\mathrm{p}$ 分别表示热力学能、动能和势能的无限小变化，而 δW 和 δQ 则表示 W 或 Q 的小量变化。

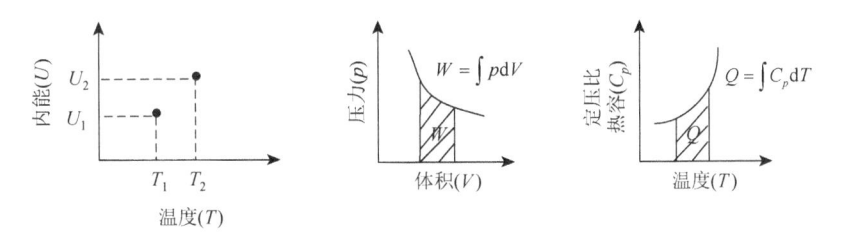

图 2-52 状态函数和过程函数之间的图形差异

由于状态函数依赖于起点和终点，因此在循环过程中，状态函数的变化为零。为

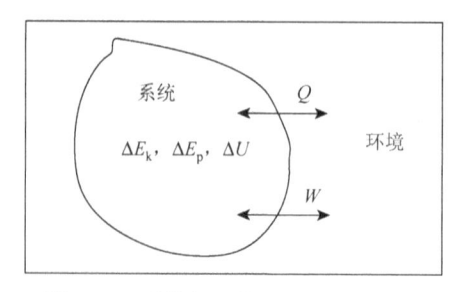

图 2-53 系统与环境之间的能量交换

了定量地描述热力学第一定律，如图 2-53 所示，展示了一个具有持续过程的整体系统。除了系统和环境之间存在能量交换以外，其他任何过程都不会发生。

根据热力学第一定律，当系统失去能量时，对应具体数值的能量将被传递给环境，反之亦然。众所周知，系统中储存的能量应以热力学能、动能或势能的形式存在，而系统与环境之间的任何能量交换都应该由做功或传热驱动。系统和环境的能量变化如式（2-29）和式（2-30）所示：

$$\Delta E_{sys} = \Delta U + \Delta E_p + \Delta E_k \tag{2-29}$$

$$\Delta E_{surr} = \pm Q \pm W \tag{2-30}$$

式中，ΔE_{sys} 和 ΔE_{surr} 分别为系统和环境的能量变化；ΔU 为热力学能的变化量；ΔE_p 和 ΔE_k 分别为势能和动能的变化；Q 为系统与环境之间的热量传递；W 为所做的功。根据热力学第一定律，一个系统的能量变化绝对值等于环境的能量变化：

$$\Delta E_{sys} = -\Delta E_{surr} \tag{2-31}$$

通过组合式（2-29）、式（2-30）和式（2-31）可得

$$\Delta U + \Delta E_p + \Delta E_k = \pm Q \pm W \tag{2-32}$$

热量或功的正负符号取决于它们的方向，由以下惯例决定。
（1）从环境到系统的热量传递是正的，从系统到环境的热量传递是负的。
（2）系统对外做功为正，反之为负。
因此，式（2-32）可转变为式（2-33），成为热力学第一定律的定量表达。

$$\Delta U + \Delta E_p + \Delta E_k = Q - W \tag{2-33}$$

3. 焓的计算

焓可以用式（2-34）进行计算：

$$h = u + pv \tag{2-34}$$

式中，h 为比焓；u 为比热力学能；p 为压力；v 为比容。对于整个系统，有

$$H = U + pV \tag{2-35}$$

比热容的概念在计算焓和热力学能时起着重要作用。比热容是单位质量（单位物质的量或单位体积）的物质升高 1 K（℃或℉）所吸收的热量。根据该定义，比热容可表示为 $\dfrac{Q}{mT}$ 或 $\dfrac{Q}{nT}$ 或 $\dfrac{Q}{VT}$。在国际单位制中，比热容的单位为 $J \cdot kg^{-1} \cdot K^{-1}$ 或 $J \cdot mol^{-1} \cdot K^{-1}$ 或 $J \cdot m^{-3} \cdot K^{-1}$。纯净材料存在两种比热容，一种是恒压比热容（$C_p$），另一种是恒容比热容（$C_V$）。图 2-54 展示了一个含有 1 kg 物质的系统，在恒压（a）和恒容（b）条件下向该系统传递热量。

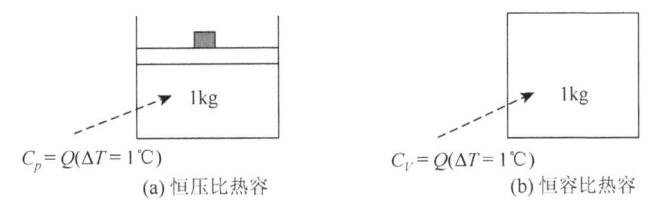

图 2-54 系统与环境之间的能量交换

图 2-54（a）和（b）的区别如下。对于图 2-54（a），有

$$mC_p\Delta T = Q = \Delta H \Rightarrow C_p\Delta T = q_p = \Delta h \Rightarrow C_p = \frac{\Delta h}{\Delta T} = \frac{dh}{dT} \tag{2-36}$$

然后可得

$$q_p = \Delta h = \int_{T_1}^{T_2} C_p dT \tag{2-37}$$

对于图 2-54（b），有

$$mC_V\Delta T = Q = \Delta U \Rightarrow C_V\Delta T = q_V = \Delta u \Rightarrow C_V = \frac{\Delta u}{\Delta T} = \frac{du}{dT} \tag{2-38}$$

然后可得

$$q_V = \Delta u = \int_{T_1}^{T_2} C_V dT \tag{2-39}$$

上述方程中，q_p 和 q_V 分别是恒压和恒容条件下的传热量。热量传递等于恒定压力下的焓变和恒定体积下的热力学能变化。计算式（2-37）和式（2-39）中的积分时，需明确比热容和温度之间的关系，其定义如式（2-40）所示：

$$C_p = a + bT + cT^2 + dT^{-2} \tag{2-40}$$

式中，T 为热力学温度；a、b、c 和 d 为常数。然而，与方程的其余部分相比，后两项通常可以忽略不计。

因此，为了便于计算，可以简化以上方程。如果使用比热容的平均值，可得

$$\int_{T_1}^{T_2} C_p dT = C_{pm}(T_2 - T_1) = C_{pm}\Delta T \tag{2-41}$$

式中，C_{pm} 为 T_1 和 T_2 时比热容的平均值，可用式（2-42）计算：

$$C_{pm} = \frac{\int_{T_1}^{T_2} C_p dT}{T_2 - T_1} \tag{2-42}$$

对于 C_{Vm}，则有

$$C_{Vm} = \frac{\int_{T_1}^{T_2} C_V dT}{T_2 - T_1} \tag{2-43}$$

除了前面所述的计算方法外，对于一些特殊和广泛使用的材料，还有一些表格和曲线可用于计算更精确的焓值。需要注意的是，除了真正的气体外，纯净物的焓值只取决于温度。对于真正的气体，它是温度和压力的函数。然而，混合物的浓度会影响比热容，进而影响焓，可用式（2-44）计算：

$$C_{pmix} = \sum_{i=1}^{n} y_i C_{pi} \tag{2-44}$$

式中，C_{pmix} 和 C_{pi} 分别为混合物和单一化合物的比热容；y_i 为摩尔分数；n 为化合物的数量。

4. 相变过程的能量守恒

如果系统中发生相变，计算时必须考虑相变潜热。该情况下，需要加入相变焓的概念。相变焓取决于物质、浓度和热力学条件。对于大多数物质，相变焓是通过实验确定的。需要注意的是，此类情况下可通过一些热力学关系式计算，以避免昂贵和耗时的实验。最著名的汽化焓热力学关系之一是克拉佩龙方程。可通过物质饱和状态数据计算出一定温度下的汽化焓：

$$\Delta H = T\Delta V \frac{\mathrm{d}p^{sat}}{\mathrm{d}T} \tag{2-45}$$

式中，ΔH 为汽化焓；T 为热力学温度；ΔV 为 $V_g - V_l$（下标 g 和 l 分别表示气态和液态）；$\frac{\mathrm{d}p^{sat}}{\mathrm{d}T}$ 为单位温度变化下饱和压力的变化率。对于足够小的温度变化，$\frac{\mathrm{d}p^{sat}}{\mathrm{d}T} \approx \frac{\Delta p^{sat}}{\Delta T}$。

式（2-46）为一种经验计算方式，称为里德尔方程，法向汽化焓可由该式进行计算。

$$\frac{\Delta H_n / T_n}{R} = \frac{1.092(\ln p_c - 1.013)}{0.93 - T_{rn}} \tag{2-46}$$

式中，T_n 为标准沸点；ΔH_n 为 T_n 处的汽化焓；p_c 为临界压力；T_{rn} 等于 T_n/T_c；T_c 为临界温度。

式（2-47）给出了沃森经验关系式。在已知某一温度下的汽化焓时，可以计算出不同温度下的汽化焓。例如，首先用里德尔方程求出标准沸点处的标准汽化焓，然后可以通过式（2-47）计算任意温度下的汽化焓。

$$\frac{\Delta H_2}{\Delta H_1} = \left(\frac{1 - T_{r2}}{1 - T_{r1}}\right)^{0.38} \tag{2-47}$$

式中，$T_{r2} = \frac{T_2}{T_c}$；$T_{r1} = \frac{T_1}{T_c}$；ΔH_2 和 ΔH_1 分别为 T_1 和 T_2 处的焓变。

5. 化学反应过程的能量守恒

在分析化学反应过程的能量平衡时，有必要使用标准反应热或标准反应焓的概念。标准反应热是当 1mol 物质在标准条件下参与化学反应时系统中发生的焓变（$T = 25℃$）。这种热量可以通过从原料热量中减去产品的生成热来获得。如图 2-55 所示的简单反应器，假设原料以 25℃ 和化学计量比进入反应器。产物离开反应器时的温度与反应器内相同，转化率为 100%。

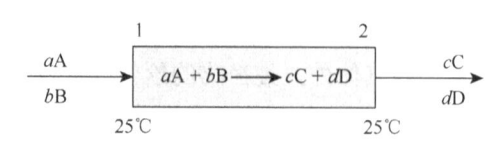

图 2-55 一个化学反应的体系

根据热力学第一定律可知：

$$Q - W = \Delta H + \Delta E_k + \Delta E_p \tag{2-48}$$

因为 W、ΔE_k 和 ΔE_p 都是零,所以有

$$Q = \Delta H = H_2 - H_1 = (ch_{fC} + dh_{fD}) - (ah_{fA} + bh_{fB}) \tag{2-49}$$

式中,Q 为反应热;ΔH 为反应焓变;h_f 为物质的生成焓。如果一个反应是两个或两个以上反应的总和,则总反应热等于所有反应的热量之和。

2.4 化学反应的方向、速率和限度

将化学反应用于生产实践主要注意两个方面的问题:一是要了解反应进行的方向和最大限度、外界条件对化学平衡的影响,二是要掌握反应进行的速率、历程及机理。前者归属于化学热力学的研究范畴,后者归属于化学动力学的研究范畴。通过化学热力学只能计算出在给定条件下反应发生的可能性。对于发生到什么程度,如何将可能性变为现实性,以及过程中的速率如何,历程如何,热力学无法给出回答。这是因为在经典热力学的研究方法中,既没有考虑时间因素,又没有考虑各种因素对反应速率的影响,包括反应进行的其他细节也没有考虑在内。

在实际生产中,既要考虑热力学问题,又要考虑动力学问题。如果一个反应在热力学上判断是可能发生的,那么如何使可能性变为现实性,并使这个反应能以一定的速率进行将变为主要关注点。如果一个反应在热力学上判断为不可能发生,无须再考虑速率问题。一个化学反应系统中的许多性质和外界条件都能影响平衡和反应速率。平衡问题和速率问题是相互关联的。但迄今还没有统一的定量处理方法将它们联系起来,在很大程度上还需要分别研究化学反应的平衡和化学反应速率。

2.4.1 化学反应的方向

1. 影响化学反应方向的因素

1)化学反应焓变——反应自发性的一种依据

在研究各种体系的变化过程时发现,自然界的自发过程一般都朝着能量降低的方向进行。能量越低,体系的状态越稳定,自然而然会想到将焓变与化学反应的方向性联系起来。由于化学反应的焓变可作为产物与反应物能量差值的量度,因此人们起初认为如果一个化学反应的 $\Delta_r H_m^\ominus < 0$(标准摩尔反应焓,反应为标准状态下进行的,⊖表示为标准态),即放热反应,体系的能量降低,反应将自发进行。

然而,随着深入研究发现,这种推论存在重大缺陷,尤其在一些吸热或能量中性的常见自发过程中尤其明显。例如:①NH_4NO_3 溶解。离子化合物 NH_4NO_3 可自发地溶解于水中,该过程为吸热过程($\Delta_r H_m^\ominus = +25.7 \text{kJ} \cdot \text{mol}^{-1}$)。②相变过程。冰的融化是一个吸热过程,在 0℃以上,冰融化是自发的,在 0℃以下冰的融化不是自发的,而在 0℃时液态水和冰在平衡状态下共存。③能量以热的形式传递。在温暖的环境中,冷饮的温度会上

升,直到饮料达到环境温度。这个过程所需的能量来自周围环境。从较热的物体(环境)到较冷的物体(冷饮)的能量传递是自发的。

因此,仅将反应焓变作为化学反应的判据是不准确、不全面的。显然,还存在其他影响因素。

2)化学反应熵变——反应自发性的另一种依据

对于自然界的自发过程,无论是化学变化还是物理变化,体系不仅具有趋向最低能量状态的特征,还有趋于最大混乱度的特征。例如,将两种分隔开的气体之间的隔板抽出,两种气体将会自发混合直至均匀,相反无论时间过去多久,两种气体也无法自动分离。NaCl 固体中的 Na 原子和 Cl 原子,在晶体中的排列是整齐有序的,而当 NaCl 固体投入水中后,固体表面的 Na 和 Cl 受到极性水分子的吸引从固体表面脱落,形成水合离子并在水中扩散。在 NaCl 溶液中,无论是 Na、Cl 还是水分子,它们的分布情况比 NaCl 溶解前要混乱得多。这些例子说明任何体系都有向混乱度增加方向进行的趋势。

混乱度的大小在热力学中是用一个新的热力学状态函数"熵"来度量的,用符号 S 表示,单位为 $J \cdot mol^{-1} \cdot K^{-1}$。所以高度无序的体系具有较大的熵值,而低熵值总是和井然有序的体系相联系。显然,对同一种物质的熵值有 $S^{\ominus}(g,T) > S^{\ominus}(l,T) > S^{\ominus}(s,T)$;相同状态下,同类物质,分子量越大,熵值越大;物质的分子量相近时,复杂分子的熵值大于简单分子。物质的熵值与体系的温度、压力有关。一般温度升高,体系中微粒的无序性增加,熵值增大;压力增大,微粒被限制在较小空间内运动,熵值减小。

2. 标准摩尔熵及标准摩尔反应熵计算

在绝对零度(0K)时,纯物质的完美晶体的空间排列是整齐有序的。此时体系的熵值 $S^*(0K)$ 为零,其中 "*" 表示完美晶体。通过该基准的定义,可以确定不同温度下该物质的熵值。定义 $S^*(B, 0K) = 0$ 为始态,以温度 T 时的状态 $S(B,T)$ 为终态,通过式(2-50)可算出 1mol 物质 B 的反应熵 $\Delta_r S_m(B)$,也称作物质 B 在该指定状态下的摩尔规定熵 $S_m(B,T)$,即

$$\Delta_r S_m(B) = S_m(B,T) - S^*(B, 0K) = S_m(B,T) \tag{2-50}$$

在标准状态下的摩尔规定熵称为标准摩尔熵,用 $S_m^{\ominus}(B,T)$ 表示,在 298.15K 时,简写为 $S_m^{\ominus}(B)$。需要注意的是,在 298.15K、标准状态下,最稳定态单质的标准摩尔熵 $S_m^{\ominus}(B)$ 并不等于零。由于熵是状态函数,基于标准摩尔熵 $S_m^{\ominus}$ 求标准摩尔反应熵 $\Delta_r S_m^{\ominus}$ 的计算,与标准摩尔反应焓变 $\Delta_r H_m^{\ominus}$ 的计算类似。

对于一般的化学反应:$aA + dD \rightleftharpoons eE + fF$,标准摩尔反应熵由下式计算:

$$\Delta_r S_m^{\ominus} = \left[eS_m^{\ominus}(E) + fS_m^{\ominus}(F) \right] - \left[aS_m^{\ominus}(A) + dS_m^{\ominus}(D) \right] \tag{2-51}$$

或表示为

$$\Delta_r S_m^{\ominus} = \sum v_i S_m^{\ominus}(B) \tag{2-52}$$

在大多数情况下,反应温度改变时,化学反应的反应熵变化并不明显。因此,在无机及分析化学中,计算化学反应的反应熵时可忽略温度的影响。

3. 吉布斯函数——化学反应方向的最终判据

目前确定一个过程是否自发通常需要评估两个量，即 ΔS_{sys} 和 ΔS_{surr}。如果采用一个只与系统相关的，且不需要对环境进行评估的方程来判断化学反应进行的方向，可能会更便捷。因此，存在这样一个函数，称为吉布斯函数，是为了纪念美国物理化学家吉布斯而设立。吉布斯函数 G 的热力学定义为

$$G = H - TS \tag{2-53}$$

式中，H 为焓；T 为热力学温度；S 为熵。在这个方程中，G、H、S 都是指系统中的参数。因为焓和熵是状态函数，所以吉布斯函数也是一种状态函数。

对一个恒温等压不做非体积功的过程，体系从始态 G_1 变化到终态 G_2，有

$$\Delta G = G_2 - G_1 = \Delta H - T\Delta S \tag{2-54}$$

ΔG 可以作为判断过程能否自发进行的判据，即

（1）$\Delta G < 0$，该过程在标准状态下正向自发进行；
（2）$\Delta G = 0$，该过程在标准状态下处于平衡状态；
（3）$\Delta G > 0$，该过程在标准状态下正向不是自发的。

4. 标准摩尔生成吉布斯函数与标准摩尔反应吉布斯函数变

温度 T 时，在标准状态下，最稳定态单质 B 的反应进度为 1mol 时的标准摩尔反应吉布斯函数变 $\Delta_r G_m^\ominus$，称为物质 B 在温度 T 时的标准摩尔生成吉布斯函数，其符号为 $\Delta_f G_m^\ominus(B,T)$。热力学规定，在标准状态下所有最稳定态单质的标准摩尔生成吉布斯函数 $\Delta_f G_m^\ominus(B) = 0$。

对于一般的化学反应：$a\text{A} + d\text{D} \Longrightarrow e\text{E} + f\text{F}$，标准摩尔反应吉布斯函数变由下式计算：

$$\Delta_r G_m^\ominus = \left[e\Delta_f G_m^\ominus(\text{E}) + f\Delta_f G_m^\ominus(\text{F}) \right] - \left[a\Delta_f G_m^\ominus(\text{A}) + d\Delta_f G_m^\ominus(\text{D}) \right] \tag{2-55}$$

或表示为

$$\Delta_r G_m^\ominus = \sum v_i \Delta_f G_m^\ominus(\text{B}) \tag{2-56}$$

也可从吉布斯函数的定义得到：

$$\Delta_r G_m^\ominus = \Delta_r H_m^\ominus - T\Delta_r S_m^\ominus \tag{2-57}$$

由于 $\Delta_r H_m^\ominus$ 和 $\Delta_r S_m^\ominus$ 随温度的变化不大，可以近似认为与温度无关，所以可用 298.15K 时的 $\Delta_r H_m^\ominus$ 和 $\Delta_r S_m^\ominus$ 替代其他任意温度下的 $\Delta_r H_m^\ominus(T)$ 和 $\Delta_r S_m^\ominus(T)$，以计算任意温度下的 $\Delta_r G_m^\ominus(T)$。因此，式（2-57）可变为

$$\Delta_r G_m^\ominus(T) \approx \Delta_r H_m^\ominus(298.15\text{K}) - T\Delta_r S_m^\ominus(298.15\text{K}) \tag{2-58}$$

2.4.2 化学反应的速率

1. 化学反应速率的测定

为了测定恒定体积下的化学反应速率，在不同的时间间隔内测定所选反应物或产物

的浓度，得到给定时间间隔Δt（t_2-t_1）的浓度变化ΔC。然后通过计算ΔC/Δt得到平均反应速率。Δt越小，化学反应速率的值越接近于（$t_1 + t_2$）/2时刻的实际速率，因为

$$\lim_{\Delta t \to 0} \frac{\Delta C}{\Delta t} \to \frac{dC}{dt} \quad (2-59)$$

反应速率也可以通过绘制反应物或产物浓度随时间变化的曲线，计算曲线斜率（dC/dt）得到。用这种方法得到的反应速率称为瞬时速率。反应物或产物的浓度随时间呈指数或线性变化，如图2-56所示。

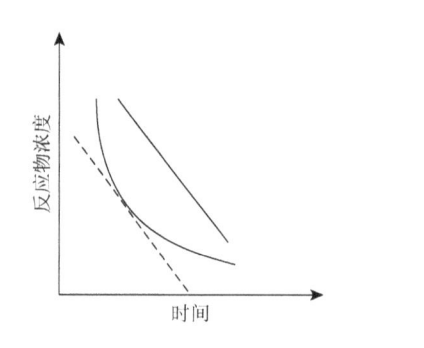

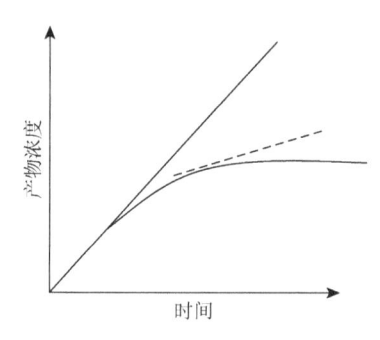

图2-56　反应物或产物浓度随时间的变化曲线

为了确定任意点的瞬时速率，需要确定曲线的斜率。从图2-56还可看出，如果浓度随时间呈线性变化，则在整个反应过程中，曲线的斜率或反应速率将保持不变。然而，如果反应物或产物的浓度随时间呈指数变化，则曲线的斜率或反应速率在不同的时间间隔内会有所不同。因此，在整个反应过程中，反应速率不一定总是保持不变。反应在开始阶段可能以不同的速率进行，在反应的中间或接近结束时可能又有不同的速率。通常直接测定反应物或产物难度较高，可以测量任何与浓度直接相关的物理性质，如黏度、表面张力、折射率、吸光度等，以代替反应物或产物的浓度来获得化学反应速率。

2. 化学反应速率方程

对于一个反应：

$$nA \xrightarrow{k} B$$

反应速率r与A的浓度的微分方程如式（2-60）所示：

$$r = -\frac{d[A]}{dt} = k[A]^n \quad (2-60)$$

或

$$\lg\left(-\frac{d[A]}{dt}\right) = \lg k + n\lg[A] \quad (2-61)$$

式中，k为化学反应速率常数。

速率是通过绘制浓度和时间之间的曲线图并取相应浓度的斜率来确定的。获得不同浓度下的速率值后，即可通过绘制lg(速率)与lg(浓度)的关系曲线确定反应级数和速率常数。然而，通过浓度与时间的曲线图计算平均速率是不准确的，即使是通过绘制切线获

得的瞬时速率值也会产生很大误差。因此，该方法不适用于反应级数的测定，也不适用于反应速率常数的测定。最好找到一种可以直接代替浓度和时间来确定反应级数的方法。这可以通过对微分速率方程进行积分实现。

1）单反应物的反应积分方程

对于一个反应：

$$nA \xrightarrow{k} B$$

设 c_0 为反应物的初始浓度，c 为任意时刻 t 的反应物浓度，则微分速率表达式可为

$$-dc/dt = kc^n \tag{2-62}$$

两边乘以 dt 再除以 c^n 得

$$-dc/c^n = kdt \tag{2-63}$$

对等式两边同时积分得

$$\int -dc/c^n = \int kdt \tag{2-64}$$

对于不同的 n 值，可以得到如下结果：

$$n = 0, \quad k = (c_0 - c)/t$$
$$n = 1, \quad k = \ln(c_0/c)/t$$
$$n = 2, \quad k = (1/c - 1/c_0)/t$$
$$n = 3, \quad k = (1/c^2 - 1/c_0^2)/2t$$
$$\vdots$$
$$n = n, \quad k = (1/c^{n-1} - 1/c_0^{n-1})/(n-1)t$$

2）多个反应物的反应积分方程

当几种反应物的浓度，也可能是产物的浓度出现在速率表达式中时，用因变量 x，即反应物浓度在 t 时刻的减少量来表达更方便。则有 $c = a-x$，其中常用 a 代替 c_0 表示初始浓度，速率表达式式（2-62）变为

$$dx/dt = k(a-x)^n \tag{2-65}$$

或

$$\int dx/(a-x)^n = \int kdt \tag{2-66}$$

当 $t = 0$ 时，x 也为零，从而可计算出化学反应速率常数的值。对于不同的 n 值，得到的结果如下：

$$n = 0, \quad dx/dt = k, \quad k = x/t$$
$$n = 1, \quad dx/dt = k(a-x), \quad k = 2.303\lg[a/(a-x)]/t$$
$$n = 3, \quad dx/dt = k(a-x)^3, \quad k = [1/(a-x)^2 - 1/a^2]/2t$$
$$\vdots$$
$$n = n, \quad dx/dt = k(a-x)^3, \quad k = [1/(a-x)^{n-1} - 1/a^{n-1}]/(n-1)t, \quad n \geq 2$$

3. 温度对反应速率的影响

对于大多数化学反应，温度升高，反应速率增大，只有极少数反应例外。粗略估

计，对于在室温附近发生的许多反应，温度每升高 10℃，反应速率将增加一倍。从反应的速率方程可知，反应速率不仅与浓度有关，还与速率常数有关。不同反应具有不同的速率常数；同一反应在不同温度下也存在不同数值的速率常数。温度对反应速率的影响主要体现在对速率常数的影响上。以氢气和氧气反应生成水为例，在室温下，氢气与氧气作用极慢，以致长期都无法观察到反应的发生；如果温度升高到 600℃，它们立刻发生反应，甚至产生爆炸。实验表明，对于大多数反应，反应速率常数 k 值随温度升高而增大。

1）范托夫规则

大多数化学反应的反应速率随温度升高而增加。通常认为温度对浓度的影响可以忽略，因此反应速率随温度的变化体现在速率常数随温度的变化上。实验表明，对于均相热化学反应，反应温度每升高 10K，其反应速率变为原来的 2~4 倍，如式（2-67）所示。据此规律可粗略估计温度对反应速率的影响。

$$\frac{k_{T+10K}}{k_T} = 2\sim 4 \tag{2-67}$$

2）阿伦尼乌斯方程

阿伦尼乌斯方程提供了化学反应速率常数、热力学温度和 A 因子（也称为指前因子）之间的关系。阿伦尼乌斯方程的表达式为

$$k = A\mathrm{e}^{-E_a/RT} \tag{2-68}$$

式中，k 为反应速率常数；A 为指前因子，根据碰撞理论，该因子是指反应物之间以正确方向碰撞的频率；e 为自然对数的底数（欧拉数）；E_a 为化学反应的活化能（以每摩尔能量表示）；R 为摩尔气体常数；T 为与反应相关的热力学温度（单位为 K）。

4. 浓度对反应速率的影响

浓度的影响可以通过评估反应物浓度变化（温度保持不变）时对速率的影响来确定。例如，考虑 N_2O_5 分解为 NO_2 和 O_2 的反应过程。计算可得，当 $[N_2O_5] = 0.34\mathrm{mol}\cdot\mathrm{L}^{-1}$ 时，N_2O_5 的瞬时消失速率为 $0.0014\mathrm{mol}\cdot\mathrm{L}^{-1}\cdot\mathrm{min}^{-1}$；而 $[N_2O_5] = 0.68\mathrm{mol}\cdot\mathrm{L}^{-1}$ 时的反应瞬时速率为 $0.0028\mathrm{mol}\cdot\mathrm{L}^{-1}\cdot\mathrm{min}^{-1}$。由此可见，$N_2O_5$ 浓度加倍，反应速率加倍。类似的实验表明，如果 $[N_2O_5]$ 是 $0.17\mathrm{mol}\cdot\mathrm{L}^{-1}$，反应速率也会减半。从这些结果可知，该反应的速率与 N_2O_5 浓度成正比：

$$N_2O_5 \longrightarrow 2NO_2 + 1/2\,O_2 \tag{2-69}$$

$$r \propto [N_2O_5] \tag{2-70}$$

式中，符号 $\propto$ 的意思是"成比例"。

在其他反应中，反应速率和反应物浓度之间的关系可能与上述反应不同。例如，反应速率可能与浓度无关，也可能取决于反应物浓度的 n 次方（即[反应物]^n）。如果反应涉及几种反应物，则反应速率可能取决于每种反应物的浓度，也可能只取决于其中一种反应物浓度。另外，催化剂的浓度甚至产物的浓度都可能影响反应速率。

2.4.3 化学反应的限度

关于平衡的初步讨论需强调以下概念：化学反应是可逆的；化学反应自发地朝着平衡的方向进行；在封闭系统中，反应物和产物之间的平衡状态最终会达到；外力作用会影响平衡。根据 ΔG 值可以判断一个化学反应能否自发发生。但是，即便是自发进行的化学反应，也只能进行到一定限度。正向反应速率和逆向反应速率逐渐相等，反应物和产物的浓度将不再变化，这种表面静止的状态称作"平衡状态"。在实际生产中需要掌握：如何控制反应条件使反应按照所需要的方向进行、在给定条件下反应进行的最高限度是什么等，这些问题都依赖于热力学的基本知识。

1. 化学平衡

如果将 $CaCl_2$ 和 $NaHCO_3$ 的溶液混合，气体 CO_2 将从混合物中析出，并形成白色固体 $CaCO_3$，反应过程如下：

$$Ca^{2+}(l) + 2HCO_3^-(l) \longrightarrow CaCO_3(s) + CO_2(g) + H_2O(l) \tag{2-71}$$

如果接下来向 $CaCO_3$ 悬浮液中加入干冰（或者向混合物中加入气体 CO_2），将会发现固体 $CaCO_3$ 溶解。这是因为发生了一个与式（2-71）相反的反应，如式（2-72）所示：

$$CaCO_3(s) + CO_2(g) + H_2O(l) \longrightarrow Ca^{2+}(l) + 2HCO_3^-(l) \tag{2-72}$$

含有 Ca^{2+} 和 HCO_3^- 的溶液在一个封闭的容器中发生发应。当反应开始时，Ca^{2+} 和 HCO_3^- 以一定的速率反应生成产物。随着反应物的消耗，反应的速率减慢。与此同时，反应产物（$CaCO_3$、CO_2 和 H_2O）开始结合，重新形成 Ca^{2+} 和 HCO_3^-。最终，正向反应（$CaCO_3$ 的生成）和逆向反应（$CaCO_3$ 的再溶解）的速率相等。在 $CaCO_3$ 以相同的速率生成和再溶解的情况下，观察不到进一步的宏观变化，反应达到平衡状态。

通常用双箭头连接反应物和产物的方程来描述一个平衡系统。双箭头"$\rightleftharpoons$"表明反应是可逆的，反应将用化学平衡的概念来研究。

$$Ca^{2+}(l) + 2HCO_3^-(l) \rightleftharpoons CaCO_3(s) + CO_2(g) + H_2O(l) \tag{2-73}$$

以上实验说明了化学反应的一个重要特征：所有的化学反应都是可逆的，至少原则上是可逆的。这是讨论化学平衡的一个关键点。下一步将对平衡系统进行从定性到定量的描述。化学反应一旦达到平衡，产物浓度大于反应物浓度的反应称为产物有利反应，反之称为反应物有利反应。

2. 化学平衡的特点

（1）化学平衡是一种动态平衡，反应达平衡时反应物和产物的浓度恒定但并非反应处于静止状态，只是正反应速率等于逆反应速率，表观上看反应似乎已经停止。

（2）化学平衡是一种相对平衡，当外界条件（浓度、压力和温度）改变时，化学平衡将发生移动，经过一定时间后会建立起新的平衡。

3. 化学平衡常数

化学平衡也可以用定量的方式来描述。当反应达到平衡时，反应物和产物的浓度是相关的。例如，对于氢和碘反应生成碘化氢，大量的实验表明，在平衡状态下，HI 浓度的平方与 H_2 和 I_2 浓度的乘积之比是一个常数。

$$H_2(g) + I_2(g) \rightleftharpoons 2HI(g) \tag{2-74}$$

$$\frac{[HI]^2}{[H_2][I_2]} = K \tag{2-75}$$

给定温度下进行的所有实验，在实验误差范围内，这个常数总是相同的。例如，在 425℃ 时，气体中 H_2 和 I_2 的初始浓度分别为 $0.0175 mol \cdot L^{-1}$，并且不存在 HI。随着时间的推移，H_2 和 I_2 的浓度将降低，而 HI 的浓度增加，直至达到平衡状态（图 2-57）。如果对体系中的气体进行分析，观察到的平衡浓度为 $[H_2] = [I_2] = 0.0037 mol \cdot L^{-1}$，$[HI] = 0.0276 mol \cdot L^{-1}$。表 2-10 为反应体系初始浓度、浓度变化和平衡浓度信息。

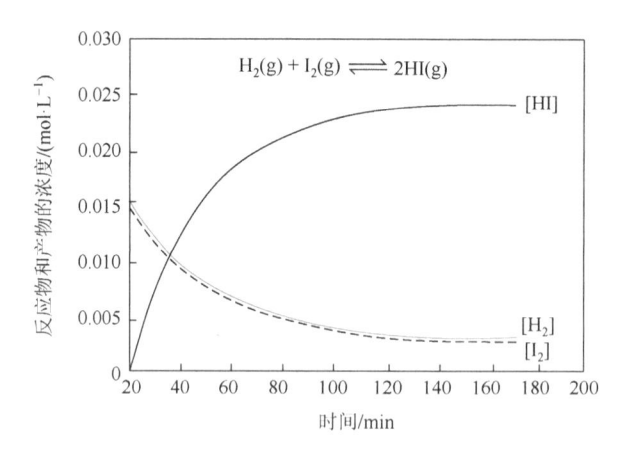

图 2-57 H_2 和 I_2 的反应达到平衡的曲线

表 2-10 初始浓度、浓度变化和平衡浓度信息

化学方程式	$H_2(g)$	+	$I_2(g)$	$\rightleftharpoons$	$2HI(g)$
初始浓度/(mol·L^{-1})	0.0175		0.0175		0
浓度变化/(mol·L^{-1})	−0.0138		−0.0138		+0.0276
平衡浓度/(mol·L^{-1})	0.0037		0.0037		0.0276

表 2-10 中的第二行给出了反应物和产物在达到平衡时浓度的变化。变化量总是等于平衡浓度和初始浓度之差：

浓度变化 = 平衡浓度 − 初始浓度

将表 2-10 中的平衡浓度值代入常数 K 的表达式，得到 K 值为 56。

$$K = \frac{[\text{HI}]^2}{[\text{H}_2][\text{I}_2]} = \frac{0.0276^2}{0.0037 \times 0.0037} = 56 \tag{2-76}$$

其他实验可以用不同浓度的反应物进行 $H_2 + I_2$ 反应，或使用反应物和产物的混合物进行。不管初始量是多少，当达到平衡时，在此温度下，K 值总是相同的，为 56。H_2 和 I_2 反应的产物浓度和反应物浓度总是相同的比例，这一观察结果可以推广到其他反应中。对于一般的化学反应：$aA + dD \rightleftharpoons eE + fF$，当反应达到平衡时，可以定义平衡常数 K 为

$$K = \frac{[E]^e[F]^f}{[A]^a[D]^d} \tag{2-77}$$

式（2-77）称为平衡常数表达式。若通过式（2-77）计算得到的值与平衡常数相等，则系统处于平衡状态。相反，如果数值不相等，则系统处于非平衡状态。

1）平衡常数表达式的书写

在平衡常数表达式中，所有浓度都是平衡值；产物浓度出现在分子，反应物浓度出现在分母；在平衡的化学方程式中，每种物质的浓度被提高到其化学计量数的次幂；常数 K 的值取决于特定的反应和温度。

（1）固体反应。

例如，固体硫的氧化在有利于产物生成的反应中产生无色的二氧化硫气体：

$$S(s) + O_2(g) \rightleftharpoons SO_2(g) \tag{2-78}$$

在涉及固体的反应中，实验表明，其他反应物或产物的平衡浓度（这里指的是 O_2 和 SO_2），并不取决于存在的固体数量。因此，反应中固体硫的浓度将不纳入平衡常数表达式中，如式（2-79）所示。一般来说，任何固体反应物和产物的浓度都不包括在平衡常数表达式中。

$$K = \frac{[SO_2]}{[O_2]} \tag{2-79}$$

（2）溶液中的反应。

对于在溶液中发生的反应也有特殊的考虑，特别是在水是反应物或产物的水溶液中。以氨和水的反应为例，如式（2-80）所示：

$$NH_3(l) + H_2O(l) \rightleftharpoons NH_4^+(l) + OH^-(l) \tag{2-80}$$

因为在稀氨溶液中水的浓度非常高，所以反应过程中水的浓度基本未发生变化。水溶液中反应的一般规律是平衡常数表达式中不包括水的物质的量浓度。因此，氨和水的反应的平衡常数可以写成：

$$K = \frac{[NH_4^+][OH^-]}{[NH_3]} \tag{2-81}$$

2）平衡常数的意义

K 值大意味着平衡时产物的浓度大于反应物的浓度，这表明在平衡状态下反应倾向于生成更多的产物。

$K > 1$，反应在平衡状态下偏向产物。在平衡状态下，产物的浓度大于反应物的浓度。以一氧化氮和臭氧的反应为例：

$$NO(g) + O_3(g) \rightleftharpoons NO_2(g) + O_2(g) \quad (2\text{-}82)$$

$$K = \frac{[NO_2][O_2]}{[NO][O_3]} = 6 \times 10^{34} \quad (2\text{-}83)$$

较大的 K 值表明，在平衡状态下，$[NO_2][O_2] \gg [NO][O_3]$。如果将化学计量的 NO 和 O_3 混合并使反应达到平衡，基本上所有反应物都变成了 NO_2 和 O_2。

相反，较小的 K 值意味着当达到平衡时，存在的产物很少。换言之，在平衡状态下反应倾向于生成更多的反应物。

$K<1$，反应在平衡状态下偏向反应物。在平衡状态下，反应物的浓度大于产物的浓度。以氧气生成臭氧为例：

$$\frac{3}{2}O_2(g) \rightleftharpoons O_3(g) \quad (2\text{-}84)$$

$$K = \frac{[O_3]}{[O_2]^{3/2}} = 2.5 \times 10^{-29} \quad (2\text{-}85)$$

极小的 K 值表明，在平衡状态下，$[O_3] \ll [O_2]^{3/2}$。如果将 O_2 放入烧瓶中，当达到平衡时，仅有极少的 O_3 生成。当 K 接近于 1 时，可能无法立即确定反应物浓度是否大于产物浓度，它取决于 K 的形式，因此也取决于反应的化学计量，所以化学反应必须计算浓度。

3）平衡常数的确定

当已知所有的反应物和产物在平衡状态下的浓度时，可以通过将数值代入平衡常数表达式来计算 K 值。下面以二氧化硫的氧化反应为例：

$$2SO_2(g) + O_2(g) \rightleftharpoons 2SO_3(g) \quad (2\text{-}86)$$

在 852K 条件下，平衡浓度为 $[SO_2] = 3.61 \times 10^{-3}\text{mol} \cdot \text{L}^{-1}$，$[O_2] = 6.11 \times 10^{-4}\text{mol} \cdot \text{L}^{-1}$，$[SO_3] = 1.01 \times 10^{-2}\text{mol} \cdot \text{L}^{-1}$。将以上数据代入平衡常数表达式，即可计算出 K 值，如式（2-87）所示。

$$K = \frac{[SO_3]^2}{[SO_2]^2[O_2]} = \frac{(1.01 \times 10^{-2})^2}{(3.61 \times 10^{-3})^2 \times 6.11 \times 10^{-4}} = 1.28 \times 10^4 \quad (2\text{-}87)$$

2.5 无机化学基础

2.5.1 无机反应简介

1. 定义

无机反应是指无机物质之间相互作用所引发的化学反应，已广泛应用于能源开发、材料制备、环境保护和工业生产等多个领域。

2. 分类

化学反应可根据其内部组成变化的不同划分为四大类：化合反应、分解反应、置换反应和复分解反应,这种分类方式均基于原子、分子或离子的重新组合。此外,从能量转换角度出发,化学反应可分为吸热反应和放热反应,这取决于反应过程中能量的吸收或释放。最后,根据反应中是否有电子的转移或氧的得失,化学反应还可分为氧化还原反应和非氧化还原反应。

3. 四大基本类型

1) 化合反应

当两种或更多种物质相互结合,从而形成一种新的物质时,这个过程称为化合反应。关键在于观察这些参与反应的物质是否最终转化为单一的产物。例如,

金属和非金属反应:

$$2Na + Cl_2 \xrightarrow{\text{点燃}} 2NaCl \tag{2-88}$$

非金属和非金属反应:

$$H_2 + Cl_2 \xrightarrow{\text{点燃}} 2HCl \tag{2-89}$$

碱性氧化物和水反应:

$$CaO + H_2O == Ca(OH)_2 \tag{2-90}$$

酸性氧化物和水反应:

$$CO_2 + H_2O == H_2CO_3 \tag{2-91}$$

酸性氧化物和碱性氧化物反应:

$$MgO + SO_3 == MgSO_4 \tag{2-92}$$

2) 分解反应

当一种物质分解为两种或更多种其他物质时,称为分解反应。重点在于观察这种物质是否转变为两种或更多的产物。例如,

氧化物分解反应:

$$2H_2O \xrightarrow{\text{通电}} 2H_2 + O_2 \tag{2-93}$$

含氧酸的分解反应:

$$H_2CO_3 == CO_2 + H_2O \tag{2-94}$$

难溶性碱的分解反应:

$$Cu(OH)_2 \xrightarrow{\triangle} CuO + H_2O \tag{2-95}$$

含氧酸盐的分解反应:

$$CaCO_3 \xrightarrow{\text{高温}} CO_2 + CaO \tag{2-96}$$

3) 置换反应

置换反应是一种独特的化学反应类型,它涉及单质与化合物的相互转换,特点在于反应物中必须有单质参与,并且产物中也必须有单质产生。例如,

金属换金属:

$$Fe + CuSO_4 == FeSO_4 + Cu \tag{2-97}$$

金属换非金属：

$$2Na + 2H_2O = 2NaOH + H_2\uparrow \quad (2\text{-}98)$$

非金属换非金属：

$$2F_2 + 2H_2O = 4HF + O_2\uparrow \quad (2\text{-}99)$$

非金属换金属：

$$H_2 + CuO \xrightarrow{\triangle} Cu + H_2O \quad (2\text{-}100)$$

4）复分解反应

复分解反应是指两种化合物通过交换它们的组成部分，从而生成另外两种化合物的过程。其显著特征是化合物之间成分的交换。例如，

酸碱中和反应：

$$HCl + NaOH = NaCl + H_2O \quad (2\text{-}101)$$

2.5.2 酸碱反应

1. 酸碱的定义

根据质子理论，能够释放质子（H^+）的物质定义为酸，这些物质称为质子酸。例如，HCl、H_2SO_4、HSO_4^- 和 NH_4^+ 等均属于酸。相反，能够接受质子的物质定义为碱，这类物质被称为质子碱。例如，NH_3、S^{2-}、$[Fe(OH)_2(H_2O)_4]^+$ 等都是碱。简而言之，酸是质子的提供者，碱则是质子的接受者。

2. 酸碱反应概念

酸碱反应是指酸和碱发生的中和作用。酸和碱反应时，会生成盐和水。例如，盐酸和氢氧化钠发生中和反应产生氯化钠和水。酸碱反应已被广泛应用于日常生活中，如中和胃酸、制作肥皂等。根据质子理论可知，酸是能够释放质子的物质，而释放质子后剩下的部分则称为碱，因为它具备接受质子的能力。当碱容纳质子后，便会转变为酸。这就是"酸中有碱，碱能变酸"。这种酸和碱相互转化的现象称为酸碱共轭关系，即酸 $\longrightarrow$ 碱 + H^+。左侧的酸与右侧的碱具有互为共轭的特性，右侧的碱是左侧酸的对应共轭碱，左侧的酸和右侧的碱可称为共轭酸碱对。

对于酸碱共轭关系，只有当酸或碱与其他碱或酸发生反应时才得以显现。例如：

$$\underset{\text{酸1}}{HCl} + \underset{\text{碱2}}{NH_3} \longrightarrow \underset{\text{酸2}}{NH_4^+} + \underset{\text{碱1}}{Cl^-} \quad (2\text{-}102)$$

盐酸（HCl）因其能释放质子而为酸性物质，氨（NH_3）因其可接受质子而属于碱性物质。当盐酸与氨发生作用时，盐酸将质子转移给了氨，从而自身转变成对应的共轭碱 Cl^-；氨接受了一个质子后变为相应的共轭酸 NH_4^+，说明在质子理论中，酸碱反应本质上为质子传递。

3. 酸碱的相对强弱

酸碱质子理论指出，酸和碱的强弱本质上取决于物质本身释放或接受质子的能力。具体而言，物质释放质子的倾向越强，其酸性越强；反之，其酸性相对较弱。同样，物质若能更有效地接受质子，其碱性更强；反之，其碱性较弱。

在 HCl 与 NH_3 的反应中，HCl 因其强大的酸性可轻易释放质子，转变为 Cl^-。Cl^- 和 NH_3 都具备接受质子的潜力，但 NH_3 在接受质子方面更胜一筹，因此其碱性比 Cl^- 更强。这导致 NH_3 捕获质子转化为相对较弱的酸 NH_4^+，从而推动反应向右进行。这展现了酸碱反应的一个基本规律：通常，较强的酸与较强的碱会相互结合，进而生成相对较弱的酸和较弱的碱。因此，可以通过观察酸碱反应的方向来判断物质酸碱性的相对强弱，同时，基于酸和碱的相对强弱也可以预测反应的进行方向。

酸碱的强弱不仅取决于物质本身，还与所使用的溶剂性质紧密相关。例如，HNO_3 和 H_2SO_4 在水中都是强酸，但当它们溶解在乙酸中时，其酸性会显著减弱。因此，在比较酸或碱的相对强弱时，必须确保它们处于相同的溶剂环境。以水溶液为例，HCN 的酸性明显弱于 HNO_2。这说明溶剂水能够有效区分不同物质提供质子的能力，即酸性的强弱，这种作用称为区分效应，而水视作分辨试剂。对于大多数弱酸而言，水都是它们的分辨试剂。然而，对于强酸，如 $HClO_4$、H_2SO_4、HCl、HNO_3 等，它们在水溶液中都展现出强酸性，意味着水无法区分它们之间的酸性差异。水的这种作用称为拉平效应，因为它将不同强酸之间的酸性差异"拉平"了。然而，若选取乙酸作为溶剂，上述四种强酸的酸性强弱便可区分，其强弱顺序如下：

$$HClO_4 > HCl > H_2SO_4 > HNO_3$$

此时，乙酸对四种酸具有区分效应，为分辨试剂。酸碱质子理论拓展了酸碱分类的范畴，但其局限在于仅涵盖了质子的输送和接受过程，无法解释无质子参与的酸碱反应，因此该理论仍存在一定局限性。

2.5.3 沉淀反应

沉淀反应是指两种溶液混合后反应形成固体沉淀物的过程。这类反应往往是因为溶液中的离子发生了化学反应，产生了溶解度较低的盐类沉淀。例如，Ba^{2+} 与 SO_4^{2-} 反应形成不溶性的 $BaSO_4$ 沉淀。沉淀反应在分析化学领域具有重要意义。

1. 溶度积

难溶电解质固体在水中的行为涉及溶解和沉淀两个相反的过程。例如，在特定温度下，将 AgCl 置于水中，水分子的作用使其逐渐溶解为 Cl^- 和 Ag^+。同时，这些离子也有可能重新结合形成 AgCl 固体。当溶解和沉淀的速率相等时，即达到沉淀-溶解平衡。这种平衡是动态和多相的，类似于解离和水解平衡，是化学平衡的一种。例如：

$$AgCl(s) \underset{沉淀}{\overset{溶解}{\rightleftharpoons}} Ag^+(l) + Cl^-(l) \qquad (2\text{-}103)$$

其平衡常数称为溶度积常数（K_{sp}），简称溶度积，被描述如下：

$$K_{sp}=\left[Ag^+\right]\left[Cl^-\right] \tag{2-104}$$

一般性的沉淀-溶解平衡过程如下：

$$A_mB_n(s) \rightleftharpoons mA^{n+}(l) + nB^{m-}(l) \tag{2-105}$$

其溶度积常数表示如下：

$$K_{sp}=\left[A^{n+}\right]^m\left[B^{m-}\right]^n \tag{2-106}$$

由式（2-106）可以得出，在特定温度下，难溶电解质在其饱和溶液中的各离子浓度的化学计量数次幂的乘积等于该难溶电解质的溶度积常数。溶度积常数类似于其他平衡常数，仅受温度影响，与溶液中离子的浓度或添加固体的量无关，其数值反映了难溶电解质在特定温度下的溶解能力。在相同的温度下，对于同类别的难溶电解质，溶度积常数越大，其溶解能力越强。

2. 溶解度和溶度积的关系

溶度积和溶解度均可作为衡量难溶电解质溶解能力的指标。溶解度指的是在特定温度下，达到沉淀-溶解平衡状态时，单位质量的溶剂所能容纳的溶质质量，常用 S 表示。溶质在水中的溶解度可以有不同的表达方式，如可以是 100g 水中所溶解的溶质质量，或是以溶质物质的量浓度来表述。尽管溶解度和溶度积在概念上有所不同，但二者可以相互转换。需要注意的是，由于溶度积是基于物质的量浓度来定义的，因此在转换过程中，溶解度的表达方式也必须采用物质的量浓度。在特定温度下，针对几种常见的难溶电解质类型，其溶解度（单位：$mol·L^{-1}$）与溶度积之间的转换关系归纳如下。

AB 型：

$$K_{sp} = S^2 \tag{2-107}$$

AB_2 型或 A_2B 型：

$$K_{sp} = 4S^3 \tag{2-108}$$

AB_3 型或 A_3B 型：

$$K_{sp} = 27S^4 \tag{2-109}$$

A_2B_3 型或 A_3B_2 型：

$$K_{sp} = 108S^5 \tag{2-110}$$

A_mB_n 型：

$$K_{sp} = m^m \cdot n^n \cdot S^{m+n} \tag{2-111}$$

这种换算关系仅适用于在溶液中不会发生副反应（如水解反应）的难溶电解质。然而，在实际中，满足这一条件的难溶电解质并不多见。尽管如此，仍有一些难溶电解质，如 AgBr、AgCl、AgI、$PbSO_4$、Ag_2CrO_4、$BaSO_4$、$Mg(OH)_2$、$PbCrO_4$ 等，均可运用上述换算关系进行计算。在评估不同难溶电解质的溶解度大小时，若它们属于同一类型，可直接通过比较它们的溶度积（K_{sp}）来确定溶解度的大小，其中 K_{sp} 值较大的电解质的溶解度也相对较大。然而，对于不同类型的难溶电解质，无法直接通过比较 K_{sp} 值得出溶解度的大小关系，需要通过计算出各自的实际溶解度数值后进行比较。

3. 溶度积规则

沉淀与溶解之间的平衡状态是化学平衡的一种，它表现为动态且相对稳定。一旦外部环境条件发生变化，这种平衡状态随之改变。这些变化可能导致沉淀的产生，或者使已经形成的沉淀重新溶解。

对于常规的沉淀-溶解反应：

$$A_mB_n(s) \rightleftharpoons mA^{n+}(l) + nB^{m-}(l)$$

任意时刻，该反应的反应商为

$$Q = c(A^{n+})^m c(B^{m-})^n \tag{2-112}$$

式中，$c(A^{n+})$ 和 $c(B^{m-})$ 分别为 A^{n+} 和 B^{m-} 任意时刻的浓度，不局限于平衡浓度。

当反应体系达到平衡时，如前所述，有

$$K_{sp} = \left[A^{n+}\right]^m \left[B^{m-}\right]^n$$

基于化学平衡原理可以推断出溶度积规则，具体如下：

$Q > K_{sp}$，为过饱和溶液，因此平衡左移，沉淀从溶液中析出；

$Q = K_{sp}$，为饱和溶液，此时沉淀与溶解处于平衡状态；

$Q < K_{sp}$，为不饱和溶液，因此平衡右移，体系如果存在沉淀则被溶解。

4. 沉淀生成

基于溶度积原理，在难溶电解质溶液中，当反应商（Q）超过难溶电解质的溶度积（K_{sp}）时，会从溶液中析出沉淀。需要注意的是，在难溶电解质溶液中，沉淀与溶解的平衡状态始终存在。由于温度一定时，溶度积为恒定值，因此溶液中任何离子的浓度都不可能为零，意味着没有离子能够完全沉淀。一般而言，当被沉淀离子的剩余浓度低于 $10^{-5} mol \cdot L^{-1}$ 时，可认为该离子已被充分沉淀。

2.5.4 氧化还原反应

化学反应根据是否存在电子转移或氧化数变化分为两大类：氧化还原反应和非氧化还原反应。氧化还原反应在化学领域具有核心地位，涉及众多能源化工过程，如化石燃料燃烧、能源材料合成等。

1. 氧化还原反应的基本概念

无机化学反应主要分为两类。一类反应涉及反应物间不发生电子转移或得失，称为非氧化还原反应，如酸碱反应和沉淀反应，主要涉及离子或原子间的互换。另一类反应则涉及电子转移，即电子的得失或共用电子对的偏移，这类反应称为氧化还原反应。例如：

$$Cu^{2+}(l) + Zn(s) \longrightarrow Zn^{2+}(l) + Cu(s) \qquad 电子得失 \qquad (2\text{-}113)$$

$$H_2(g) + Cl_2(g) \longrightarrow 2HCl(g) \qquad 电子偏移 \qquad (2\text{-}114)$$

这种电子转移导致元素氧化数的变化，不仅是电子转移的直接结果，也是判断氧化剂、还原剂、配平氧化还原反应方程式的重要依据。

2. 氧化剂和还原剂

在氧化还原反应中，氧化剂与还原剂是共存的，前者通过使其他元素氧化来实现自身的还原，后者则通过还原其他元素来实现自身的氧化。二者相互依赖，共同维系着氧化还原反应。例如：

$$CuSO_4 + Zn \longrightarrow ZnSO_4 + Cu \qquad (2\text{-}115)$$

在此反应中，Zn 失去电子并提升氧化数至 +2，发生氧化反应，即被 Cu^{2+} 氧化，并且 Zn 将 Cu^{2+} 还原为 Cu。Cu^{2+} 在 $CuSO_4$ 中接受电子，降低氧化数至 0，发生还原反应，被 Zn 还原的同时氧化 Zn 为 Zn^{2+}。因此，在这个反应中 Zn 充当还原剂，$CuSO_4$ 充当氧化剂。

判断一种物质充当还原剂还是氧化剂，可以依据以下原则。

（1）当元素氧化数达到其峰值时，由于无法进一步升高，该元素及其化合物仅可作为氧化剂。相反，若元素的氧化数降至最低，其氧化数无法再降低，该元素及其化合物仅可作为还原剂。需要指出的是，氧化数的高低虽是该物质能否充当还原剂或氧化剂的必要条件，却并非充分条件。例如，尽管 H_3PO_4 中的磷元素拥有最高的氧化数 +5，但它并不具备氧化剂的特性；而 F^- 中的氟元素尽管氧化数最低，却不具备还原剂的功能。

（2）对于氧化数处于中间状态的元素及其化合物，它们既可作为氧化剂，又可作为还原剂，这取决于与之反应物质的氧化还原性质。

（3）反应条件及介质环境的酸碱性同样会对物质的氧化还原性质产生影响。以单质碳为例，在高温条件下，它展现出强烈的还原性，而在常温条件下，其还原性较弱。

3. 氧化还原反应的特殊类型

1）自氧化还原反应

在同一物质中，若某一元素原子发生氧化反应，而另一元素原子同时发生还原反应，此类反应称为自氧化还原反应。在该类反应中，物质既是氧化剂又是还原剂，但氧化和还原过程发生在该物质内部不同的元素上。例如：

$$2HgO \longrightarrow 2Hg + O_2\uparrow \qquad (2\text{-}116)$$

$$2KClO_3 \longrightarrow 2KCl + 3O_2\uparrow \qquad (2\text{-}117)$$

2）歧化反应

在同一物质中，当同一元素的原子有的氧化数上升，而有的氧化数下降时，这种反应称为歧化反应。这种反应的特征在于物质的同一元素原子同时发生氧化和还原反应，产生了不同的氧化数变化。例如：

$$\overset{0}{Cl_2}(g) + H_2O(l) \longrightarrow \overset{+1}{HOCl}(l) + \overset{-1}{HCl}(l) \tag{2-118}$$

4. 氧化还原反应方程式配平方法——半反应法

氧化还原反应通常较为复杂，涉及多种物质参与。为了实现高效且准确的方程式配平，必须遵循特定的方法和步骤。这些方法和步骤不仅简化了配平过程，还提高了工作效率。在氧化还原反应中，可以利用物质得失电子数目相等的原理来平衡反应方程式，这种方法称为半反应法。应用半反应法配平氧化还原反应方程式时，必须坚守一个核心原则：氧化剂所获得的电子总数必须与还原剂失去的电子总数相等，即电荷守恒定律。

以亚硫酸钾与高锰酸钾在稀硫酸溶液中的反应为例，详细说明采用半反应法配平氧化还原反应方程式的步骤。

第一步，基于反应事实，确立反应物和产物的化学反应式。

$$KMnO_4 + K_2SO_3 + H_2SO_4(稀) \longrightarrow MnSO_4 + K_2SO_4 \tag{2-119}$$

第二步，根据氧化还原反应中氧化数的变化，可以将化学反应式重新表述为一个初步的离子反应式，这个离子反应式尚未进行配平处理。

$$MnO_4^- + SO_3^{2-} \longrightarrow Mn^{2+} + SO_4^{2-} \tag{2-120}$$

第三步，将初步形成的未配平离子反应式拆分为两个独立的半反应式：一个表示氧化剂的还原过程，另一个表示还原剂的氧化过程。

还原半反应：

$$MnO_4^- \longrightarrow Mn^{2+} \tag{2-121}$$

氧化半反应：

$$SO_3^{2-} \longrightarrow SO_4^{2-} \tag{2-122}$$

第四步，基于电荷和原子守恒原理配平两个半反应式。先配平原子数，再配平电荷数。

还原半反应：

$$MnO_4^- + 8H^+ + 5e^- \longrightarrow Mn^{2+} + 4H_2O \tag{2-123}$$

氧化半反应：

$$SO_3^{2-} + H_2O \longrightarrow SO_4^{2-} + 2H^+ + 2e^- \tag{2-124}$$

第五步，为确保氧化还原反应中电子守恒，需要将两个半反应式分别乘以适当的系数，该系数基于得失电子数的最小公倍数来确定。随后，将两个调整后的半反应式相加，从而得到配平后的离子方程式。

$$\begin{matrix} (MnO_4^- + 8H^+ + 5e^- \longrightarrow Mn^{2+} + 4H_2O) \times 2 \\ +(SO_3^{2-} + H_2O \longrightarrow SO_4^{2-} + 2H^+ + 2e^-) \times 5 \\ \hline 2MnO_4^- + 5SO_3^{2-} + 6H^+ \Longrightarrow 2Mn^{2+} + 3H_2O + 5SO_4^{2-} \end{matrix} \Rightarrow \tag{2-125}$$

第六步，除了考虑氧化剂和还原剂的电子转移外，还需考虑未参与氧化还原反应的离子，进而将离子方程式转化为分子反应方程式。最后，通过核对反应方程式两侧各元素的原子数，特别是氧原子数，以验证方程式是否已正确配平。

$$2KMnO_4 + 5K_2SO_3 + 3H_2SO_4 =\!=\!= 2MnSO_4 + 6K_2SO_4 + 3H_2O \quad (2\text{-}126)$$

2.6 有机化学基础

2.6.1 有机反应简介

有机化合物的性质通常通过其化学反应来揭示，而这些反应是由其分子结构所决定的。因此，理解和把握有机化合物的结构与性质之间的关系是有机化学的核心。

1. 有机反应类型

1）按共价键断裂方式分类

在有机反应过程中，旧的共价键会断裂，同时新的共价键会形成。基于共价键断裂的不同机制，有机反应主要分为自由基反应和离子型反应两大类，此外还包括协同反应这一特殊类型。

（1）自由基反应。

自由基反应发生时，有机化合物分子中的共价键发生断裂，原本成键的一对电子会平均分配给两个原子或基团，这种断裂方式称为均裂。例如：

$$A:B \longrightarrow A\cdot + B\cdot \quad (2\text{-}127)$$

$$CH_3:H \longrightarrow \cdot CH_3 + \cdot H \quad (2\text{-}128)$$

当共价键发生均裂时，产生的原子或基团各自带有一个单电子，这些带有单电子的物种称为自由基。自由基在化学表示中通常通过小圆点来标识，它们虽呈电中性，但极为活泼且只能瞬间存在，属于一类重要的活性中间体。由均裂过程引发的反应称为自由基反应。自由基反应的一个显著特点是它们通常仅在光、热或自由基引发剂的作用下进行，而酸、碱、溶剂等因素对这类反应的影响并不明显。此外，自由基反应通常在开始时存在一个诱导期。值得注意的是，某些自由基抑制剂能够有效减缓或终止自由基反应。自由基反应在有机化学中占有重要地位，同时，自由基也广泛存在于生物体内。许多生理或病理过程，如衰老、组织损伤、癌症的发生等，都与自由基的活性密切相关。

（2）离子型反应。

离子型反应发生时，共价键的断裂方式表现为原来成键的一对电子并不会均等分配给两个原子或基团，而是倾向于完全转移到其中一个原子或基团上，这种特定的断裂方式称为异裂。例如：

$$A:B \longrightarrow A^+ + :B^- \quad (2\text{-}129)$$

$$(CH_3)_3C:Cl \longrightarrow (CH_3)_3C^+ + :Cl^- \quad (2\text{-}130)$$

在异裂过程中，会生成正离子或负离子。这些离子是瞬间的活性中间体，这类通过异裂产生离子的反应称为离子型反应。这类反应通常需要催化剂的参与，或者在极性、酸性或碱性环境中进行。

2）按反应物和产物分类

有机反应可以根据反应物和产物之间所发生的变化,细分为以下类型,包括取代反应、加成反应、氧化反应和还原反应。

(1) 取代反应。

包含在有机化合物分子中的某一原子(氢原子或其他原子)或基团被另一原子或基团所取代的化学反应称为取代反应。例如:

$$CH_3CH_2OH + HI \longrightarrow CH_3CH_2I + H_2O \tag{2-131}$$

醇与氢卤酸的反应是一种重要的制备卤代烃的方法。这种反应通过断裂 C—O 键,使羟基被卤原子所取代,从而生成卤代烃。

(2) 加成反应。

加成反应是不饱和有机化合物所独有的一种化学性质。在这类反应中,不饱和键(由稳定的 σ 键和相对活泼的 π 键组成)在反应时 π 键易发生断裂,使得不饱和键两端的原子能够以新的 σ 键形式与其他原子或基团结合,形成新的化合物。

(3) 氧化反应和还原反应。

在有机反应中,通常将去除氢原子或增加氧原子的反应定义为氧化反应,而将增加氢原子或去除氧原子的反应定义为还原反应。

2.6.2 烷烃与环烷烃

1. 烷烃

烷烃也称为饱和链烃,其分子中的碳原子通过单键连接形成链状结构。这种结构中,碳原子的四个价键除了用于形成碳链的单键外,其余均被氢原子占据,使得烷烃分子达到饱和状态。

1) 烷烃的同系列

甲烷,作为最简单的烷烃,其分子式为 CH_4。随着碳原子数的增加,可以得到乙烷、丙烷、丁烷和戊烷等烷烃,它们的分子式依次为 C_2H_6、C_3H_8、C_4H_{10} 和 C_5H_{12}。这种递增的碳原子数使得烷烃的组成可以通过通式 C_nH_{2n+2} 表示,其中 n 代表碳原子数。这些化合物因其相似的结构特征,即在组成上每两个相邻的烷烃相差一个 CH_2 单元,且遵循相同的通式,被归类为同系列。同系列中的化合物互称为同系物,CH_2 则作为同系差。除了烷烃之外,其他烃类及其衍生物也都存在同系列。由于同系物间的结构具有相似性,它们展现出了相似的化学性质,而其物理性质随着碳原子数的增加呈现出规律性变化。因此,通过研究同系列中几个典型且具有代表性的化合物的性质,可以推测出其他同系物的性质,这为有机化学的研究提供了便利。然而,值得注意的是,同系列中的第一个化合物,其结构与其他成员存在显著差异,因此可能展现出一些独特的性质。

2) 同分异构现象

当两个或多个化合物的分子式相同但结构不同时,它们称为同分异构体,这种现象则称为同分异构现象。在烷烃的同系列中，甲烷、乙烷和丙烷各自仅有一种独特的构造。然而，从丁烷开始，分子内的碳原子连接次序开始呈现多样性，导致出现了不同构造的化合物。正丁烷表现为直链结构，而异丁烷展现出支链结构。尽管它们的分子式同为C_4H_{10}，但构造上却存在显著差异，称为构造异构体。特别是，当分子内碳原子的连接顺序发生变化时，所产生的同分异构体称为碳链异构体。随着碳原子数量的增加，碳链异构体的数量会迅速增长，进一步丰富了化合物的结构多样性。

3）烷烃的物理性质

有机化合物的物理特性，如存在状态、相对密度、熔点、沸点、折光率和溶解度等，是评估其性质的关键因素。这些物理数据在区分不同化合物时具有重要的参考意义。尤其对于烷烃，它们的物理性质往往随着碳原子数量的增加，呈现出可预测的规律性变化。在常温常压条件下，$C_1 \sim C_4$的直链烷烃表现为无色气体，$C_5 \sim C_{16}$的直链烷烃则为无色液体，当碳原子数达到17及以上时，直链烷烃会转化为蜡状固体。

烷烃作为非极性分子，随着碳原子数的递增，其分子间的范德华力逐渐增强，导致沸点不断上升。值得注意的是，在同系列烷烃中，尽管相邻分子仅相差一个CH_2，但它们的沸点差异并不相等。随着碳原子数的增加，这种沸点差异逐渐减小。对于具有相同碳原子数的烷烃异构体，直链烷烃通常具有最高的沸点，因为范德华力主要在近距离内发挥作用，并随着分子间距离的增加而迅速减弱。支链烷烃由于支链的阻碍作用，分子间无法紧密靠近，导致范德华力减弱，从而使沸点降低。支链越多，沸点越低。例如，正戊烷的沸点为36.1℃，而异戊烷和新戊烷的沸点分别为28℃和9℃。此外，增加一个碳原子对沸点的提升效果要大于增加一个支链对沸点的降低效果。

直链烷烃的熔点同样随着碳原子数的增加而升高，但变化呈锯齿状。特别地，偶数碳原子烷烃的熔点相较于奇数碳原子烷烃存在显著提升，从而形成了两条独立的熔点曲线。这可能是由于偶数碳原子烷烃具有更高的对称性，分子在晶体中的排列更加紧密，进而增强了范德华力。随着分子量的不断增大，这两条熔点曲线逐渐收敛并趋于一致。同样，烷烃异构体的熔点也受到分子对称性的影响而上升。例如，正戊烷的熔点为-129.8℃，而异戊烷和新戊烷的熔点分别为-159.9℃和-16.8℃。

在所有有机化合物中，烷烃属于密度最小的一类，其相对密度与分子间作用力紧密相关，并且随着分子量的增大而逐渐提升。然而，这种增加量相对较小，并且在达到某一特定数值后，变化趋于平缓。烷烃的相对密度均小于1，大致接近于0.78。由于烷烃属于非极性分子，根据"相似相溶"的经验规律，它们更容易溶解于非极性或有较小极性的有机溶剂，如四氯化碳、苯、乙醚和氯仿等，难以溶解于水等强极性溶剂中。

4）烷烃的化学性质

烷烃的分子结构中只包含高键能的C—C σ键和C—H σ键，这些键的稳定性强，不易断裂。由于碳原子与氢原子间的电负性差异小，σ键的电子云分布相对均衡，不易受到极化作用，这种特性使得烷烃在化学性质上展现出相对的稳定性，通常不会与强碱、强酸、强还原剂或强氧化剂等作用。在有机化学反应中，烷烃常被用作溶剂。然而，烷烃的化学稳定性并不是绝对的，在特定条件下，它们也能与某些试剂发生反应。

2. 环烷烃

分子中包含碳环结构的烷烃称为环烷烃。

1) 环烷烃分类

环烷烃可以根据分子内碳环的数量被分为单环烷烃、双环烷烃和多环烷烃。

（1）单环烷烃。

单环烷烃是指分子中仅含有一个碳环的烷烃。基于碳原子的数量，单环烷烃可被细分为小环（$C_3 \sim C_4$）、普通环（$C_5 \sim C_7$）、中环（$C_8 \sim C_{11}$）和大环（C_{12} 及以上）。此外，根据构成环的碳原子数，单环烷烃还可分为三元环、四元环、五元环、六元环等。只有一个碳环的环烷烃遵循通式 C_nH_{2n}。目前已知的最大环烷烃含有三十元环。在自然界中，五元环和六元环最为常见。

（2）双环烷烃。

螺环烷烃是一种特殊的环烷烃，其特点在于两个环通过一个碳原子，即螺原子，相互连接。桥环烷烃是另一种特殊的环烷烃，两个环通过两个或更多个共用的碳原子，即桥头碳，相互连接。

2) 环烷烃的物理性质

环烷烃的物理特性及其变化规律在很大程度上与烷烃相似。环丙烷和环丁烷在常温下为气态，而环戊烷和环己烷为液态，更高碳数的环烷烃呈固态。相较于同碳数的烷烃，环烷烃的沸点、熔点和相对密度更高。这归因于环烷烃分子间的相互作用较强，其环状结构使分子排列更为紧密有序，导致分子间的相互作用力增强。

3) 环烷烃的化学性质

环烷烃的化学性质与烷烃相似，包括可以发生取代和氧化反应。然而，由于碳环的存在，环烷烃在某些方面展现出独特性质。尤其，小环烷烃（如环丙烷和环丁烷）由于分子内部存在张力，其化学性质更为活泼，容易进行开环加成反应，生成链状化合物。

2.6.3 烯烃与炔烃

1. 烯烃

分子中包含一个碳碳双键的开链烃被定义为单烯烃，简称烯烃，分子式为 C_nH_{2n}。

1) 烯烃的异构现象

烯烃的同分异构现象较烷烃更为复杂，主要是由于碳碳双键的存在。除了碳链异构外，烯烃还存在位置异构和构型异构。位置异构源于双键在分子中位置的不同，而构型异构是由双键两侧基团在空间中的不同排布引起的。

（1）构造异构。

自丁烯开始，烯烃存在同分异构现象，如图 2-58 所示。（Ⅰ）、（Ⅲ）互为碳链异构，（Ⅰ）、（Ⅱ）互为双键位置异构，这些都属于构造异构。

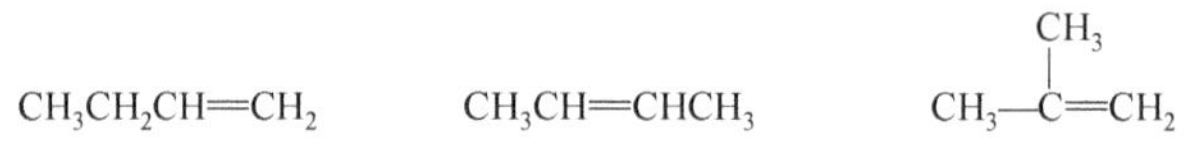

$$CH_3CH_2CH=CH_2 \qquad CH_3CH=CHCH_3 \qquad CH_3-\underset{\underset{CH_3}{|}}{C}=CH_2$$

1-丁烯（Ⅰ）　　　　2-丁烯（Ⅱ）　　　　2-甲基丙烯（Ⅲ）

图 2-58　丁烯的同分异构体

（2）构型异构。

分子的构型是指分子中各原子或基团在空间的特定排布方式。虽然构象也涉及原子或基团的空间排布，但它可以通过单键的旋转进行相互转换。相比之下，构型的转换则更为复杂，尤其是分子中存在环状结构或双键时，必须通过键的断裂和重新形成才能实现。在烯烃分子中，双键碳原子连接的四个原子或基团在空间中的排布方式因双键的固定性而有所不同，这种固定的排布方式可能导致构型异构的存在。例如，2-丁烯分子中的碳碳双键被限制旋转，使得这些原子和基团在空间中呈现出两种不同的排布方式，进而形成构型异构，如图 2-59 所示。

图 2-59　2-丁烯的同分异构体

2-丁烯的两种同分异构体在原子或基团的连接顺序、方式、官能团的位置上完全相同，唯一的区别是它们在空间中的排布方式。当相同的基团位于双键的同侧时，称为顺式异构体；当它们位于双键的异侧时，称为反式异构体。这种由于基团在空间排布方式的不同而产生的异构现象，称为顺反异构，它是构型异构的一种表现形式。

需要强调的是，并非所有的烯烃都会展现出顺反异构现象。为了产生顺反异构，构成双键的每个碳原子必须连接不同的原子或基团。只有满足这一条件时，顺反异构现象才有可能存在。如果双键碳原子连接的原子或基团相同，则无法形成顺反异构体。当分子中存在两个或多个双键，且这些双键满足产生顺反异构的条件时，其顺反异构体的数量将等于或小于 2^n 个，这里的 n 代表双键的数量。

2）烯烃的物理和化学性质

烯烃的物理性质和烷烃类似，其熔点、沸点、相对密度都会随分子量的增加而上升。具体来说，在常温常压下，$C_2 \sim C_4$ 的烯烃呈气态，$C_5 \sim C_{18}$ 为液态，而 C_{19} 以上的烯烃呈现固态。当涉及同分异构体时，顺式烯烃的沸点通常略高于反式烯烃，而其熔点则相对较低。烯烃均难溶于水，但易溶解于有机溶剂中，并且它们的相对密度都小于 1。烯烃分子中的 π 键是通过 p 轨道侧面重叠形成的，这种键相对不稳定，易断裂。因此，烯烃展现出了极为活泼的化学性质，其主要特性包括加成、氧化和聚合等反应。

2. 炔烃

炔烃是一类分子中含有碳碳三键的烃类化合物。单炔烃的通用化学式为 C_nH_{2n-2}，它们与具有相同碳原子数的二烯烃或环烯烃在化学结构上互为同分异构体。

1）同分异构现象

炔烃的构造异构与烯烃具有相似性，它们都存在碳链异构和官能团位置异构这两种情况。值得注意的是，炔烃并不具备构型异构体。不饱和烃中若同时存在三键和双键，则称为烯炔。

2）炔烃的物理和化学性质

炔烃的物理性质与烯烃具有相似性，都是随分子量的增加而呈现出有规律的变化。相较于对应的烷烃和烯烃，炔烃的熔点和沸点更高一些，相对密度也更大。在常温常压下，含有四个碳原子以下的炔烃呈现气态，含有四个碳原子以上的炔烃为液体，更高级的炔烃为固体。

炔烃的分子结构包含碳碳三键，这种结构特点使其与烯烃在化学性质上类似，可以参与加成、氧化和聚合等反应。然而，由于三键与双键在结构上的本质差异，炔烃在特定反应中的行为具有独特之处，并拥有一些特殊的化学性质。

2.6.4 芳香烃

芳香烃，即含有苯环的碳氢化合物，常称作芳烃。早期有机化学研究中，人们从天然树脂和香精油中提取出许多具有芳香气味的物质，多数含有苯环结构，因此被命名为芳香族化合物，以区别于脂肪族化合物。然而，后来发现并非所有含苯环的化合物都有芳香气味，甚至有的气味难闻，因此"芳香"这一称呼更多是基于历史沿用。现代概念下，芳香族化合物不仅限于苯及其衍生物，还包括不含苯环但具备芳香性的非苯型化合物，如杂环化合物等。

1. 芳香烃的分类

1）苯型芳香烃

苯型芳香烃可根据其分子结构中的苯环数量和连接方式分为两大类别。单环芳烃指的是分子中仅含一个苯环的芳香烃，涵盖了苯、苯的同系物，以及苯基取代的不饱和烃。分子中含有超过一个苯环的化合物称为多环芳烃。按照苯环之间的连接方式，多环芳烃可进一步细分为稠环芳烃、联环芳烃、多苯代脂肪烃、富勒烯等系列。

2）非苯型芳香烃

非苯型芳香烃是指分子中不含苯环，但展现出与苯环结构相似且具备芳香性的有机化合物。尽管它们与苯环在结构上有所差异，却同样拥有独特的芳香性质。

2. 单环芳烃的物理性质和化学性质

1）物理性质

苯及其常见的同系物，多呈现为具有独特气味的无色液体，它们难溶于水，但能够轻松溶于石油醚、四氯化碳和乙醚等有机溶剂中。苯、甲苯和二甲苯等液态芳香烃，在有机溶剂领域有着广泛的应用。尽管单环芳烃的相对密度小于1，但它们却比同碳数的脂肪烃和脂环烃密度更大，其相对密度通常为 0.8~0.9。

单环芳烃的沸点与其分子量密切相关，具体表现为：在苯的同系物中，每增加一个 CH_2 基团，其沸点相应提升 20~30℃。对于碳原子数目相同的各种异构体来说，它们的沸点相差并不大。而结构对称性较高的异构体，往往具有更高的熔点。

当芳香烃燃烧时，会产生带有黑烟的火焰，这是它们独特的燃烧特性。然而，苯及其同系物具有一定的毒性，可能对人体造成损害，特别是对呼吸道、神经系统和造血器官的影响更为显著。

2）化学性质

由于苯环具备一个稳定的共轭体系，其化学性质与不饱和烃存在显著区别，展现出独特的芳香性。这种芳香性意味着苯环通常不易参与加成反应，难以被氧化，但却容易发生苯环上氢原子被取代的反应。这种特性是芳香族化合物所共有的，为其赋予了特殊的化学行为。

2.6.5 其他有机化合物

醇、酚和醚，作为烃的核心含氧衍生物，其形成可以理解为水分子中氢原子被烃基替代的过程。具体来说，当水分子中的一个氢原子被脂肪烃基替代时，产生的是醇；若被芳香烃基替代，则生成酚。两个氢原子均被烃基替代时，得到的化合物便是醚。此外，醚还可以从醇或酚的视角来理解，即当醇或酚羟基上的氢原子被烃基替代后形成的同分异构体。与醇、酚和醚相对应的含硫化合物是硫醇、硫酚和硫醚。由于硫和氧都位于周期表的第ⅥA族，这些有机含硫化合物与有机含氧化合物在性质上具有一定的相似性。醇（包括硫醇）和酚不仅是有机反应的重要原料和试剂，也是研究生物体生理、病理变化及药物作用的关键物质基础。特别是硫醇类化合物，它们作为重金属的解毒剂，在治疗疾病、调节物质代谢和保护酶系统方面发挥着至关重要的作用。此外，这些化合物也常被用作有机溶剂，在化学领域广泛应用。

习 题

1. 简述钻穿效应。
2. 简述化学键的类型。
3. 简述 σ 键与 π 键的区别。
4. 什么是杂化轨道？sp、sp^2、sp^3 杂化分别是什么？
5. 分子间力有哪几种类型？各自特点是什么？
6. 简述热力学状态函数与过程函数的区别。
7. 影响化学反应方向的因素有哪些？
8. 简述四大基本无机反应类型。

第3章 化石能源

3.1 煤炭转化与利用

煤炭是世界上储量最多、分布最广的化石燃料。我国煤炭资源丰富、分布广泛、类型多样，分布特征表现为明显的区域集中趋势，主要分布在东北、华北、西北、华南、滇藏五个区域。我国拥有14个亿吨级大型煤炭基地，分别是晋北、晋中、晋东、神东、陕北、黄陇、宁东、鲁西、两淮、云贵、冀中、河南、内蒙古东部、新疆，具有丰富的煤炭资源和良好的开采条件，是我国煤炭供应的关键区域。我国各类煤炭中，烟煤占据主导地位，其储量占全国的75%，而无烟煤和褐煤各占12%和13%。

3.1.1 概述

煤炭是由远古植物残骸在适宜的地质环境中，逐渐堆积而达到一定厚度，并被水或泥沙覆盖，经过漫长的地质年代，经历物理、化学和生物的复杂作用，逐渐形成的有机生物岩石。由高等植物转化为煤需经历复杂而漫长的过程，一般需要几千万年到几亿年的时间。整个成煤过程可划分为两个阶段：泥炭化阶段和煤化阶段（成岩、变质）。

1. 煤炭的分类

煤炭根据煤化程度、挥发分、黏结性等不同具体划分如下。

（1）煤炭的煤化程度是指煤炭在地质环境中经历长期物理和化学作用后的成熟程度，煤化程度的高低直接影响煤炭品质和使用价值。根据煤化程度的不同，煤炭可分为泥煤、褐煤、烟煤和无烟煤四大类，煤化程度由高到低依次为无烟煤、烟煤、褐煤、泥煤。

（2）煤炭在规定条件下隔绝空气加热并进行水分校正后的质量损失即为挥发分，用 V 表示。根据挥发分产率的大小，煤炭可分为以下几个等级：特低挥发分煤（$V_{daf} \leqslant 10\%$，下角标 daf 表示煤处于干燥无灰状态）、低挥发分煤（$10\% < V_{daf} \leqslant 20\%$）、中等挥发分煤（$20\% < V_{daf} \leqslant 28\%$）、中高挥发分煤（$28\% < V_{daf} \leqslant 37\%$）、高挥发分煤（$37\% < V_{daf} \leqslant 50\%$）和特高挥发分煤（$V_{daf} > 50\%$）。通常来说，无烟煤，$V_{daf} \leqslant 10\%$；烟煤，$10\% < V_{daf} \leqslant 37\%$；褐煤，$V_{daf} > 37\%$。

（3）煤炭按黏结性分类是根据煤炭在高温加热过程中与其他物质（通常是惰性物质，如硅酸盐、硅铝酸盐、铁氧化物等）相互作用的能力来划分的。这种分类对于确定煤炭的工业用途至关重要，特别是炼焦和气化过程。黏结性强的煤炭能够在高温下形成较大的胶质体，适合用于炼焦。中国煤炭分类国家标准（GB/T 5751）中，将黏结性分为多个等级，主要通过黏结指数 G 来衡量，其中，$0<G\leqslant5$ 为不黏结和微黏结煤，$50<G\leqslant65$ 为中等偏强黏结煤，$G>65$ 则为强黏结煤。

此外，根据干燥无灰态挥发分及黏结指数等指标，还可将烟煤细分为贫煤、贫瘦煤、瘦煤、焦煤、肥煤、1/3 焦煤、气肥煤、气煤、1/2 中黏煤、弱黏煤、不黏煤及长焰煤。各类煤的名称可用下列汉语拼音字母为代号表示：WY—无烟煤；YM—烟煤；HM—褐煤；PM—贫煤；PS—贫瘦煤；SM—瘦煤；JM—焦煤；FM—肥煤；1/3JM—1/3 焦煤；QF—气肥煤；QM—气煤；1/2ZN—1/2 中黏煤；RN—弱黏煤；BN—不黏煤；CY—长焰煤。

2. 煤炭的特性与用途

泥煤，含有大量水分和未被彻底分解的植物残体、腐殖质、部分矿物质，是煤化程度最低的煤，多用于肥料、建筑和土壤改良等领域。

褐煤，又称柴煤，是煤化程度最低的矿产煤，是一种棕黑色、无光泽的低级煤。它的形成过程经历了从植物遗骸在沼泽中堆积形成泥煤，再在缺氧环境下逐渐分解形成褐煤的漫长地质时期。褐煤的煤化程度低，水分含量高、挥发分高、密度小，含有腐殖酸，氧含量为 15%~30%，热值一般为 2500~3500kcal[①]·kg^{-1}。褐煤主要为发电和动力用煤，也是直接液化工艺的重要煤种。

烟煤，属于中等煤化程度的煤种，主要特点是燃烧时会释放较多烟尘，因此得名。烟煤的含碳量一般为 75%~90%，挥发分含量为 10%~40%，热值为 4500~5500kcal·kg^{-1}。由于其易于着火和燃烧，且灰分和水分含量较少，发热量较高等特性，烟煤常被用作锅炉燃料。此外，烟煤还可作为燃料电池、催化剂载体、土壤改良剂、建筑材料、吸附剂的原料。

无烟煤，又称白煤或硬煤，是煤化程度最高的煤种，因其燃烧几乎不产生烟尘而得名。无烟煤碳含量高，为 90%~98%，含氢量较少，具有金属光泽、挥发分低、密度大、硬度大、燃点高等特点，热值一般在 6000kcal·kg^{-1} 以上。在冶金行业中，无烟煤可用作高炉燃料，也可作为制造石墨、电石、碳电极等碳素材料的原料。此外，无烟煤还常用于化肥、电力、陶瓷、制造锻造等行业。

3. 煤炭的化学组成

煤炭是由有机和无机组分构成的复杂混合物。有机组分主要是由碳（C）、氢（H）、氧（O）、氮（N）、硫（S）等元素构成的有机高分子混合物。无机组分占比较低，主要包括石英、石膏、黏土矿物、方解石、黄铁矿等矿物质，以及吸附在煤炭中的水。无机组分主要来源于远古植物自身组成与地层渗透。在煤炭加工利用过程中，有机组分是煤炭加工利用的主要对象。煤炭主要组成具体如下。

1）碳

煤炭基本由带脂肪侧链的芳香环和稠环组成，其骨架主要通过碳元素构成。因此，

---

① 1kcal = 4.184kJ。

碳元素不仅是组成煤炭的主要元素，也是煤炭燃烧过程中释放热能的关键元素。此外，煤炭中还含有少量的无机碳，主要来源于碳酸盐类矿物，如石灰岩等。一般而言，煤炭的煤化程度越高，其碳含量越高。

2）氢

氢是煤炭中第二重要的元素，分为有机氢和无机氢，无机氢主要存在于矿物质的结晶水中。氢作为煤炭的可燃元素之一，其发热量约为碳元素的 4 倍。随着煤化程度的加深，煤炭中氢含量逐渐降低。

3）氧

在煤炭的构成中，氧元素以有机和无机两种形式存在。在有机形态中，氧主要存在于各类官能团中；无机形态氧则广泛分布于煤炭中的水分、硅酸盐、碳酸盐、硫酸盐及其他氧化物中。当煤炭燃烧时，氧起到助燃作用。碳、氢、氧共同构成了煤炭有机质的主体骨架。随着煤化程度的不断提升，煤炭中的有机氧含量逐渐减少。

4）氮

在煤炭的组成中，氮元素的含量相对较少，它是煤炭中唯一完全以有机形态存在的元素。煤炭中有机氮化物拥有稳定的杂环结构和复杂的非环结构，可能由远古植物的脂肪组织与蛋白质演变而来。在泥煤和褐煤中，仍可观察到氮以蛋白质的形态存在，随着煤化程度的提升，氮的含量逐渐减少。氮元素虽能与氧进行反应，但不属于可燃元素，在燃烧时并不产生热量。

5）硫

煤炭中硫的主要存在形态为无机硫和有机硫。无机硫主要为硫化物、硫酸盐和单质硫等，有机硫主要以芳香硫（噻吩等）、脂肪族硫、亚砜和砜等形式存在。硫化物硫指煤炭中以各种金属硫化物形态存在的硫，其中绝大部分以黄铁矿硫（FeS_2）形式存在，少数为白铁矿硫（FeS_2）。硫酸盐硫主要以硫酸钙（生石膏，$CaSO_4 \cdot 2H_2O$）形态存在，少数以硫酸亚铁（如绿矾，$FeSO_4 \cdot 7H_2O$）形式存在，煤炭中硫酸盐硫一般只占总硫分的 5%～10%。有机硫主要来自动植物和微生物中以氨基酸形式存在的硫，部分有机硫还可能来源于有机质与无机硫相互作用。此外，硫也属于煤炭的可燃元素之一，其燃烧将形成 SO_2、SO_3 等污染物。

此外，煤炭中还含有氟、氯、汞、砷、硒、铅、镉、铬等微量元素，燃烧产生的腐蚀性气体与含重金属气体严重污染生态环境。

3.1.2 煤净化技术

在煤炭利用前，通常进行初步筛选与净化处理过程，降低原煤中杂质及有害元素含量，从而提升煤炭品质，提高工业生产效率。煤炭的净化技术按照工艺性质可分为物理净化与化学净化两大类。

1. 煤炭分选技术

煤炭分选是选矿技术在煤炭工业中的应用，其主要任务是除去原煤中的杂质，降低煤炭的灰分和硫分，提高原煤质量，以适应生产需求。随着采煤机械化程度的提高和地质条件的变化，原煤质量逐渐降低，这就需要通过分选来除去杂质，减少运输的无效劳动，降低煤炭的灰分和硫分，保护环境，提高煤炭的利用效率。常见的煤炭分选方法分为物理选煤法、物理化学选煤法和化学选煤法。

物理选煤是根据煤炭和杂质物理性质（如粒径、密度、硬度、磁性及电性等）上的差异进行分选，主要的物理分选方法有重力选煤、干法选煤和电磁选煤。①重力选煤是选煤技术中最常用的一种方法，它利用不同物料在介质中沉降速度的差异进行分选。这种方法简单、可靠，广泛应用于各种规模的选煤厂。重力选煤主要包括重介质选煤和非重介质选煤，其中重介质选煤利用的是密度介于煤炭与煤矸石之间的介质，而非重介质选煤则可能利用的是水或其他非重介质。重力选煤工艺流程通常包括原煤准备、分选作业和产品处理三个主要阶段。②干法选煤主要依靠物料密度组成差异来实现分选。干法选煤不使用水，而是利用空气作为介质，通过机械振动和风力作用使煤炭与杂质分层，从而完成分选过程。干法选煤的工艺流程主要包括原煤的破碎、筛分、给煤、分选、产品脱水和尾矿处理等步骤。原煤经过粉碎后，按照粒径大小进行筛分，筛上大块物料经破碎机破碎至合适粒径后，与筛下物一同进入干选系统。在干选机中，物料在风力、振动等作用下进行分选，精煤从上端排出，煤矸石从下端排出。③电磁选煤是利用煤炭和杂质的电磁性能差异进行分选的技术，在工程领域尚未得到广泛应用，不同煤种、不同粒径的煤炭对筛分设备的要求各不相同，如何针对特定煤种和粒径设计更优化的电磁筛是发展的重点。

物理化学选煤——浮游选煤（简称浮选），是依据矿物表面物理化学性质的差别进行分选，主要用于处理细粒级的煤泥。煤炭通常具有疏水性，而煤矸石等杂质则具有亲水性。在浮选过程中，通过添加特殊的浮选剂（如捕收剂和起泡剂），可以使煤粒表面形成疏水层，而杂质则不易附着在气泡上，从而实现煤炭与杂质的分离。

化学选煤是借助化学反应使煤炭中有用成分富集，除去杂质和有害成分的工艺过程，最常用来去除高硫煤中的硫分。高硫煤中硫分含量通常超过 3%，在一些地区甚至超过 10%，燃烧时会产生较多的 SO_2，造成严重的空气污染，通过化学方法降低硫分含量，是煤炭洁净利用的重要环节。通过将煤炭浸泡在强碱性水溶液中，煤炭中的硫化物向水溶液中转移。采用碱液对高硫煤进行处理，可使煤灰分中的硫化铁硫和部分有机硫与之发生反应，使部分难溶硫化铁硫和部分有机硫转变为可溶性的硫，再经过滤、洗涤等步骤，进一步降低煤中硫分。采用强碱溶液处理高硫煤，主要分解的是硫化铁硫和硫酸盐硫等无机硫分，主要反应可能为

$$4FeS_2 + 6NaOH \longrightarrow Fe_2O_3 + 3Na_2S + 3S + 3H_2O + 2FeS \tag{3-1}$$

通常会结合酸处理进一步降低 FeS_2 含量，将碱处理后的高硫煤在室温下用 HCl 冲洗后，Fe_2O_3 与 HCl 发生反应：

$$Fe_2O_3 + 6H^+ \longrightarrow 2Fe^{3+} + 3H_2O \tag{3-2}$$

FeS_2 可进一步与 Fe^{3+} 发生反应，使碱处理后剩余的 FeS_2 继续受到破坏，转变成可溶性硫，进而降低产品中的硫分：

$$FeS_2 + 14Fe^{3+} + 8H_2O \longrightarrow 15Fe^{2+} + 2HSO_4^- + 14H^+ \tag{3-3}$$

2. 型煤和水煤浆技术

型煤是一种经过加工处理的煤炭产品，通常具有特定的形状和尺寸。它可以用于多种用途，如作为燃料、原料或用于制造其他化学产品。型煤的制备通常涉及对原煤进行清洗、筛选、破碎、磨粉等一系列物理化学处理过程，这些过程有助于去除不必要的杂质，提高型煤的燃烧效率和稳定性。型煤的制备技术包括无黏结剂冷压成型、有黏结剂冷压成型和热压成型等。无黏结剂冷压成型技术不添加额外的黏结剂，依靠外力使粉煤成型，适用于具有较好黏结性的煤种。而有黏结剂冷压成型则需要在粉煤中加入黏结剂，常见的有石灰、水泥等，这种方法适用于硬度和弹性大的煤种。热压成型则是利用煤自身黏结性在一定温度下成型，不需要外加黏结剂，保证碳含量的同时提高了型煤的强度和防水性。型煤主要用于工业和民用领域，如工业锅炉、家庭取暖、烹饪等，因其加工过程中的可控性，能够满足不同用户对燃烧效率和环保要求的个性化需求。

对于型煤而言，其硫分控制同样十分重要，型煤固硫剂可在型煤燃烧和干馏过程中与型煤中的硫反应生成固态硫酸盐，将型煤中的硫固定于灰渣中，可减少型煤燃烧过程中 SO_2 等污染物排放，减轻对大气的污染。型煤固硫剂通常分为镁系、钙系、钡系及复合固硫剂等多种类型。其中，钙系固硫剂如氢氧化钙 $[Ca(OH)_2]$ 和石灰石（$CaCO_3$）由于其较高的固硫率和较为经济的成本，在实际应用中最为普遍。当采用石灰石作为固硫剂时，其作用机制主要涉及以下几个步骤。

（1）石灰石的热分解：石灰石在高温下分解为氧化钙（CaO）和二氧化碳（CO_2），反应式为

$$CaCO_3 \xrightarrow{\text{高温}} CaO + CO_2\uparrow \tag{3-4}$$

（2）氧化钙与二氧化硫反应：氧化钙与二氧化硫（SO_2）反应生成亚硫酸钙（$CaSO_3$），反应式为

$$CaO + SO_2 \longrightarrow CaSO_3 \tag{3-5}$$

（3）硫酸钙的形成与固化：在充足的氧气供应下，亚硫酸钙可能会进一步氧化成硫酸钙（$CaSO_4$），反应式为

$$2CaSO_3 + O_2 \longrightarrow 2CaSO_4 \tag{3-6}$$

当采用氢氧化钙作为固硫剂时，其反应机制为

$$Ca(OH)_2 + SO_2 \longrightarrow CaSO_3 + H_2O \tag{3-7}$$

在某些情况下，如果反应条件允许，亚硫酸钙还会继续反应生成硫酸钙：

$$2CaSO_3 + O_2 \longrightarrow 2CaSO_4 \tag{3-8}$$

在实际应用中，氢氧化钙和石灰石作为固硫剂，通常需要在特定的条件下才能发挥最大的固硫效果。例如，在型煤的生产过程中，可以将氢氧化钙或石灰石作为添加剂与煤粉混合，然后在适当的温度下进行燃烧，促使它们与煤中的硫反应，生成稳定的硫酸盐，从而达到固硫的目的。

钙系固硫剂在燃烧过程中，生成的固硫产物硫酸钙会在煤中碳的作用下发生还原分

解，因而只适应于燃烧温度低于 1000℃的锅炉，对锅炉的适应性有限制。此外，钙基固硫剂除固硫外，对型煤的其他性能，如黏结性、强度和防水性等的贡献较小。因此，除添加固硫剂外，还需添加黏结剂、防水剂等其他添加剂，易造成型煤的灰分含量高、燃烧性能差。复合添加剂具有更高的固硫效率和更好的适应性，可解决钙基固硫剂钙利用率低和高温固硫效率差等问题，通过添加不同的促进剂，如金属氧化物或有机溶液，提高了固硫效率和稳定性。例如，MgO 和 CaO 复合固硫剂的良好反应活性，可显著提高型煤固硫率。此外，在 CaO 和 MgO 复合固硫剂的基础上，添加少量煤矸石，可进一步提高型煤固硫率。

水煤浆是一种煤基燃料，主要由煤、水和化学添加剂组成。它具有流动性好、燃烧效率高、污染物排放量低等特点，被视为一种相对清洁的能源。水煤浆可以用于电站锅炉、工业锅炉和工业窑炉等场合，可替代传统的油、气或煤作为燃料，其利用过程如图 3-1 所示。水煤浆的制备需要精确控制煤、水的比例，并通过物理或化学手段确保煤粉均匀分散在水中，防止沉淀和聚集。这一过程需要使用专门的设备和添加剂，以确保水煤浆的稳定性和流动性，降低水煤浆利用过程对环境的污染。水煤浆添加剂主要包括表面活性剂添加剂、碳基添加剂等，不同添加剂的特点如下。

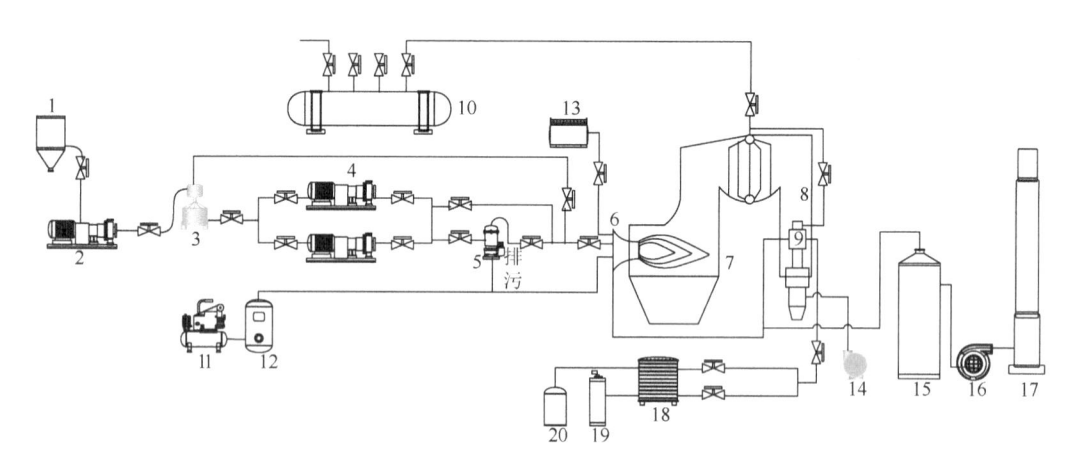

图 3-1 水煤浆技术工艺流程图

1. 水煤浆储罐；2. 卸浆罐；3. 搅拌器；4. 供浆泵；5. 过滤器；6. 水煤浆燃烧器；7. 水煤浆锅炉主机；8. 省煤器；9. 空预器；10. 分汽缸；11. 空压机；12. 储气罐；13. 油箱；14. 鼓风机；15. 除尘器；16. 引风机；17. 烟囱；18. 水箱；19. 水处理器；20. 储盐罐

（1）表面活性剂添加剂：表面活性剂作为一种新型水煤浆添加剂，具有良好的分散和润湿能力，被广泛应用于水煤浆的生产过程中。通过改进表面活性剂的分子结构、降低表面张力等，可进一步提高其分散性和稳定性，提高水煤浆的流动性和输送效率。常用的表面活性剂有磺酸盐型阴离子表面活性剂（如木质素磺酸盐、苯磺酸盐、烯基磺酸盐等）、聚氧乙烯系列的非离子表面活性剂、水溶性高分子聚合物、阴离子表面活性剂与非离子表面活性剂的复配物。

（2）碳基添加剂：碳基添加剂可以显著提高水煤浆的流动性和稳定性，减少管道堵塞和减小泵阻力。通过改变碳基添加剂的物理和化学性质，如粒径、表面化学性质等，可进一步提高其流动性和分散性，优化水煤浆生产工艺。

3.1.3 煤矸石的综合利用

煤矸石作为煤炭开采的副产品，主要由煤炭中的非燃烧矿物质组成。这些物质通常包括砂岩、页岩、黏土、硫化物、煤的未燃烧残留物。煤矸石的产生主要有两个来源：一是煤矿开采时从地表或地下挖出的非煤炭岩石，二是煤炭破碎、筛分、洗涤过程中产生的各种废物。煤矸石的产量为煤炭产量的 10%~20%。目前，全国累计煤矸石堆存量已超过 50 亿 t，并以每年超过 1 亿 t 的速度递增。这些大量堆放的煤矸石，不但占用大量土地，而且煤矸石中的硫化物逸出或浸出会污染大气、农田和水体，影响植被恢复和破坏植物生长基质。煤矸石山还会自燃，排放二氧化硫、氮氧化物等有害气体，污染大气环境，影响附近居民的身体健康。因此，大力推动煤矸石的综合利用，不仅能解决煤矸石堆积带来的环境问题，还能够回收其中的有价资源，实现资源的循环利用，具有显著的经济和环境效益。煤矸石通过多种综合利用途径，可以转化为有价值的资源，主要的利用途径如下。

1. 回收有用成分

煤矸石主要由无机质和少量有机质组成，其化学成分主要是 Al_2O_3、SiO_2，还含有不等数量的 Fe_2O_3、CaO、MgO、K_2O 等无机物和微量的稀有金属。其中，可回收的有用成分主要包括有价金属和非金属矿物等，可以通过物理方法或者化学方法来回收有用成分。物理方法主要包括重选、跳汰等，这些方法适合于煤矸石中煤炭颗粒相对较大的情况。化学方法则涉及特定化学药剂的使用，通过化学反应使得煤炭与其他杂质分离，从而回收煤炭。煤矸石中富含金属元素，因此成为回收有价金属的重要来源。煤矸石本身具有较高的晶格能，结构稳定，反应活性较差。因此，煤矸石进行有价元素回收的前提是对其进行活化。目前，常规的方法是通过煅烧达到活化煤矸石的目的，其反应式如下：

$$Al_2O_3 \cdot 2SiO_2 \cdot 2H_2O \longrightarrow Al_2O_3 \cdot 2SiO_2 + 2H_2O \tag{3-9}$$

煤矸石经热处理后可将其中的 Al—O 键和 Si—O 键破坏，从而改变其物相组成，变成无定形结构的偏高岭石。活化后的煤矸石，经进一步化学处理可提取铝、铁、硅和稀有金属等元素。当煤矸石中氧化铝质量分数超过 35%时，煤矸石便可用来提取氧化铝、制备聚氯化铝、氢氧化铝等铝盐化工产品。最常用的方法有酸浸法、碱熔法。酸浸法是使活化后的偏高岭石与盐酸或硫酸等强酸反应，其反应式为

$$Al_2O_3 + 6HCl \longrightarrow 2AlCl_3 + 3H_2O \tag{3-10}$$

$$Al_2O_3 + 3H_2SO_4 \longrightarrow Al_2(SO_4)_3 + 3H_2O \tag{3-11}$$

反应后，Al_2O_3 以铝盐形式存在于溶液体系中，煤矸石试样经酸浸提取 Al_2O_3 后，结构遭到破坏，释放出可溶性 SiO_2，进一步与碱溶液反应：

$$SiO_2 + 2NaOH \longrightarrow Na_2SiO_3 + H_2O \tag{3-12}$$

滤液 Na_2SiO_3 溶液为制备聚合硅酸的原料。Na_2SiO_3 溶液在酸性条件下生成 H_4SiO_4，H_4SiO_4 与 $H_5SiO_4^+$ 发生六配位羟联反应，生成聚合硅酸，聚合速度随 $H_5SiO_4^+$ 浓度的增加而增大。

2. 其他应用

煤矸石主要是碳质、泥质和砂质的混合物，也可作为混凝土的骨料，且其矿物组成和化学成分与黏土相似，可代替黏土作为原料用于制备水泥、砖等。在水泥熟料的生产中，煤矸石可以提供氧化铝、氧化硅等成分，这些都是水泥生产所需的原料。此外，煤矸石具有一定的热值，可被用作燃料，替代一部分石油或天然气，有助于降低水泥生产的能源成本。另外，煤矸石的主要矿物成分是黏土矿物，可作为制砖原材料。

此外，煤矸石还可用于制备废水处理材料。煤矸石对于部分常规污染物、重金属和有机物均具有一定的去除效果，但吸附能力普遍不高，需要对其改性以提高吸附效率。因此，依据煤矸石的自身特性，通过机械研磨、热改性、酸碱改性、表面改性等一系列的改性方法，提高煤矸石对于污染物的吸附能力。

煤矸石在农业上的资源化利用主要体现在土壤改良方面。煤矸石特别是高硫煤矸石中的硫铁化合物在高温下经氧化生成二氧化硫，再与氨反应生成硫酸铵，反应式为

$$4FeS + 7O_2 \longrightarrow 2Fe_2O_3 + 4SO_2 \tag{3-13}$$

$$4FeS_2 + 11O_2 \longrightarrow 2Fe_2O_3 + 8SO_2 \tag{3-14}$$

$$4NH_3 + 2SO_2 + O_2 + 2H_2O \longrightarrow 2(NH_4)_2SO_4 \tag{3-15}$$

硫酸铵作为一种含氮肥料，在土壤修复领域具有多重作用。硫酸铵通过其含有的铵离子（NH_4^+）和硫酸根离子（SO_4^{2-}）发挥作用，铵离子可以被植物吸收利用，提供植物生长所需的氮素，而硫酸根离子则有助于调节土壤 pH，使之偏向酸性，从而改善土壤环境。

3.1.4 煤先进燃烧技术

1. 煤炭燃烧反应

煤炭燃烧是一个复杂的化学反应过程，它涉及多种化合物在高温下进行的氧化反应。煤炭作为燃料，在燃烧时会产生 CO、CO_2、SO_2 等多种气体，并伴随有热量和光的释放。煤炭燃烧对环境和社会经济有着显著的影响，是工业生产中主要的能量来源。煤炭燃烧过程主要受到煤挥发分、含碳量、水分和灰分的影响。挥发分的多少直接影响煤炭的燃烧性能，挥发分越高，煤炭的着火和燃烧速度越快。含碳量的多少影响煤炭的发热量，含碳量越高，煤炭的发热量也越高。水分含量高的煤炭在燃烧时需要更多的热量来蒸发水分，这会降低煤炭的实际热值。水分还会影响煤炭的储存和运输，高水分含量的煤炭更容易在储存和运输过程中产生问题，如黏结和冻结。煤炭中的灰分是指煤炭完全燃烧后剩下的非燃烧物质，主要是矿物质的残渣。灰分的高低直接影响煤炭的热值和燃烧效率，灰分越高，煤炭的有效能量含量越低。

煤炭燃烧主要包括煤炭的预热干燥、挥发分析出、着火燃烧、剩余焦炭的着火和燃烧、

煤炭中矿物质生成煤渣等多个步骤。在这个过程中，煤炭中的可燃成分（如碳、氢、硫等）与空气中的氧气发生剧烈的化学反应，放出大量的热能并生成烟气和灰渣。其中，焦炭燃烧在煤燃烧中具有非常重要的作用，其燃烧时间约占煤总燃烧时间的 90%以上。煤炭中含碳量越高，煤燃尽时间越长，焦炭发热量比例随之上升。焦炭燃烧是一个复杂的多相反应过程，涉及物理和化学性质的相互作用，其反应机理非常复杂，一般分为一次反应和二次反应两种。一次反应主要是指焦炭与氧气的直接反应，二次反应则是指一次反应生成的产物（如 CO 和 CO_2）与剩余的焦炭或其他物质发生的进一步反应。在一次反应中，焦炭主要与氧气发生反应，生成 CO_2 或 CO，并伴随着热量的释放。这个阶段的反应可以表示为

$$C(s) + O_2(g) \longrightarrow CO_2(g) + 409.15 kJ \cdot mol^{-1} \tag{3-16}$$

$$C(s) + 1/2O_2(g) \longrightarrow CO(g) + 110.52 kJ \cdot mol^{-1} \tag{3-17}$$

二次反应则更为复杂，涉及一次反应生成的 CO 和 CO_2 与剩余的焦炭或其他物质的相互作用，反应可表示为

$$C(s) + CO_2(g) \longrightarrow 2CO(g) - 162.53 kJ \cdot mol^{-1} \tag{3-18}$$

$$2CO(g) + O_2(g) \longrightarrow 2CO_2(g) + 571.68 kJ \cdot mol^{-1} \tag{3-19}$$

焦炭燃烧的总反应可表示为

$$xC(s) + yO_2(g) \longrightarrow mCO_2(g) + nCO(g) \tag{3-20}$$

其中，式（3-19）是在焦炭表面附近进行的气相反应，式（3-16）～式（3-18）都是在焦炭表面发生的气固两相反应。式（3-16）、式（3-17）和式（3-19）是放热的氧化反应，反应产物为 CO 和 CO_2；而式（3-18）为吸热的还原反应，反应产物为 CO。因此，高温有利于式（3-18）还原反应的进行。一般当温度大于 1200℃时，n 值随温度升高而增大，即焦炭表面的 CO 增多。如果在焦炭表面附近的空间中有足够的 O_2，则 CO 转化成 CO_2，此时就能看到 CO 燃烧时发出的蓝色火焰。

煤中的硫在燃烧时，除硫酸盐以外，其他含硫成分都可在 600℃以上分解，放出 SO_2、SO_3 和 H_2S 等有害气体。煤中硫分燃烧时的主要化学反应如下：

$$3S + 4O_2 \longrightarrow SO_2 + 2SO_3 \tag{3-21}$$

$$4FeS_2 + 11O_2 \longrightarrow 8SO_2 + 2Fe_2O_3 \tag{3-22}$$

$$C_xH_yS_2 + (2 + x + y/4)O_2 \longrightarrow 2SO_2 + xCO_2 + y/2H_2O \tag{3-23}$$

氢元素是煤中的主要元素之一，主要存在于煤分子侧链和官能团上，是煤中烃类物质的主要组成元素。煤中烃类物质（C_nH_m）燃烧时，碳和氢与氧气发生反应，产生二氧化碳和水蒸气，同时释放出热量。反应式可表示为

$$C_nH_m + (n + m/4)O_2 \longrightarrow nCO_2 + m/2H_2O + 热量 \tag{3-24}$$

煤炭利用过程中的污染物主要产生于其燃烧过程。煤中的灰分在燃烧过程中会形成细的颗粒物，直接排入大气形成颗粒物污染；煤中的硫分在燃烧中会生成 SO_x，其在大气中形成二氧化硫污染，煤中的氮在燃烧中会形成氮氧化物污染；燃烧过程还会有少量或痕量的重金属和有机污染物产生，对地球生态环境和人类健康造成极大威胁。

2. 煤炭燃烧中氮氧化物生成过程

燃烧过程中生成的氮氧化物主要分为三种：热力型 NO_x、快速型 NO_x 和燃料型 NO_x。

热力型 NO_x，又称温度型 NO_x，指的是在高温环境下由空气中的氮气（N_2）和氧气（O_2）直接反应生成的氮氧化物（NO_x）。这种类型 NO_x 的生成与温度有着密切的关系，通常在温度高于 1500℃时才会大量生成。热力型 NO_x 的生成过程遵循 Zeldovich 提出的机理。

$$O_2 + M \longrightarrow 2O + M \tag{3-25}$$

$$O + N_2 \longrightarrow NO + N \tag{3-26}$$

$$N + O_2 \longrightarrow NO + O \tag{3-27}$$

$$N + OH \longrightarrow NO + H \tag{3-28}$$

热力型 NO_x 的生成主要包括以下几个步骤，首先，N_2 和 O_2 在高温下分解为 N 原子和 O 原子，在此基础上，N 原子与 O 原子重新组合，生成 NO 分子，最终，NO 分子在高温条件下进一步氧化生成 NO_2。

快速型 NO_x，也称为瞬时型 NO_x，是碳氢化合物燃料在特定条件下燃烧时，由于燃料挥发物中碳氢化合物高温分解生成的碳氢自由基与空气中的氮气反应生成 HCN 和 N，再进一步与氧气作用以极快的速度生成 NO_x。这种类型的 NO_x 与其他类型的 NO_x 相比，具有生成速度快、与温度关系不大等特点。快速型 NO_x 的生成机制相对复杂，涉及多个中间产物和反应步骤。在煤的燃烧过程中，煤炭挥发分中的碳氢化合物在高温条件下发生热分解，生成活性很强的碳氢自由基（CH、CH_2），这些活化的 CH_i（i = 1、2、3、4）和空气中的氮气反应生成 HCN、NH 和 N，随后这些中间产物再与火焰中的 O 和 OH 基团反应生成 NO。

燃料型 NO_x（也称为热分解型 NO_x）指的是在燃烧过程中，由燃料中的含氮化合物在高温下分解并进一步氧化所生成的 NO_x。这类 NO_x 的生成主要取决于燃料的类型和燃烧条件，尤其是燃烧温度和氧气的浓度。一般来说，燃料型 NO_x 的生成量与燃料的挥发分和燃烧过程的温度有关，挥发分越高，燃烧温度越低，产生的燃料型 NO_x 就越多。

3. 低 NO_x 的燃烧技术措施

在煤炭燃烧中降低 NO_x 排放的主要措施包括低 NO_x 燃烧器技术、烟气再循环技术、空气分级燃烧技术和燃料分级燃烧技术（又称再燃技术）。

1）低 NO_x 燃烧器技术

低 NO_x 燃烧器是一种能够有效降低 NO_x 排放的燃烧装置。根据降低 NO_x 排放的燃烧技术，低 NO_x 燃烧器大致分为阶段燃烧器、浓淡型燃烧器、分割火焰型燃烧器与混合促进型燃烧器等。

（1）阶段燃烧器通常指那些可以将燃料与空气分阶段混合燃烧的燃烧器。这种设计允许在较低温度下燃烧，从而减少了 NO_x 的形成，同时也能够更有效地控制燃烧过程中的其他污染物。阶段燃烧器通常包括多个燃烧阶段，每个阶段都可以独立控制，以优化燃烧过程和减少有害物质的排放。

（2）浓淡型燃烧器是一种有效的降低 NO_x 排放的燃烧装置。其核心原理是通过调整燃烧过程中的空气和燃料的比例，实现部分燃料的过浓燃烧和部分燃料的过淡燃烧，以此来降低 NO_x 的生成量。由于这两部分燃料都在偏离化学当量比的情况下燃烧，因此生成的 NO_x 含量相对较低。这种燃烧方式也被称作非化学当量燃烧或偏离燃烧。

（3）分割火焰型燃烧器是一种将单一火焰分割成多个小火焰的燃烧装置。它的设计理念是通过增加火焰的散热面积、降低火焰温度和缩短气体在高温区的停留时间来控制 NO_x 的生成，从而达到低氮排放的目的。

（4）混合促进型燃烧器通常涉及将燃料与空气在一个相对封闭的空间内进行预混合，然后再将混合好的燃气输送至燃烧头进行燃烧。这种设计可以使燃料与空气的混合更为均匀，从而促进燃烧过程中的温度均匀，避免局部高温区域的形成，进而减少 NO_x 的生成。

2）烟气再循环技术

烟气再循环是一种有效降低 NO_x 的技术手段，通过将燃烧后的部分烟气重新引入燃烧区域，实现烟气的循环利用。由于这部分烟气的温度较低，为 140～180℃，同时含氧量也较低，为 8%左右，因此，当这些烟气被再引入燃烧区时，炉内火焰的峰值温度将会相应下降。这一变化带来的直接效果就是热力型 NO_x 的生成量减少。此外，烟气再循环还能起到稀释燃烧空气中氧气的作用，进一步降低局部的氧浓度，燃料型 NO_x 的生成也会受到抑制。在实际操作中，烟气再循环的方式多种多样，包括直接喷入炉内、用来输送二次燃料，或是与空气混合后再掺入燃烧空气中。其中，最后一种方法在实际应用中表现出最佳效果，因此也被广泛采用。例如，空气分离/烟气再循环技术是典型的烟气再循环方法，该方法用空气分离获得的氧气和一部分锅炉排气构成的混合气代替空气作为化石燃料燃烧时的氧化剂，以提高燃烧排气中的 CO_2 浓度。空气分离/烟气再循环技术原理如图 3-2 所示。

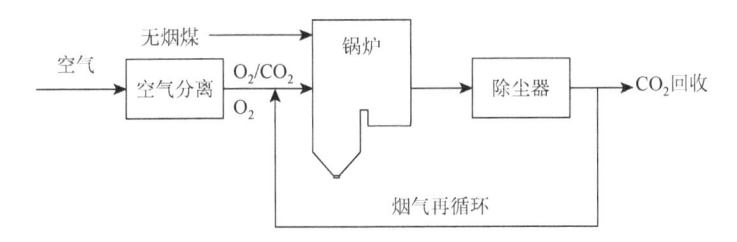

图 3-2 空气分离/烟气再循环技术原理

3）燃料分级燃烧技术

燃料分级燃烧技术，又称再燃烧技术或三级燃烧技术，是一种有效的燃烧控制技术，主要用于降低氮氧化物的排放，技术原理如图 3-3 所示。这种技术通过将燃烧过程划分为三个不同的区域来实现燃料和空气的分级燃烧。这三个区域包括主燃烧区、再燃区和燃尽区。典型的燃料分级燃烧过程是：将 80%～90%一次燃料送入主燃烧区，在富氧的条件下进行燃烧，并生成 NO_x；将剩余的 10%～20%二次燃料送入主燃烧区上部的再燃区，在富燃料的条件下形成很强的还原性气氛，可将主燃烧区生成的 NO_x 还原成 N_2。再燃区不仅能使主燃烧区内已生成的 NO_x 得到还原，同时也对新 NO_x 的生成有一定抑制作用。与空气分级燃烧所不同的是，燃料分级燃烧的再燃区上方还需布置"火上风"喷口以形成燃尽区，以确保再燃区中不完全燃烧产物能够彻底燃尽，提高燃烧效率。因此，燃料分级燃烧又被称为三级燃烧技术。

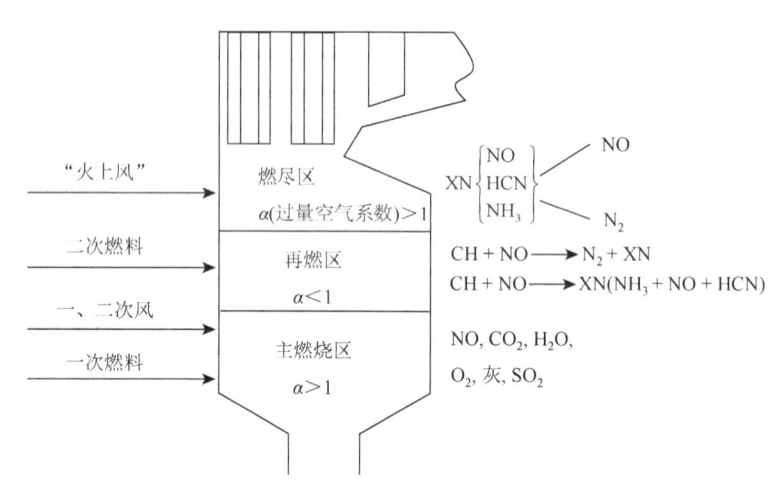

图 3-3 燃料分级燃烧技术原理

除上述方法外，在煤燃烧过程中，通过在炉内或烟道内喷入还原剂，降低含氮污染物的排放，也是实现低氮燃烧的途径。选择性非催化还原（SNCR）和选择性催化还原（SCR）是最常用的方法。

（1）选择性非催化还原。

选择性非催化还原是在无催化剂的作用下，在适合脱硝反应的温度窗口内喷入还原剂，将烟气中的 NO_x 还原为无害的氮气和水。一般采用炉内喷氨、尿素或羟胺作为还原剂还原 NO_x。还原剂只和烟气中的 NO_x 反应，一般不与氧气反应。采用 NH_3 作为还原剂，在温度为 900～1100℃的范围内，还原 NO_x 的化学反应方程式主要为

$$4NH_3 + 2NO + 2O_2 \longrightarrow 3N_2 + 6H_2O \tag{3-29}$$

$$4NH_3 + 4NO + O_2 \longrightarrow 4N_2 + 6H_2O \tag{3-30}$$

$$8NH_3 + 6NO_2 \longrightarrow 7N_2 + 12H_2O \tag{3-31}$$

而采用尿素作为还原剂还原 NO_x 的主要化学反应为

$$CO(NH_2)_2 \longrightarrow 2NH_2 + CO \tag{3-32}$$

$$NH_2 + NO \longrightarrow N_2 + H_2O \tag{3-33}$$

$$2CO + 2NO \longrightarrow N_2 + 2CO_2 \tag{3-34}$$

当温度高于温度窗口时，NH_3 的氧化反应开始起主导作用，反而生成 NO，副反应方程如下式所示：

$$4NH_3 + 5O_2 \longrightarrow 4NO + 6H_2O \qquad (3\text{-}35)$$

因此，控制反应温度在温度窗口范围内，对 SNCR 脱硝效果有明显影响。

（2）选择性催化还原。

SCR 化学反应机制比较复杂，但主要反应是在一定的温度和催化剂作用下，还原剂有选择地将烟气中的 NO_x 还原为无毒无污染的 N_2 和 H_2O，工业应用的还原剂主要是氨气，其次是尿素。液氨或氨水在蒸发器蒸发后喷入系统中，在催化剂的作用下，氨气将烟气中的 NO_x 还原为 N_2 和 H_2O。SCR 反应温度为 250~450℃，催化剂通常是由钒、钨、钛、钼等金属组成，脱硝效率可达 90%，主反应方程式为

$$4NH_3 + 4NO + O_2 \longrightarrow 4N_2 + 6H_2O \qquad (3\text{-}36)$$

$$6NO_2 + 8NH_3 \longrightarrow 7N_2 + 12H_2O \qquad (3\text{-}37)$$

副反应方程式为

$$2SO_2 + O_2 \longrightarrow 2SO_3 \qquad (3\text{-}38)$$

$$NH_3 + SO_3 + H_2O \longrightarrow NH_4HSO_4 \qquad (3\text{-}39)$$

（3）SNCR/SCR 联用技术。

在烟气流程中分别安装 SNCR 和 SCR 装置。在 SNCR 区段，通过布置在锅炉炉墙上的喷射系统，首先将还原剂喷入炉膛，高温下还原剂与烟气中的 NO_x 发生非催化还原反应，实现初步脱氮；在 SCR 区段利用 SNCR 工艺逃逸的氨气在 SCR 催化剂的作用下将烟气中的 NO_x 还原成 N_2 和 H_2O。

与单一的 SCR 技术和 SNCR 技术相比，SNCR/SCR 联用烟气脱硝技术的优点有：脱硝效率接近 SCR 技术；催化剂用量少；SCR 反应器体积小，空间适应性强；脱硝系统阻力小；减少 SO_2 向 SO_3 的转化，降低腐蚀危害；可以方便地使用尿素作为脱硝还原剂。SNCR/SCR 联用技术是将 SNCR 工艺的低费用特点与 SCR 工艺的高脱硝效率、低的氨逸出率有效结合。

3.1.5 煤先进转化技术

煤先进转化技术指的是将煤炭通过化学或物理方法转化为洁净能源的技术。这些技术通常涉及热解、气化、加氢液化等过程，能够有效地将煤炭中的碳和其他元素转化为气体、液体或固体燃料。这些技术的发展对于实现煤炭资源的清洁高效利用、推动煤化工产业的转型升级、提高煤炭产业链的附加值、降低对环境的负面影响具有重要意义。煤的先进转化技术包括煤液化、煤气化和洁净煤发电技术等。

1. 煤液化

煤液化是一种将固态煤炭通过化学加工转化为液态燃料的技术，它能够将煤炭中的

碳、氢等元素转化为液体产品，如汽油、柴油等燃料或化工原料。这种技术通常分为直接液化和间接液化两种方式。煤直接液化指的是煤在氢气和催化剂作用下通过加氢裂化转变为液体燃料的过程。这一过程主要涉及加氢手段，因此也被称为煤的加氢液化法，工艺流程如图 3-4 所示。

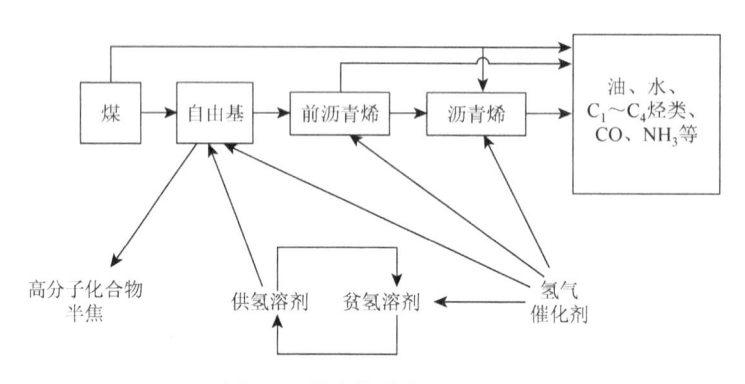

图 3-4 煤直接液化工艺流程

煤直接液化是煤在高温（410～470℃）、高压（10～20MPa）条件下发生的复杂气-液-固三相反应，在以往研究中普遍认为煤具有网状结构，煤直接液化过程中网状结构裂解生成自由基碎片，自由基在氢气、催化剂、溶剂存在的条件下与活性氢自由基结合生成低分子的 C_1~C_4 烃类等气体、水、油、沥青质等产物。煤直接液化技术早在 19 世纪已开始研究，20 世纪初德国化学家贝吉乌斯在高温高压下将煤加氢液化制取液体燃料，并获得专利。随后，多种工艺流程被开发出来，如美国的溶剂精炼煤法、供氢溶剂法、氢煤法等。这些工艺在 20 世纪 70 年代石油危机后得到了快速发展，并实现了工业化。煤直接液化的特点在于能够将煤中的大分子结构转化为小分子，提高 H/C 比，降低 O/C 比，从而得到液体产物。这种方法的优点是能够将煤转化为低硫、低灰的清洁燃料，同时可以有效地脱除煤中的杂质，如硫、氮等；缺点是工艺条件较为苛刻，需要较高的温度和压力，同时对煤种有一定要求，不是所有煤都适合直接液化。

煤间接液化则涉及先将煤气化，然后再将气化的产物通过催化剂作用转化为液体燃料和化学品。这个过程更为复杂，因为它包括气化、合成气净化、催化剂作用等多个步骤。煤间接液化的典型工艺为费-托合成技术，主要反应分为两步。第一步为煤制合成气的气化反应：

$$C + H_2O \longrightarrow CO + H_2 \tag{3-40}$$

第二步是 CO 的加氢催化反应，即费-托合成反应，主要反应如下：

$$CO + 3H_2 \longrightarrow CH_4 + H_2O \tag{3-41}$$

$$(2n+1)H_2 + nCO \longrightarrow C_nH_{2n+2} + nH_2O \tag{3-42}$$

$$CO + 2H_2 \longrightarrow CH_3OH \tag{3-43}$$

$$nCO + 2nH_2 \longrightarrow C_nH_{2n+2}O + (n-1)H_2O \tag{3-44}$$

在大多数情况下，费-托合成反应的主要产物是烷烃和烯烃。烃类一般为 C_3 及其以上的烃类，高温时出现甲烷等低烃产物。与此同时，费-托合成还可以控制含氧化合物的生成，如醇、醛、酮及少量的酸和酯等，这些一般作为工艺的副产物。费-托合成的工艺流程分为煤的气化、合成气净化、费-托合成、产物分离和产品精馏五部分，其主要工艺流程如图 3-5 所示。

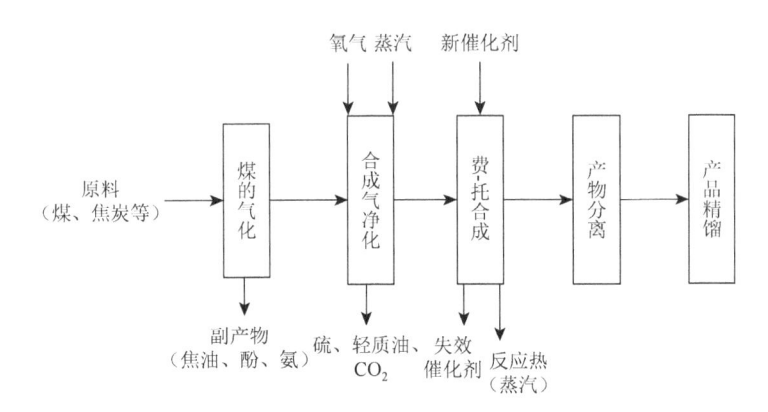

图 3-5 费-托合成工艺流程

煤间接液化的特点是可以利用各种形式的碳资源，包括高硫、高灰劣质煤，甚至是工业排放的气体。这种工艺可以生产灵活性较强的液体燃料，且可以根据产品的需求调整产品结构，缺点是工艺链条较长，需要的投资较大，同时相对于直接液化，可能会有更多的杂质残留。

2. 煤气化

煤气化是将煤炭或其他碳素材料在特定条件下与气化剂发生化学反应，转化为气体的过程。这种技术是煤化工领域的重要组成部分，其产品气体可以进一步加工成多种化工产品和燃料，如合成氨、甲醇、二甲醚等。煤气化过程通常涉及煤的干燥、热解、气化反应。煤气化工艺如图 3-6 所示。在气化炉中，煤在高温下与气化剂（通常是水和/或空气）发生化学反应，生成以 CO 和 H_2 为主要成分的气体混合物。此外，还会产生少量的 CO_2 和可燃气体，主要反应为

$$C + H_2O \longrightarrow CO + H_2 \tag{3-45}$$

$$C + 2H_2O \longrightarrow CO_2 + 2H_2 \tag{3-46}$$

$$CO + H_2O \longrightarrow CO_2 + H_2 \tag{3-47}$$

$$CO + 3H_2 \longrightarrow CH_4 + H_2O \tag{3-48}$$

煤气化反应的类型和程度取决于煤的种类、气化剂、反应温度和压力等因素。气化过程中的化学反应包括热解、气化反应、可能发生的燃烧反应。煤气化技术的一个关键特点是能够将固态的煤转化为气态产品，从而为后续的化工合成提供原料气体。煤气化

技术的应用十分广泛，涵盖了从传统的城市煤气到现代的清洁能源和化工产品的生产。此外，煤气化也是煤制油、煤制天然气等技术的核心环节。

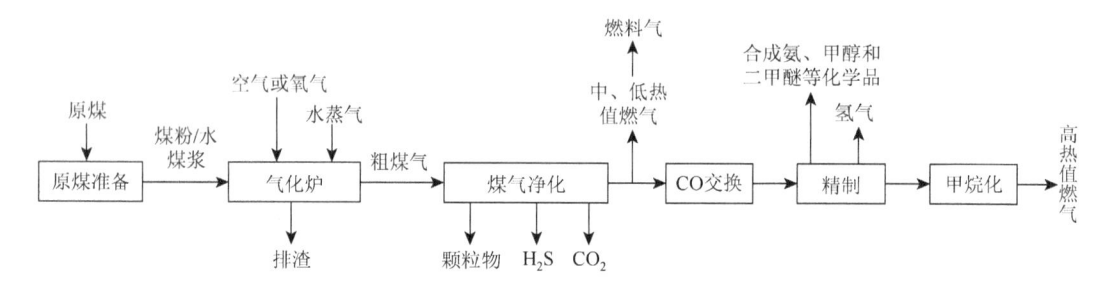

图 3-6 煤气化工艺基本流程

3. 洁净煤发电技术

洁净煤发电技术是一种高效的、低排放的煤炭发电技术，它通过一系列技术手段实现对煤炭资源的清洁利用，减少环境污染，缓解气候变化问题。洁净煤发电技术主要包括超超临界发电技术、燃煤磁流体发电技术。

超超临界发电技术是现代燃煤发电技术中的尖端技术，它通过提高蒸汽的温度和压力，使蒸汽处于超临界状态，从而提高热效率和降低污染物排放。这种技术通常应用于蒸汽压力在 25MPa 以上、温度在 580℃ 以上的燃煤发电机组，其发电效率一般为 43.8%～45.4%。相较于传统燃煤发电技术，超超临界发电技术能在更高效率下运行，意味着在相同燃料消耗下可以产生更多的电力，同时减少环境污染物的排放，如二氧化碳、氮氧化物和硫化物等。此外，超超临界机组通常具有更高的可靠性和稳定性，能够长时间稳定运行，降低停机时间和维护成本。

整体煤气化联合循环（IGCC）发电系统是一种将煤气化技术和高效的联合循环相结合的先进动力系统。它主要由两大部分组成：煤的气化与净化部分和燃气-蒸汽联合循环发电部分。在煤的气化与净化部分，煤在气化炉中转化为中低热值的煤气，经过净化处理去除硫化物、氮化物和粉尘等污染物，变成清洁的气体燃料。随后，这种清洁煤气被送入燃气轮机的燃烧室进行燃烧，加热气体工质以驱动燃气透平做功。燃气轮机的排气进入余热锅炉，加热给水产生过热蒸汽，驱动蒸汽轮机做功，进而产生电力。IGCC 技术的发展旨在实现更高的发电效率和更低的污染物排放。

燃煤磁流体发电技术通过将燃煤过程中产生的高温等离子气体高速切割强磁场来产生直流电，然后再将直流电转换为交流电供电网使用。这种技术具有发电效率高、环保等优点，被视为高效、清洁的发电技术之一。燃煤磁流体发电的核心在于磁流体发电原理，即高温等离子气体横切穿过磁场时，会产生感应电势，通过安装在磁场中的电极收集电能。为了提高电导率，需要在高温环境下添加易电离的物质，如钾盐，以利用非平衡电离原理提高电离度。在实际应用中，燃煤磁流体发电技术可以与传统蒸汽发电相结合，形成燃煤磁流体-蒸汽联合循环系统，进一步提升发电效率。该系统可以在不增加额外燃料的情况下，通过回收磁流体发电后的高温气体产生蒸汽，驱动汽轮机发电。

3.2 石油转化与利用

石油是一种天然的矿物油，由各种碳氢化合物构成。石油中的烃类化合物主要包括烷烃、环烷烃和芳香烃三大类。其中，烷烃是最简单的烃类，其通式为 C_nH_{2n+2}，是天然气和液化石油气的主要成分。环烷烃具有环状结构，存在于汽油、柴油等多种石油产品中。芳香烃则具有一个或多个苯环结构，常用于生产塑料、合成纤维和溶剂等。除了烃类化合物，石油中还含有一定比例的非烃类化合物，如含硫化合物、含氮化合物、含氧化合物等。这些化合物在石油加工过程中需要去除，因为它们可能导致腐蚀并影响石油产品的质量。此外，石油中还含有微量的金属元素，如铁、镍、钒等，这些元素在某些情况下会对炼油设备和催化剂产生毒害作用。

自 19 世纪中叶以来，人类通过蒸馏、化学裂化等多种技术将石油转化为多种多样的产品，以满足社会生活和工业生产的需要。石油的转化过程主要包括物理转化和化学转化两大类。物理转化主要是通过蒸馏的方式，根据不同碳氢化合物的沸点不同来实现分离。例如，汽油、柴油、煤油等是通过常压蒸馏或减压蒸馏得到的。化学转化则涉及更为复杂的化学反应，如催化裂化、加氢裂化、催化重整等，用以生产更多种类的产品，如各类化工原料和高质量的燃料油。

3.2.1 石油加工原理与技术

石油加工是一个复杂的工业过程，涉及将原油转化为多种不同用途的石油产品。这个过程基于石油的化学组成，通过物理和化学反应将原油中的碳氢化合物转化为不同的产品。石油加工的主要技术包括蒸馏、催化裂化、催化重整、催化加氢、热加工等多种技术。

石油蒸馏是将原油或其他形式的石油在加热和控制压力的条件下，通过蒸馏塔进行分离的过程。这一过程旨在将石油中的不同组分按照沸点顺序分离出来，从而获得不同沸点范围的石油产品。石油蒸馏通常分为常压蒸馏和减压蒸馏两个阶段，有时还包括一个初馏过程。常压蒸馏过程涉及将原油加热到一定温度，使得其中的轻质组分（如汽油、煤油）在接近常压下挥发，而较重的组分则留在塔底。这个过程可以通过多级塔板或填料塔来实现。减压蒸馏是对常压蒸馏后残留的渣油进行进一步处理的过程，通过降低系统压力，使得原本在常压下不易蒸发的重质油品得以分离，其整体原理如图 3-7 所示。现代石油蒸馏设备的设计趋向于大型化、自动化和高效化。设备材料的选择、加热方式的改进、对环境的考量都使蒸馏过程的效率和产品质量不断提升。同时，石油蒸馏作为石油炼制的关键环节，其技术和装备的发展对提升石油产品品质和生产效率至关重要。

石油催化裂化涉及将重质油在催化剂的作用下进行化学反应，转化为轻质油品和气体等的过程。石油催化裂化反应主要发生在催化剂表面，涉及的化学反应包括分解、异构化、氢转移、芳构化、缩合、生焦等。在这些反应中，大分子烃类在热和催化剂的作

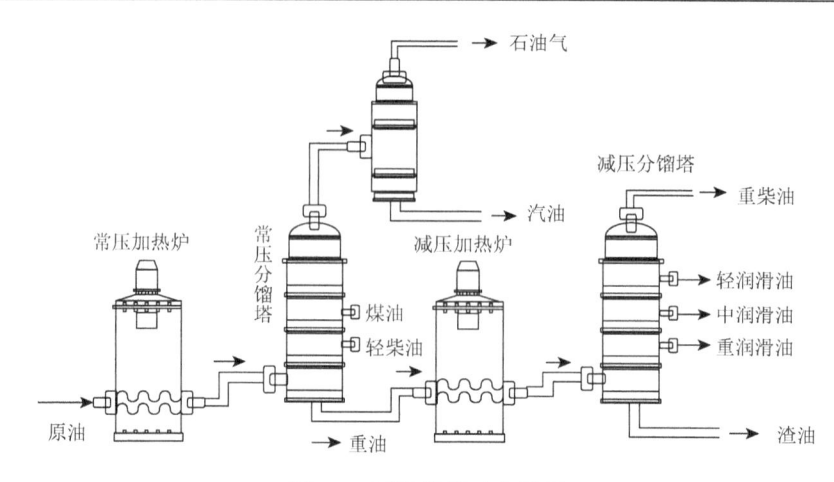

图 3-7 石油蒸馏工艺原理

用下发生裂化，转变为小分子烃类的混合物。例如，长链烃类分子在催化剂的作用下断裂为较短的链状烃类分子，同时伴随异构化反应和芳构化反应，产生了多样的烃类化合物。催化裂化过程产生的汽油具有较高的辛烷值，通常用作汽车燃料。高辛烷值，意味着在爆炸极限范围内能够提供更高的抗爆性，从而提高燃油的性能，减少发动机的磨损。催化裂化柴油虽然十六烷值较低，但经过加氢精制后，可以作为高品质的柴油使用，用于船舶、重型车辆等。石油催化裂化过程中，还会产生一定量的液化气，主要成分为丙烷和丁烷，其可用作燃料或化工原料。此外，石油催化裂化是生产丙烯的重要途径，丙烯是重要的化工原料，用于生产聚丙烯、丙烯腈等多种化学品。

石油催化重整是一种复杂的化学过程，涉及的化学反应主要包括环烷烃脱氢、烷烃脱氢环化、异构化和加氢裂化等。这些反应在催化剂的作用下进行，可以分为吸热和放热反应。例如，环烷烃脱氢反应是强吸热反应，而异构化反应则通常是放热反应。催化重整的工艺流程包括原料预处理、重整反应、产品分离和催化剂再生等环节。原料预处理是为了去除可能对催化剂造成毒害的杂质，如砷、铅等。重整反应在特定的催化剂和反应条件下进行，产生的产物随后经过分离得到高附加值的化工产品。催化重整的主要产品包括重整汽油、芳香烃、副产的氢气，这些产品在现代工业和日常生活中扮演着重要的角色。重整汽油是一种高辛烷值的清洁汽油，它可以直接用作汽油的调和组分，也可以经过芳香烃抽提制取苯、甲苯和二甲苯。芳香烃，尤其是苯、甲苯、二甲苯，是化学工业重要的基础原料。它们广泛应用于合成树脂、合成橡胶、合成纤维、染料和增塑剂的生产。芳香烃还可以用作溶剂油，在许多工业过程中发挥着不可或缺的作用。在石油炼制过程中，催化重整还能产出大量的氢气，这是石油炼厂加氢装置的重要氢源。氢气在加氢精制、加氢裂化等过程中有着广泛的应用。

石油催化加氢是一种重要的石油加工过程，它通过添加氢气，在催化剂的作用下对石油中的多种化合物进行加氢反应，以改善油品的质量和提高产品的产率。石油催化加氢的主要目的是去除石油馏分中的杂质，如硫、氮、氧及金属等。在这个过程中，原料油中的硫化物、氮化物和含氧化合物在催化剂的作用下与氢气发生反应，生成相应的烃

类和 H_2O 等。例如，硫醇和硫醚在加氢条件下会生成烃和 H_2S，氮化物则可能生成氨和相应的烃类。加氢裂化过程旨在将大分子化合物裂化为小分子，以提高轻质油的产率。这个过程可能会生成新的不饱和化合物，如烯烃等。加氢裂化反应通常需要在特定的催化剂和反应条件下进行，以保证反应的方向性和选择性。催化加氢反应中所使用的催化剂通常包括钨镍-氧化铝、钼镍-氧化铝、贵金属催化剂等。石油催化加氢产品广泛应用于交通运输、化工生产、工业燃料等领域。例如，在传统石油炼制中，催化加氢产品可以用来生产高品质的汽油、柴油等燃料，以满足车辆对清洁燃料的需求。此外，在化工生产中，催化加氢产品用于生产医药、农药、塑料等多种化学品，而在环境保护方面，它可以用于处理工业废水和废气，减少污染物排放。

石油热加工中的热转化主要涉及重质原料油的化学反应，包括裂解反应、缩合反应等。这些反应在高温下进行，使得重质油转化为气体、轻质燃料油或焦炭。裂解反应是热加工中的一种重要反应类型，它涉及长链烃类断裂，生成较短的链状烃类分子。这类反应通常是吸热反应，其驱动力来自断裂键的能量释放。在石油热加工中，裂解反应可以生成乙烯、丙烯等低碳烯烃，这些都是非常重要的化工原料。与裂解反应相反，缩合反应是放热反应，涉及小分子烃类的合并，形成大分子化合物。这类反应在石油热加工中也非常普遍，尤其是在生产焦炭的过程中。在高温环境下，碳原子间容易发生缩合反应，形成碳链结构，最终生成焦炭。热转化的产品主要包括轻质燃料油、化工原料和焦炭等。轻质燃料油包括汽油、柴油等，这些产品具有较低的黏度和较高的燃烧效率，是现代交通领域常用的燃料。热转化过程还能够提供像乙烯这样的化工原料，它是许多塑料和合成纤维生产的基础，通过热裂解得到的乙烯和其他烯烃可以用来生产多种多样的化学品。热转化过程中的焦炭化反应可以生产出高品质的焦炭，这是一种重要的工业原料，尤其是在冶金工业中用于钢铁生产。

3.2.2 石油化工产品与应用

石油化学工业中大多数的中间产品和终端产品均以烯烃和芳香烃为基础原料，烯烃和芳香烃约占石化生产总耗用原料烃的四分之三。同时，甲醇燃料作为一种清洁能源，在全球范围内得到了广泛的关注和应用，是仅次于三烯和三苯的重要基础石油化工产品。因此，石油化学工业的基础产品主要包括乙烯、丙烯、丁二烯、苯、甲苯、二甲苯、甲醇等，下面介绍主要石油化工产品的加工方法及原理。

1. 石油烃类的热裂解

石油烃类是石油加工和利用的主要对象，主要由碳和氢组成，简称烃。石油中的烃类化合物主要包括烷烃、环烷烃、芳香烃等。这些化合物在石油中的存在形式并非单一的，而是以各种碳氢化合物及非碳化合物的形式共存。石油烃类热裂解是一种使石油烃在高温条件下发生分子分解的过程，主要生成小分子烯烃或炔烃等。这一过程在石油化工中占有重要地位，是制取基本有机化工原料的关键技术之一，最常见的石油烃类热裂解产品是乙烯和丙烯。乙烯和丙烯的生产工艺主要包括裂解、回收、分离和纯化四个步骤。裂解过程是将石油中的较长链烃类分子在高温高压条件下断裂成较短链烃类分子，生成乙烯和丙烯等低碳烯烃。裂解反应生成的乙烯和丙烯与废气一起进入冷却塔，在冷却塔中，乙烯和丙烯与其他组分分离，并通过一系列的冷却和分离步骤得到高纯度的乙烯和丙烯。纯化过程包括吸附、洗涤、脱色和脱气等步骤，用以去除精馏过程中可能残留的杂质，确保乙烯和丙烯产品的最终纯度。裂解反应通常在管式炉中进行，需要精确控制反应条件，如温度、压力和催化剂的使用，以优化裂解的选择性和产率。

2. 裂解气的分离

石油裂解生成的裂解气是一种复杂的混合气体，它除了主要含有乙烯、丙烯、丁二烯等不饱和烃外，还含有甲烷、乙烷、氢气、硫化氢等。裂解气中烯烃含量比较高，因此常将乙烯产量作为衡量石油化工发展水平的标志。将裂解产物进行分离，就可以得到所需的多种原料。裂解气的分离主要由压缩与制冷、净化和深冷分离等步骤组成。深冷分离技术可以有效提高乙烯、丙烯的纯度和产率，对于提高经济效益和产品质量有着显著的效果，其系统布置如图 3-8 所示。

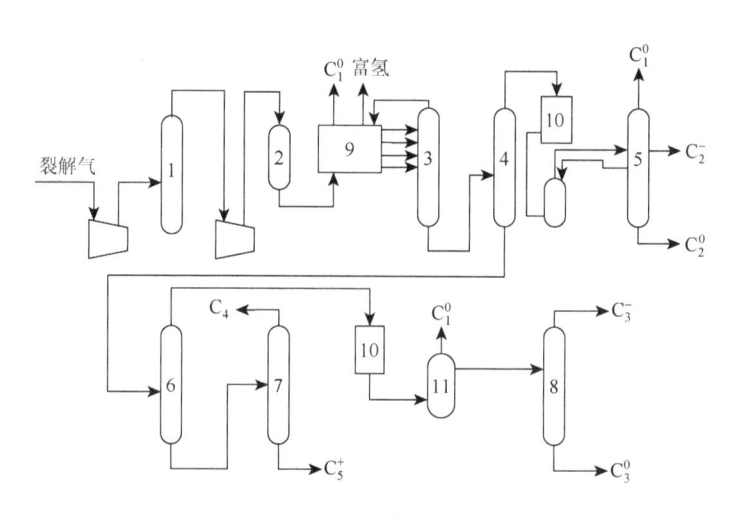

图 3-8 裂解气的分离工艺流程

1. 碱洗塔；2. 干燥塔；3. 脱甲烷塔；4. 脱乙烷塔；5. 乙烯塔；6. 脱丙烷塔；7. 脱丁烷塔；8. 丙烯塔；9. 冷箱；10. 加氢脱炔反应器；11. 绿油塔

裂解气的预处理包括碱洗、压缩和脱水过程，经预处理的裂解气在前冷箱中分离出富氢气体和馏分，富氢气体可作为甲烷化反应的原料气，馏分经脱甲烷塔和脱乙烷塔分别脱去甲烷和 C_2 馏分。从脱乙烷塔塔顶出来的 C_2 馏分经过气相加氢脱乙炔，脱炔以后的气体进入乙烯塔，实现乙烷与乙炔的分离。脱乙烷塔塔底的液体进入脱丙烷塔，在塔顶分出 C_3 馏分，塔底的液体为 C_4 以上馏分，液体里面含有二烯烃，二烯烃容易聚合结焦，所以脱丙烷塔塔底温度不宜超过 100℃，并且必须加入阻聚剂。为了防止结焦堵塞，脱丙烷塔一般有两个再沸器，以便轮换检修使用。脱丙烷塔塔顶蒸出的 C_3 馏分，加氢脱除丙炔和丙二烯，再进入丙烯塔进行精馏。

3. 丁二烯的生产

丁二烯，化学式为 C_4H_6，是一种无色的气体，属于碳四烯烃，是石油化工中非常重要的一种基础有机原料。它在工业上有着广泛的应用，尤其是在合成橡胶领域，如丁苯橡胶、顺丁橡胶、丁腈橡胶、氯丁橡胶等，都将丁二烯作为主要的原料。除此之外，丁二烯还用于生产各类树脂，以及用于精细化学品的生产，如己二腈、环丁砜、蒽醌等。

丁二烯的生产方法主要有乙醇法、丁烯或丁烷脱氢法和乙烯联产裂解碳四组分溶剂抽提法等。其中，乙烯联产裂解碳四组分溶剂抽提法是丁二烯的主要生产方法，是一种利用溶剂萃取技术从 C_4 馏分中分离出不同组分的方法。按照溶剂的不同，可分为乙腈法（ACN 法）、二甲基甲酰胺法（DMF 法）和 N-甲基吡咯烷酮法（NMP 法）。乙腈法是最早实现工业化的丁二烯生产方法，以含水 10%的乙腈为溶剂，主要包括萃取、闪蒸、压缩、高压解吸、低压解吸和溶剂回收等工艺单元。乙腈法对含炔烃较高的原料需加氢处理，或者采用精密精馏、两段萃取才能得到较高纯度的丁二烯。二甲基甲酰胺法以二甲基甲酰胺为溶剂，具有原料适应性强、生产能力大、成本低、工艺成熟的优点。二甲基甲酰胺与 C_4 馏分不会形成共沸物，有利于烃和溶剂的分离，但毒性较大，对环境和人体健康存在一定影响。N-甲基吡咯烷酮法以 N-甲基吡咯烷酮为溶剂，具有设备总台数较少、流程短、占地面积小且分离效果好的特点。NMP 法具有优良的选择性和溶解能力，运转周期长，"三废"排放量少，综合能耗较低。

4. 石油芳香烃的生产

芳香烃尤其是苯、甲苯、二甲苯等轻质芳香烃是仅次于烯烃的石油化工中重要基础产品。石油芳香烃广泛应用于化工、制药、溶剂等领域。其中，苯是一种重要的化工原料，可以用于合成橡胶、树脂、纤维等多种化学产品，同时也是燃料添加剂和溶剂。甲苯和二甲苯则是重要的化工原料和燃料，甲苯主要用于生产苯和二甲苯，而二甲苯则广泛用于生产塑料和合成纤维。芳香烃最初完全来源于煤焦油，进入 20 世纪 70 年代以后，全世界几乎 95%以上的芳香烃都来自石油，品质优良的石油芳香烃已成为芳香烃的主要资源。石油芳香烃的生产主要利用催化重整法，在催化重整过程中，原油蒸馏所得的轻汽油馏分在催化剂的作用下发生化学反应，生成富含芳香烃的高辛烷值汽油，并副产液化石油气和氢气。

5. 甲醇的生产

石油生产甲醇是将石油中的碳氢化合物转化为甲醇的过程，这一过程主要包括原料气制备、变换、脱碳、气体净化、气体压缩、甲醇合成、粗甲醇精馏等多个步骤。原料气制备以石油作为原料，首先需要经过气化过程，将液态的碳氢化合物转化为气态产物，主要是由 CO 和 H_2 组成的气体。这个过程通常在气化炉中进行，气化炉的设计和操作需要精确控制，以保证气化效率和合理的气体组成。气化得到的气体中往往含有过多的 CO_2，不符合甲醇合成的要求。因此，需要通过变换反应将 CO_2 转化为 CO，并通过脱碳

过程去除 CO_2。这一步骤对于调节合成气的 H/C 比至关重要，通常涉及催化剂的使用和特定的反应条件。为了获得更高纯度的合成气，需要对气体进行净化处理，去除杂质和未反应完全的化合物。常用的净化技术包括吸收法、吸附法和催化转化法等。净化后的气体在进入合成塔之前通常需要进行压缩，以提高反应效率和产量。压缩过程需要精确控制压缩比和压力，以防止气体分解和催化剂失活。在催化剂的作用下，CO 和 H_2 在合适的反应条件下发生反应，生成甲醇。这一过程需要在严格控制的温度、压力和催化剂存在的条件下进行。最后，合成的甲醇中含有一定量的杂质，如水和未反应的 CO 等，通过精馏过程可去除这些杂质，得到高纯度的甲醇产品。

3.3 天然气转化与利用

天然气作为一种清洁、高效的能源，其发展对经济有着深远的影响。天然气作为工业原料，广泛应用于化工、制药、食品加工等领域，有助于降低生产成本，提高产业竞争力。同时，天然气在环境保护方面的意义尤为显著。作为一种清洁能源，它的使用过程中产生的污染物远远小于煤炭和石油，能够有效减少二氧化硫、氮氧化物等有害气体的排放，对改善空气质量、减少酸雨等环境问题具有积极作用。

天然气是一种多组分的混合气态化石燃料，主要由烷烃组成，其中甲烷占大多数，通常占天然气组成的 85%以上。同时，天然气中含有少量的乙烷、丙烷和丁烷。乙烷在天然气中的含量通常为 5%～10%，丙烷和丁烷在天然气中的含量相对较低，通常不超过5%。此外，天然气中还可能含有二氧化碳、氮气、硫化氢等非烃类气体，以及微量的惰性气体，如氦（He）和氩（Ar）。

3.3.1 天然气净化工艺

天然气净化是指在天然气进入输气干管之前，通过一系列工艺过程除去尘粒、凝析液、水及其他有害组分的工序，目的在于形成符合管道运输质量的干净气体。天然气的主要净化工艺包括天然气脱硫、硫磺回收和天然气脱水等。

1. 天然气脱硫

天然气脱硫是天然气工业中非常重要的一环，目的在于去除天然气中的有害硫化物，防止对环境和人体健康造成影响，并提高燃料的燃烧效率。脱硫技术通常分为干法和湿法两大类，各有不同的脱硫方法和优缺点。干法脱硫主要包括物理吸收法、化学吸收法和氧化法。物理吸收法利用物理吸附剂来脱除硫化氢，其特点是操作简单、无化学反应，但可能会引起吸附剂饱和与再生问题。化学吸收法则是使用化学吸收剂（如醇胺、砜胺）来脱硫，具有较高的脱硫效率，但操作相对复杂，需要对吸收剂进行再生处理，适用于低含硫气处理，在目前工业上应用较少。氧化法利用氧化剂将硫化氢氧化为硫或其他无害物质，操作条件较为特殊，对设备和操作人员的要求较高。

工业中更多采用湿法脱硫方法进行天然气脱硫。醇胺法是目前天然气脱硫工艺中最常用的方法，常用的吸收剂有 2-甲基-6-乙基苯胺（MEA）、二乙醇胺（DEA）和甲基二乙醇胺（MDEA）等，醇胺结构中含有羟基和氨基，羟基可以降低化合物的蒸气压，并增加化合物在水中的溶解度；氨基则使化合物水溶液呈碱性，以促使其对酸性组分的吸收，这些吸收剂能够有效地脱除 H_2S。MEA 在各种胺中碱性最强，与酸气反应最迅速，可快速脱除 H_2S，净化度达到 ppm 级别，但是再生需要相当多的热量。与 MEA 不同，DEA 的分子量较高，能适应两倍以上 MEA 的负荷，因而它的应用经济性较高。MDEA 化学稳定性好，不易降解变质；对装置腐蚀较轻，可减少装置的投资和操作费用；在吸收 H_2S 气体时，溶液循环量少，气体气相损失小。但是，MDEA 比其他胺的水溶液抗污染能力差，易产生溶液发泡、设备堵塞等问题。用 R_2NH 和 R_3N 分别表示 DEA 和 MEDA，DEA 和 MEDA 与 H_2S 的反应如下所示：

$$2R_2NH + H_2S \longrightarrow (R_2NH_2)_2S \tag{3-49}$$

$$2R_3N + H_2S \longrightarrow (R_3NH)_2S \tag{3-50}$$

2. 硫磺回收

硫磺回收通常采用克劳斯法，这是一种用于从含硫的天然气中回收硫的工艺。克劳斯法主要包括热反应和催化反应两个阶段。热反应通常在燃烧炉中进行，目的是将部分 H_2S 氧化为 SO_2，以提供硫磺生产的原材料。而在催化反应阶段，剩余的 H_2S 在催化剂的作用下与 SO_2 反应生成硫磺，转化过程为

$$2H_2S + 3O_2 \longrightarrow 2H_2O + 2SO_2 \tag{3-51}$$

$$2H_2S + SO_2 \longrightarrow 3S + 2H_2O \tag{3-52}$$

这一过程可以通过多级催化转化来实现，以提高硫的产率和转化率。虽然具有相同的转化过程，但不同温度下，H_2S 向 S 转变过程中的反应机制仍然存在区别。当反应温度达到 900K 以上时，主要反应为

$$2H_2S + SO_2 \rightleftharpoons 2H_2O + \frac{3}{2}S_2, \quad \Delta_r H_m^\ominus(298K) = 51.67 kJ \cdot mol^{-1} \tag{3-53}$$

当反应温度在 800 K 以下时，主要反应为

$$2H_2S + SO_2 \rightleftharpoons 2H_2O + \frac{1}{2}S_6, \quad \Delta_r H_m^\ominus(298K) = -84.93 kJ \cdot mol^{-1} \tag{3-54}$$

$$2H_2S + SO_2 \rightleftharpoons 2H_2O + \frac{3}{8}S_8, \quad \Delta_r H_m^\ominus(298K) = -100.58 kJ \cdot mol^{-1} \tag{3-55}$$

因此，克劳斯法总反应式为

$$2H_2S + SO_2 \rightleftharpoons 2H_2O + \frac{3}{x}S_x, \quad \Delta_r H_m^\ominus(298K) = 47.45 kJ \cdot mol^{-1} \tag{3-56}$$

克劳斯法的工艺流程包括预热、燃烧、余热回收、硫冷凝、再热和催化反应等环节。不同工艺方法的区别在于热平衡的方式不同，如直流法、分流法、硫循环法和直接氧化法等。这些工艺方法的选择取决于原料气中 H_2S 的含量和所需的硫产率。天然气脱硫过

程的尾气处理同样可以作为硫磺回收的来源，尾气处理通常涉及对克劳斯工艺尾气中的 SO_2 和其他有害气体的处理。通过化学或物理方法处理尾气，在减少污染的同时，还可以提高硫产率，减少尾气处理成本和复杂性。

3. 天然气脱水

天然气脱水是指在天然气输送和使用前，通过一定的技术手段去除或减少天然气中的水分，以防止存在的水分对管道、设备造成腐蚀，或形成水合物堵塞管道，并确保气体质量符合输送标准和用户需求的工艺过程。天然气脱水的方法主要包括冷却法、吸收法、吸附法和膜分离法。冷却法指通过冷却使天然气中的水蒸气凝结成液态水，然后通过分离设备去除。三甘醇脱水是目前工业上应用最广泛的吸收方法，具有脱水深度大、露点降大、再生容易等优点，但需要较大的投资和能耗，其原理如图 3-9 所示。原料天然气从脱水塔的底部进入，与从顶部进入的三甘醇贫液在塔内逆流接触，脱水后的天然气从脱水塔顶部离开，三甘醇富液从塔底排出，经过再生塔顶部冷凝器的排管升温后进入闪蒸罐，尽可能闪蒸出其中溶解的烃类气体，离开闪蒸罐的液相经过过滤器过滤后流入重沸器、缓冲罐，进一步升温后进入再生塔。在再生塔内通过加热使三甘醇富液中的水分在低压、高温下脱除，再生后的三甘醇贫液经贫/富液换热器冷却后，经甘醇泵泵入脱水塔顶部循环使用。吸收法指利用吸湿性材料（如三甘醇）吸收天然气中的水分。这种方法脱水效果好，适应性强，但需要对吸收剂进行再生处理。吸附法使用多孔性固体材料（如分子筛、硅胶）来吸附水分，适用于小型或特殊条件的脱水。膜分离法使用特定材质的膜对天然气中的水分进行分离，具有操作简单、无污染等优点，但膜的制备和维护相对复杂。

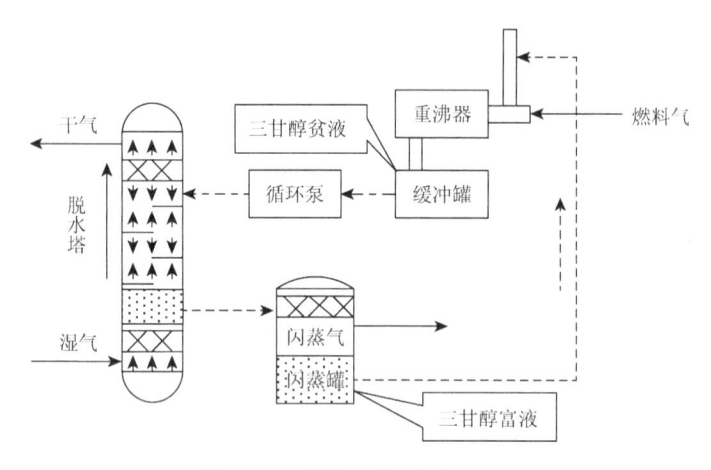

图 3-9 天然气三甘醇脱水原理

3.3.2 天然气转化原理与技术

天然气转化技术指以天然气为原料，在催化剂作用下，通过蒸汽转化、部分氧化或其他化学反应过程制取化工产品的技术。这些技术通常用于生产合成氨、甲醇等化工产品，同时也涉及能源转换和环境保护等多个领域，天然气的主要转化方式具体如下。

1. 天然气制合成氨和尿素

以天然气为原料合成氨需经若干步工序，其中所涉及的主要化学反应有：经过脱硫的天然气转化制合成气、合成气中 CO 的变换、CO_2 的脱除、微量碳氧化物的除去、核心反应氨的合成。天然气制合成气可通过天然气蒸汽转化法实现，它利用天然气（主要成分为甲烷）和蒸汽在高温下进行化学反应，在催化剂的作用下，甲烷首先被转化为一氧化碳和氢气，然后一氧化碳进一步转化为二氧化碳和氢气，反应过程为

$$CH_4 + H_2O \longrightarrow CO + 3H_2 \tag{3-57}$$

$$CO + H_2O \longrightarrow CO_2 + H_2 \tag{3-58}$$

除蒸汽转化法外，合成气的制备也可以通过天然气部分氧化法实现，主要反应为

$$CH_4 + \frac{1}{2}O_2 \longrightarrow CO + 2H_2 \tag{3-59}$$

$$CH_4 + O_2 \longrightarrow CO_2 + 2H_2 \tag{3-60}$$

由于天然气制合成气的过程是在高温下进行的，因此反应过程存在积碳的问题，反应式如下：

$$2CO \longrightarrow CO_2 + C \tag{3-61}$$

$$CH_4 \longrightarrow 2H_2 + C \tag{3-62}$$

$$CO + H_2 \longrightarrow H_2O + C \tag{3-63}$$

因此，需严格控制反应温度、压力和碳氢氧元素比等参数，防止积碳的发生。由天然气初步制得的合成气中，CO 含量过高，为 13%左右，不符合后续合成氨的要求，需要通过 CO 的转化，将 CO 含量降低到 0.5%以下，反应式为

$$CO + H_2O \longrightarrow CO_2 + H_2 \tag{3-64}$$

通过 CO 变换过程，将 CO 变换为易于去除的 CO_2，并通过 CO_2 的脱除过程，进一步净化合成气。为满足合成氨的要求，需将 CO_2 从气体中除去，一般要求气体中 CO_2 含量小于 0.1%。同时，回收的 CO_2 也是制造尿素、纯碱、碳酸氢铵及干冰等产品的原料。CO_2 脱除可通过将合成气与热碱溶液反应实现，以热钾碱法为例，其反应过程为

$$CO_2 + K_2CO_3 + H_2O \longrightarrow 2KHCO_3 \tag{3-65}$$

经处理后的合成气，在甲烷化催化剂的作用下，其中的 CO、CO_2 和 H_2 反应生产甲烷和水，完成甲烷化过程，反应式为

$$CO + 3H_2 \longrightarrow CH_4 + H_2O \tag{3-66}$$

$$CO_2 + 4H_2 \longrightarrow CH_4 + 2H_2O \tag{3-67}$$

通过甲烷化过程，合成气中的微量碳氧化物被进一步脱除，最终，净化后的合成气在高温高压催化条件下完成氨的合成：

$$N_2 + 3H_2 \longrightarrow 2NH_3 \tag{3-68}$$

天然气合成尿素的过程主要包括天然气气化、气化气的净化和转化、合成尿素的反应等步骤。具体来说，首先将天然气经蒸汽转化法得到的合成气分离，得到 CO_2。接着，将 NH_3 与 CO_2 送至尿素合成塔内生成氨基甲酸铵，再经脱水制得尿素，主要反应分为两步：

$$2NH_3 + CO_2 \longrightarrow NH_2COONH_4 \tag{3-69}$$

$$NH_2COONH_4 \longrightarrow CO(NH_2)_2 + H_2O \tag{3-70}$$

尿素装置通常与合成氨装置配套建设，与合成氨相比，合成尿素的流程要简单得多，主要有合成、未反应物的分离回收及尿素溶液加工三个步骤。天然气合成氨和尿素的整体流程如图 3-10 所示。

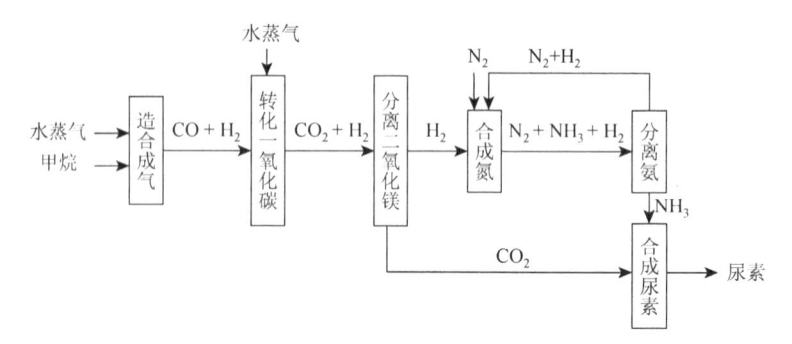

图 3-10　天然气合成氨和尿素的整体流程

2. 天然气制甲醇

利用天然气生产甲醇典型的流程包括合成气制备（天然气压缩、脱硫净化、天然气转化制合成气）、废热回收、甲醇合成（合成气压缩、甲醇合成、甲醇分离及粗甲醇精馏）三个步骤。天然气制合成气通常通过两段联合转化工艺提高合成气的质量。两段蒸汽转化法通过两个阶段的反应来优化甲醇的生产过程。两段联合转化工艺由蒸汽转化和催化部分氧化两个部分组成，天然气在一段炉中发生蒸汽转化反应，在二段炉中与纯氧发生部分氧化反应，反应温度为 950～1000℃，转化气残余甲烷浓度较低，主要反应原理已在前面给出。经两段联合转化后的合成气主要成分为 CO、CO_2 和 H_2，在一定温度、压力和催化剂作用下，CO、CO_2 和 H_2 反应生成甲醇。甲醇合成对合成气组分要求 H/C 比的理想比例为 2.05～2.1，但以天然气为原料的蒸汽转化工序中 H/C 比为 2.9～3，天然气蒸汽转化制合成气中，氢过剩而 CO、CO_2 的量均不足，因此，需要对合成气进行调制。工业上解决这个问题的方法是在蒸汽转化工艺流程中补充 CO_2，以满足甲醇合成工序的需求。甲醇合成反应是可逆平衡反应，其主反应为

$$CO + 2H_2 \longrightarrow CH_3OH \tag{3-71}$$

$$CO_2 + 3H_2 \longrightarrow CH_3OH + H_2O \tag{3-72}$$

3. 天然气制乙炔

乙炔是一种非常重要的化工生产中间体，在聚乙烯、丁二醇、乙酸乙烯等生产中具有非常重要的作用。目前工业化的生产方法主要有三类：烃类裂解法、电石法和乙烯副

产法。其中电石法是我国早期生产乙炔中最常用的方法,但是电石法生产出来的乙炔存在较大的污染且能耗较高,近年来,天然气裂解制乙炔成为生产乙炔的主要方法,约占乙炔总生产能力的 60%,且份额逐年增加。烃类裂解法包括部分氧化法、电弧法、蓄热炉裂解法。部分氧化法是由德国 BASF 公司于 20 世纪 40 年代在贝特洛（Berthelot）实验室的研究基础上开发的,经过几十年的发展,已成为目前天然气制乙炔最主要的方法,在世界范围内被广泛使用。天然气部分氧化法是利用一部分原料天然气与氧气燃烧,为另一部分天然气裂解提供大量的热量从而生成乙炔的方法。天然气和氧气预热到 600~650℃,按 O/C 比 0.58~0.6 进入混合器,混合均匀后进入裂解炉烧嘴并在烧嘴出口被点燃,按照下面的反应,通过甲烷热裂解生成乙炔:

$$2CH_4 \longrightarrow C_2H_2 + 3H_2 \qquad (3-73)$$

反应所需热量是依靠原料气预热和在裂解炉内直接发生的甲烷部分氧化提供的,反应如下:

$$CH_4 + O_2 \longrightarrow CO_2 + 2H_2O \qquad (3-74)$$

$$CH_4 + \frac{1}{2}O_2 \longrightarrow CO + 2H_2 \qquad (3-75)$$

除了乙炔生成反应外,在天然气氧化热裂解过程中还发生乙炔分解反应:

$$C_2H_2 \longrightarrow 2C + H_2 \qquad (3-76)$$

乙炔在高温下会分解生成碳和氢气,在 480℃开始分解,1200℃以上分解会加速。所以为了获得足够高产率的乙炔,甲烷应该在非常短的时间内被加热到 1200℃以上,然后在裂解炉反应室出口处的气流中加入热水快速冷却反应后的气体至 480℃以下,以避免乙炔分解,乙炔在反应区域中的停留时间不得超过几十毫秒。在适宜的预热温度（600~650℃）、O/C 比（0.58~0.6）条件下,甲烷-乙炔转换率约为 30%,裂解气中的乙炔体积分数为 7.8%~8%。当 O/C 比高于 0.6 时,乙炔产率下降,而且在氧化热裂解过程中形成的炭黑变得更易吸水,其从水中分离出来变得更加困难。当 O/C 比低于 0.58 较多时乙炔产率也会下降,并产生更多的炭黑及其他副产物。

电弧法通过电弧炉中两极形成电弧产生的高温使甲烷裂解为乙炔,蓄热炉裂解法则是将燃料烃类和空气进行完全燃烧,燃烧产生的热积蓄在热容较大的耐火材料中,再使原料天然气和耐火材料接触,其从耐火材料吸收热量裂解为乙炔。两者在获得热量的方式上与部分氧化法有所区别,反应原理基本相同,在这里不再赘述。天然气裂解生产乙炔产物中乙炔浓度低,副产物 CO_2、CO、HCN、H_2S 及高级炔烃多,乙炔分离技术在乙炔生产工业中十分重要,高产率、低能耗、高纯度是乙炔分离技术的关键。目前工业上分离乙炔普遍采用溶剂吸收法,利用乙炔的酸性使其和碱性溶剂形成络合物,能够有效地从裂解气中分离出乙炔,目前工业生产大多采用 NMP 和 DME 作为溶剂。

4. 天然气制其他产品

以天然气为主要原料的其他产品除以上介绍的氨、甲醇、乙炔之外,已获工业应用的其他产品包括炭黑、氢氰酸、甲烷氯化物、二硫化碳、硝基甲烷等,这些产品的生产规模一般都比较小。

炭黑是烃类在高温下不完全燃烧或热裂解所生成的黑色微颗粒状物质,其主要成分为碳,但也含有少量或微量的氢、氧、硫等元素,粒径为 10～400nm,即粒子大小处于胶体范畴。炭黑有多方面的用途,其品种有几十甚至上百种,每种炭黑均有相当严格的物理化学指标。20 世纪以来,炭黑最主要的用途是橡胶补强,其用量占炭黑总量的 90%以上。天然气在高温下裂解(一般为 1200～1400℃),甲烷分解为炭黑和氢气,经过分离和收集处理后,炭黑颗粒通过冷却和过滤等工艺分离,而氢气则通过气体处理系统进行回收利用。

氢氰酸作为一种重要的化工原料,在合成纤维、塑料、农药等多个领域都有着广泛的应用。工业上,制备方法以安氏法和德固赛法为主。安氏法工艺原料是甲烷、氨气、氧气,因此又称甲烷氨氧化法,是 20 世纪 30 年代完成的工业生产方法。原料按照配比送入反应器,控制温度在 1000℃以上,在铂铑合金网(铂和铑按照 9:1 制成直径为 0.076mm 的丝网)或由铂铱合金制成的丝网催化剂床的催化下完成燃烧反应,氢氰酸产率为 60%～70%,反应式如下:

$$2CH_4 + 2NH_3 + 3O_2 \longrightarrow 2HCN + 6H_2O \tag{3-77}$$

此方法中,存在氨气分解为氢气和氮气的副反应,同时考虑到反应过程中的放热性和爆炸极限问题而稀释反应物以避免反应物过热,氢氰酸产率相对降低。以后的工艺改进方向集中在提高氢氰酸产率、延长催化剂寿命、循环利用剩余氨等方面。德固赛法同样使用铂催化,甲烷和氨在 1000～1300℃进行反应,反应过程无需空气,反应式如下:

$$CH_4 + NH_3 \longrightarrow HCN + 3H_2 \tag{3-78}$$

德固赛法与安氏法的不同之处是在反应时所需要的热量不是由氧气的燃烧来补给,而是采取外部加热的办法,该方法的优点是产率较高,反应产物中氢氰酸浓度较高(15%～24%),同时气体成分简单,易于精制(废气中含有 70%以上的氢气,可以用作其他化工产品的合成原料),缺点是热量补给问题和耐高温材料的选择问题。

以天然气为原料制得的甲烷氯化物主要包括三氯甲烷和四氯化碳,三氯甲烷最主要的用途是生产氟利昂 F-22,其还是生产聚四氟乙烯的原料,也可用于医药及作为溶剂。四氯化碳主要用于生产制冷剂 F-11 及 F-12,还作为溶剂、干洗剂和灭火剂。甲烷氯化物的工业生产是通过甲烷的热氯化反应实现的,反应式为

$$CH_4 + Cl_2 \longrightarrow CH_3Cl + HCl \tag{3-79}$$

$$CH_3Cl + Cl_2 \longrightarrow CH_2Cl_2 + HCl \tag{3-80}$$

$$CH_2Cl_2 + Cl_2 \longrightarrow CHCl_3 + HCl \tag{3-81}$$

$$CHCl_3 + Cl_2 \longrightarrow CCl_4 + HCl \tag{3-82}$$

二硫化碳是一种重要的化工原料,主要用于制造黏胶纤维、玻璃纸、黄原酸盐、硫氰酸盐和四氯化碳等。甲烷法是生产二硫化碳的主要方法之一,以天然气为主要原料,通过一系列化学反应生成二硫化碳,反应式为

$$CH_4 + 4S \longrightarrow CS_2 + 2H_2S \tag{3-83}$$

硝基甲烷（化学式 CH_3NO_2）是一种有机化合物，为无色油状液体，微溶于水，但可以溶于乙醇、乙醚和二甲基甲酰胺。它被广泛用于有机合成，如合成农药、硝基醇等，也可用于制造火箭燃料、医药、染料等。天然气制硝基甲烷工业化法常用硝酸作硝化剂，催化剂为金属氧化物或氯化物，1MPa 的天然气经加热至 300℃ 与雾化后的硝酸一起进入硝化反应器，在常压、300～500℃ 下完成硝化反应。反应接触时间一般不超过 2s，反应后气体在速冷器中冷却至 200℃ 以下，再用水冷却至室温后，用分离器分出冷凝物，用气相送水吸收塔吸收硝基甲烷，冷凝液与吸收液混合后的每升溶液含硝基甲烷 30～40g，其主要反应为

$$CH_4 + HNO_3 \longrightarrow CH_3NO_2 + H_2O \tag{3-84}$$

习　　题

1. 煤炭分选包括哪些方法？原理是什么？
2. 煤炭燃烧过程中氮氧化物生成的主要途径包括哪些？区别是什么？
3. 煤先进转化技术包括哪些？
4. 石油加工技术包括哪些？
5. 石油加工产品及应用领域是什么？
6. 天然气净化技术包括哪些？
7. 天然气转化技术包括哪些？

第4章 太 阳 能

4.1 概 述

太阳能，主要是指太阳的热辐射能，表现为太阳光线，是一种可再生能源。太阳能的产生是由太阳内部氢原子发生氢氦聚变所释放出的巨大核能，地球上动植物生存和人类活动所需能量的绝大部分都直接或间接来源于太阳。

太阳光线经过太空辐射到地球大气层的能量仅为其总辐射能量的二十二亿分之一，但已高达173000TW，也就是说太阳每秒照射到地球上的能量就相当于590万t煤。地球上的风能、水能、海洋能、波浪能和生物质能都来源于太阳，即使是地球上的化石燃料（如煤、石油、天然气等）从根本上说也是远古以来储存下来的太阳能，所以广义的太阳能所包括的范围非常大，狭义的太阳能则限于太阳辐射能的光热、光电和光化学的直接转换，如图4-1所示。

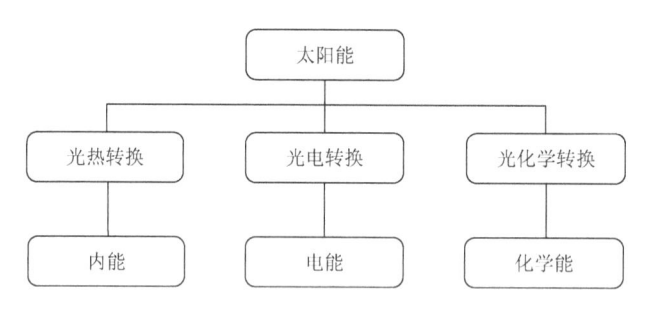

图4-1 太阳能主要利用方式

4.1.1 太阳能的优点

1）分布广

太阳光穿过宇宙，普照到地球，无论山川海洋、森林荒漠，随处可见，在技术的支持下也随处可得，无需额外开采或运输。

2）污染小

接收和使用太阳能的过程不会产生直接污染，太阳能是十分清洁的能源。但太阳能组件的应用老化与废弃处置，以及太阳能组件生产运输等过程，均可能存在间接污染。

3）储量大

每年到达地球表面上的太阳辐射能约相当于130万亿t煤，其总量属现今世界上可以开发的最大能源。根据目前太阳产生核能的速率估算，氢的储量足够维持上百亿年，而地球的寿命也为几十亿年，从这个意义上讲，可以说太阳的能量是用之不竭的。

4.1.2 太阳能的缺点

1）分布分散

到达地球表面的太阳辐射的总量尽管很大，但能流密度很低。平均说来，北回归线附近，夏季在天气较为晴朗的情况下，正午时太阳辐射的辐照度最大，在垂直于太阳光方向单位面积上接收到的太阳能平均有 1000W 左右；若按全年日夜平均，则只有 200W 左右。而在冬季大致只有一半，阴天一般只有 1/5 左右，这样的能流密度是很低的。因此，在利用太阳能时，想要得到一定的转换功率，往往需要面积相当大的一套收集和转换设备，造价较高。

2）相对不稳定

太阳能的接收与使用受到地理因素和天气情况的影响，如昼夜、季节、地理纬度和海拔高度等自然条件限制，以及晴、阴、云、雨等随机因素的影响。因而到达某一地面的太阳辐照度是间断的且不稳定的，这给太阳能的大规模应用增加了难度。为了使太阳能的应用更为连续、稳定，使太阳能可以作为传统常规能源的替代能源，必须解决好储能问题，即将晴朗白天的太阳能尽量储存起来，以供夜间或阴雨天使用，但储能也是太阳能利用中有很大挑战性的环节之一。

3）效率低和成本高

太阳能作为一种清洁、可再生的能源，其开发与应用在理论上具有可行性。然而，目前实验室条件下的光电转换效率通常为 30%～35%。这种低效率主要由光伏材料本身的局限性和光能转换过程中的能量损失所致。现有技术虽然在提高单个太阳能电池效率方面取得了一定进展，但在大规模应用中，整体效率仍然难以达到预期。为了提高光电转换效率，科研人员正在探索新型光伏材料和先进制造工艺。此外，由于制造成本较高，太阳能利用的经济性尚未能与化石燃料等传统能源相抗衡。太阳能光伏系统的建设和维护成本及光伏系统在日常运行中的管理和维修成本，都是影响太阳能经济性的关键因素。近年来，随着技术的不断进步和规模效应的逐渐显现，光伏组件的价格已有显著下降，但仍需要进一步努力来提升其竞争力。

4）废弃组件处理难题

随着光伏发电产业的大力发展，可预见将面对废弃光伏板等太阳能组件的处置问题。目前的处置方法主要有焚烧、填埋和回收，但在清洁处理方面都存在一定的局限性。焚烧会给环境带来直接污染；填埋会造成光伏板中的铅、锡、镉、硅、铜等元素溢出、有毒有害物质泄漏带来环境污染等问题；化学回收和热回收在处理过程中，难以避免存在有机溶剂侵蚀和有机材料热解等问题。

4.2 光 电 利 用

4.2.1 基础理论

光伏发电技术的研究始于 100 多年前。1839 年，法国物理学家贝克勒尔意外地发现，用两片金属浸入溶液构成的伏打电池，光照时会产生额外的伏打电势。他将这种现象称为光生伏打效应（光伏效应），即光照能够使半导体材料内部的电荷分布状态发生变化而产生电动势和电流。1873 年，英国科学家史密斯观察到了对光敏感的硒材料，并推断出在光的照射下硒导电能力的增加与光通量成正比。1883 年，美国科学家弗里茨开发出以硒为基础的光伏电池。此后，人们将能够产生光生伏打效应的器件称为光伏器件。半导体 P-N 结器件在太阳光下的光电转换效率最高，通常将这类光伏器件称为光伏电池（又称"太阳能电池"）。1954 年，美国贝尔实验室的皮尔逊等首次在实验室制成了光电转换效率为 4.5%的单晶硅太阳能电池，从而诞生了将太阳能转换为电能的实用光伏发电技术。

1. 太阳能光伏发电技术基本原理

在图 4-2 中，太阳光照射到太阳能电池表面时，光子被吸收并转化为具有一定能量的电子-空穴对，这些电子-空穴对处于非平衡状态。在 P-N 结内建电场的作用下，电子和空穴被分别驱向 N 区和 P 区，形成与内建电场方向相反的光生电场。光生电场抵消了 P-N 结内建电场的多余部分，使得 P 区和 N 区分别带有正电荷和负电荷，从而产生由 N 区指向 P 区的光生电动势。在外接负载时，电流从 P 区流出，经负载进入 N 区，完成电路的闭合。简单地说就是，当具有特殊结构的半导体器件受到光照射时将产生直流电压（或电流）；当光照停止后，电压（或电流）会立即消失。太阳能电池就是利用光伏效应产生电力输出的半导体器件。

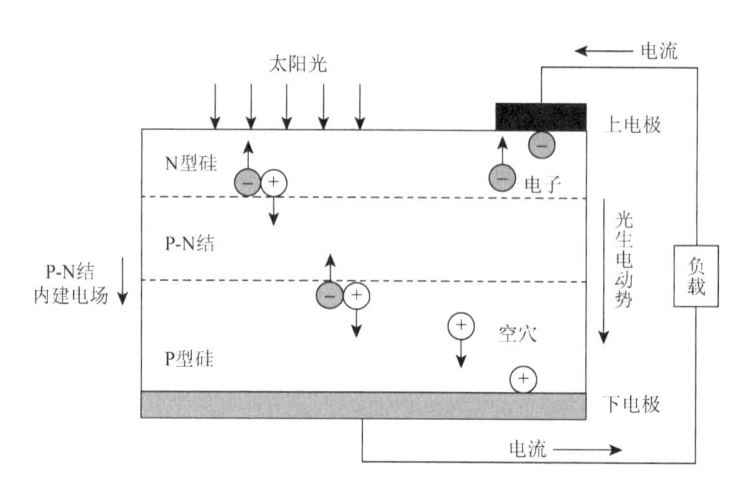

图 4-2 太阳能电池发电原理

太阳能电池能量转换的基础是由半导体材料构成的 P-N 结的光生伏打效应。半导体的能带结构主要分为价带（VB）、导带（CB）。禁带表示价带和导带之间的能量区间，电子从价带跃迁到导带所需的最小能量称为禁带宽度（E_g）。未发生反应时价带上充满电子，而导带是空带（图 4-3）。当半导体吸收的光能 $h\nu$ 大于等于禁带宽度（带隙）时，会产生电子-空穴对，其受到由掺杂的半导体材料形成的 P-N 结内建电场的影响，电子流向 N 区，空穴流向 P 区。在外电路短路的情况下，将会产生与入射光强度成正比的光电流。通过在硅片上采用不同的掺杂工艺，可使其一侧形成 N 型半导体，另一侧形成 P 型半导体，两者交界面附近的区域即为 P-N 结。太阳能电池是一种基于半导体 P-N 结吸收太阳光照而产生光伏效应的设备，可以直接将光能转化为电能。

2. 半导体的物理基础

在自然界中，物体根据导电性能和电阻率的大小分为三类：电阻率为 $10^{-6} \sim 10^{-3} \Omega \cdot cm$ 的称为导体，如金、银、铜、铁等；电阻率为 $10^{-3} \sim 10^{8} \Omega \cdot cm$ 的称为半导体；电阻率为 $10^{8} \sim 10^{20} \Omega \cdot cm$ 的称为绝缘体，如塑料、木头等。大部分半导体的特点在于其导电能力和电阻率对掺入微量杂质的种类和浓度十分敏感，具有对温度和光照等外部条件变化的热敏、光敏等特性。

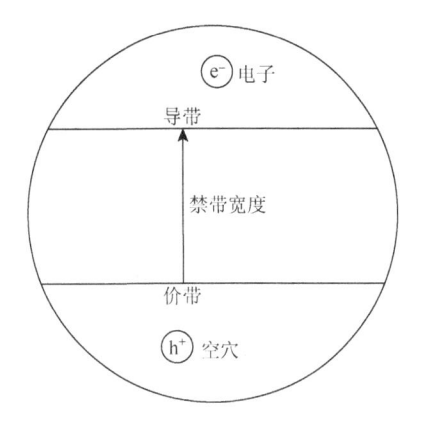

图 4-3 半导体能带结构

利用这些特性，人们制造了多种多样的半导体材料。按化学成分可分为元素半导体、化合物半导体和有机半导体；按是否含有杂质可分为本征半导体和杂质半导体（包括 N 型半导体和 P 型半导体）；按物理特性可分为热敏半导体、光敏半导体、气敏半导体、磁性半导体、压电半导体、铁电半导体等。目前广泛应用的半导体材料包括硒、锗、硅、砷化镓、磷化镓、锑化铟、碳化硅等。其中，硅和锗是应用最广泛、生产技术最成熟的半导体材料。由半导体材料制造的电子器件因其体积小、质量轻、功耗低、功率转换效率高等特点，在现代电力和电子行业中得到了广泛应用。

此外，半导体还具有很强的光伏效应。光伏效应是指物体吸收光能后，其内部的载流子分布状态和浓度发生变化，从而产生电流和电动势的效应。载流子是在电场作用下能做定向运动的带电粒子，包括半导体中的自由电子与空穴。虽然气体、液体和固体都可以产生光伏效应，但半导体的光伏效率最高。当太阳光照射到半导体的 P-N 结上时，会在其两端产生光生电压，如果将 P-N 结两端短路，则会产生光电流。太阳能电池利用了半导体材料的这些特性，将光能直接转化为电能。在这种发电过程中，太阳能电池本身既不发生任何化学变化，又没有机械耗损，使用过程中无噪声、无气味、对环境无污染。

1）晶体结构

晶体结构是指物质中原子、离子或分子的有序排列方式，通常具有高度的周期性和对称性，可分为简单晶体结构和复杂晶体结构两类。简单晶体结构包括立方晶系、四方晶系、正交晶系、单斜晶系、菱面体晶系和三方晶系，其中原子、离子或分子沿特定方向有序排列，形成不同形状的晶体。复杂晶体结构包括层状结构、柱状结构、框架结构等，其中原子、离子或分子以复杂方式排列，形成多种不同形状和性质的晶体。固体可分为非晶体和晶体两类，非晶体的原子排列无规律，在断裂时呈现随机断口，如塑料和玻璃；晶体的外形呈现天然的有规则的多面体，内部原子按一定规律排列，断裂时按特定平面断开，如食盐和水晶。有些晶体由许多小晶粒组成，每个晶粒的原子按同一序列排列，但晶粒间无规律，称为多晶体，如铜、铁；另一些晶体为单一大晶粒，所有原子按同一序列排列，称为单晶体，如用于太阳能电池的硅材料、水晶和金刚石（图 4-4）。

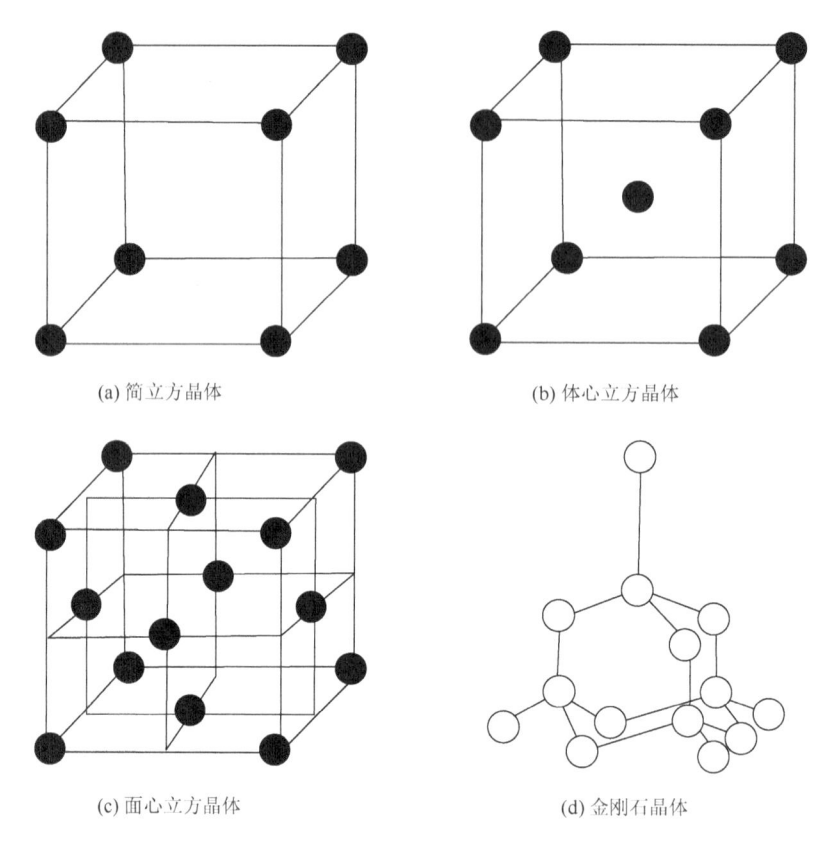

(a) 简立方晶体

(b) 体心立方晶体

(c) 面心立方晶体

(d) 金刚石晶体

图 4-4　各种晶体结构

2）N 型与 P 型半导体

N 型和 P 型半导体是两种常见的半导体类型，其特性由材料内部的杂质类型和数量决定。这些杂质可以通过掺杂过程添加到半导体中，从而改变其导电性质。在 N 型半导体中，主要的载流子是自由电子。这是通过向本征半导体（如硅或锗）中掺入少量的杂质（如磷或砷）来实现的。这些杂质原子有 5 个价电子，其中 4 个与周围的原子形成共价键，而剩余的一个自由电子可自由移动并导电。相反，在 P 型半导体中，主要的载流子是空穴，这是通过向本征半导体中掺入少量的三价元素（如硼或铝）来实现的。这些元素在共价键中取代了原来的四价元素，并在共价键中留下一个空位，即空穴，如图 4-5 所示。空穴可以看作是带正电的粒子，它们通过吸引周围的电子来移动并导电。

3）P-N 结

P-N 结是半导体器件中常见的结构，由 P 型半导体和 N 型半导体相接而成（图 4-5）。在 P-N 结中，P 型半导体的空穴浓度高于电子浓度，而 N 型半导体的电子浓度高于空穴

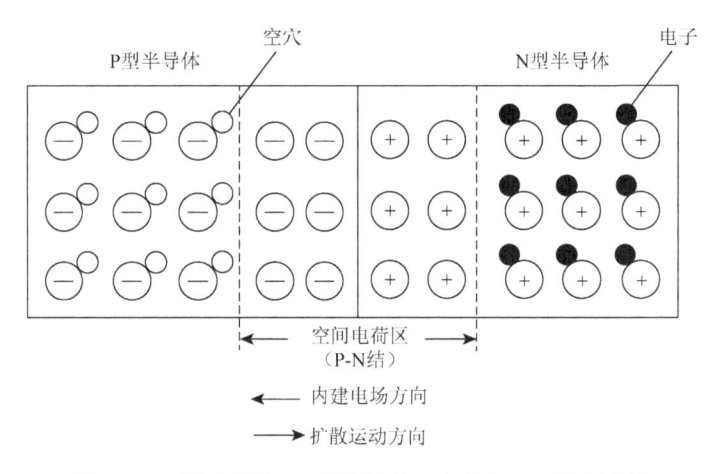

图 4-5　N 型半导体、P 型半导体、空穴与 P-N 结示意图

浓度。当 P 型和 N 型半导体相接触时，由于浓度差异，会形成一个电子和空穴的扩散区域。在这个区域内，自由电子会向 P 区扩散，而空穴会向 N 区扩散。这使得 P 区带负电荷，N 区带正电荷，形成内建电场。P-N 结处于静态平衡时，内建电场阻止进一步的电子和空穴扩散，形成浓度梯度。外加电压改变内建电场，影响电子和空穴的扩散方向，导致电流流动。这种现象广泛应用于半导体器件，如二极管和晶体管，用于控制电流和信号传输。

4.2.2　技术及应用

1. 太阳能电池

1）基本结构

太阳能电池基本结构如图 4-6 所示。它由 P 掺杂和 N 掺杂的半导体材料组成电池核心，在 N 区表面沉积有减反射层。P 掺杂是在半导体基体材料中掺杂提供空穴的元素，如 B、Al、Ga、In；而 N 掺杂则是掺杂提供价电子的元素，如 Sb、As 或 P。减反射层的作用是降低电池表面对太阳光的反射，提高电池对光的吸收。光电流由表面电极和背电极引出。

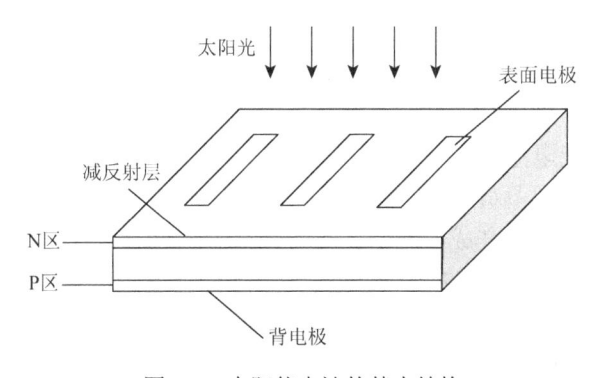

图 4-6　太阳能电池的基本结构

由于半导体不是电的良导体，电子在通过 P-N 结后如果在半导体中流动，电阻非常大。但如果在减反射层上层全部涂上金属，阳光就无法通过，电流就不能产生，因此一般用金属网格覆盖 P-N 结。

2）特征参数

描述太阳能电池的特征参数包括光谱响应、电池开路电压 V_{oc}、短路电流 I_{sc} 和光电转换效率。

（1）光谱响应。

太阳能电池在入射光中每一种波长的光能作用下所收集到的光电流，与对应于入射到电池表面的该波长的光子数之比，称作太阳能电池的光谱响应，也称为光谱灵敏度。它与电池的结构、材料性能、PN 结深度、表面光学特性等因素有关，也受环境温度、电池厚度和辐射损伤影响。

（2）电池开路电压 V_{oc}。

开路电压是指当太阳光照射下外电路负载电阻为无穷大时测得的电池输出电压。

（3）短路电流 I_{sc}。

短路电流指外电路负载电阻为零时太阳能电池的输出电流。太阳能电池输出电流和电压随着外电路负载的变化而变化。

（4）光电转换效率。

光电转换效率是衡量光伏设备（如太阳能电池）将入射光能转换为电能的能力指标。它表示为输出电能与输入光能的比率，通常以百分比表示。高光电转换效率意味着更多的入射光能被有效地转换为电能。

2. 太阳能电池分类与特点

太阳能电池根据所用材料的不同，可分为晶硅太阳能电池和薄膜太阳能电池。

1）晶硅太阳能电池

晶硅太阳能电池分为单晶硅太阳能电池、多晶硅太阳能电池。

（1）单晶硅太阳能电池。

优点：光电转换效率通常为 20%～24%，是目前所有种类的太阳能电池中较成熟的技术之一。制作时一般采用钢化玻璃和防水树脂进行封装，所制作的电池坚固耐用，使用寿命一般可达 15 年，最高可达 25 年。

缺点：制作成本相对较高。

应用：构造和生产工艺已定型，产品已广泛用于空间和地面。

（2）多晶硅太阳能电池。

优点：制作工艺与单晶硅太阳能电池差不多；制作成本比单晶硅太阳能电池更低一些，材料制造简便，总的生产成本较低。

缺点：光电转换效率约为 17%，较低；使用寿命比单晶硅太阳能电池短。

应用：多晶硅太阳能电池广泛应用于交通、通信、光伏电站、光伏建筑等领域。

2）薄膜太阳能电池

薄膜太阳能电池分为量子点太阳能电池、有机太阳能电池和钙钛矿太阳能电池。

（1）量子点太阳能电池。

优点：量子限域效应使能隙随材料粒径变小而增大，所以量子点结构材料可以吸收宽光谱的太阳光，其光谱由带间跃迁的一系列线谱组成。带间跃迁可以使入射光子能量小于主带隙的光子转化为载流子的动能。

缺点：光电转换效率偏低，且不够稳定，随着时间的延长，光电转换效率衰减，直接影响其实际应用。

（2）有机太阳能电池。

优点：与晶硅太阳能电池相比，它具有成本低、厚度薄、质量轻、制造工艺简单、可做成大面积柔性器件等优点，具有广阔的发展和应用前景。

缺点：有机材料的载流子迁移率一般都很低，与无机材料相比要低若干个量级；有机半导体材料吸收太阳光的波段不宽；有机半导体材料在氧和水存在的条件下往往是不稳定的且寿命较短。

（3）钙钛矿太阳能电池。

优点：金属卤化物钙钛矿所使用的原材料和可能的制造方法都是低成本的；它们的高吸收系数使大约 500nm 厚的超薄薄膜能够吸收完整的可见光谱。这些特征的结合使得制造低成本、高效率、薄型、轻量和柔性的太阳能电池模块成为可能。

缺点：在氧和水存在的条件下往往是不稳定的且寿命较短。

3. 太阳能电池的研发现状及进展

第一代太阳能电池主要采用晶体硅制成，称为晶硅太阳能电池，主要包括单晶硅太阳能电池和多晶硅太阳能电池。这类电池在商业和民用领域得到广泛应用，占据全球光伏市场的 90%。然而，它们的能量转换效率提升受到限制，同时生产成本较高。第二代太阳能电池采用化合物半导体制成，称为薄膜太阳能电池，主要包括非晶硅、铜铟硒（CIS）、碲化镉（CdTe）太阳能电池等，具有较高的理论转换效率。然而，这类电池的生产成本较高，难以普及，通常仅用于航空航天、军事等领域。第三代太阳能电池也被称为新型太阳能电池，主要包括染料敏化太阳能电池、量子点太阳能电池、钙钛矿太阳能电池等。尽管发展时间较短，但这些电池具有较高的理论转换效率和相对较低的成本，因此具有巨大的发展潜力。太阳能电池的研发正在快速推进，各种新材料和新技术的应用不断提高其光-电转换效率和应用范围。未来的研究方向将继续集中在提高效率、降低成本、增强稳定性和环保性能等方面。

4.3 光合作用

4.3.1 基础理论

俗话说，"万物生长靠太阳"，为什么这么说呢？我们来看一组数据。①地球表面上的绿色植物每年大约制造 4400 亿 t 有机物。②地球表面上的绿色植物每年储存的能量约为 7.11×10^{18} kJ，这个数字大约相当于 240000 个三门峡水电站所发出的电力。

光合作用（图 4-7），通常是指绿色植物（包括藻类）吸收光能，将二氧化碳和水合成为富能有机物，同时释放氧气的过程，如式（4-1）所示。其主要包括光反应、暗反应两个阶段（表 4-1），涉及光吸收、电子传递、光合磷酸化、碳同化等重要反应步骤，对实现自然界的能量转换、维持大气的碳-氧平衡具有重要意义。

$$6CO_2 + 12H_2O \xrightarrow[\text{叶绿素}]{\text{光能}} C_6H_{12}O_6 + 6O_2 + 6H_2O \tag{4-1}$$

表 4-1 光合作用的光反应和暗反应

反应	光反应		暗反应
	原初反应	电子传递和光合磷酸化	
能量转换	光能→电能	电能→活跃化学能	活跃化学能→稳定化学能
储存能量	光能、化学能→ATP 和 NADPH		糖类
能量转变过程	光能的吸收、传递和转换	电子传递、光合磷酸化	碳同化
能量转换的位置	类囊体片层		叶绿体基质

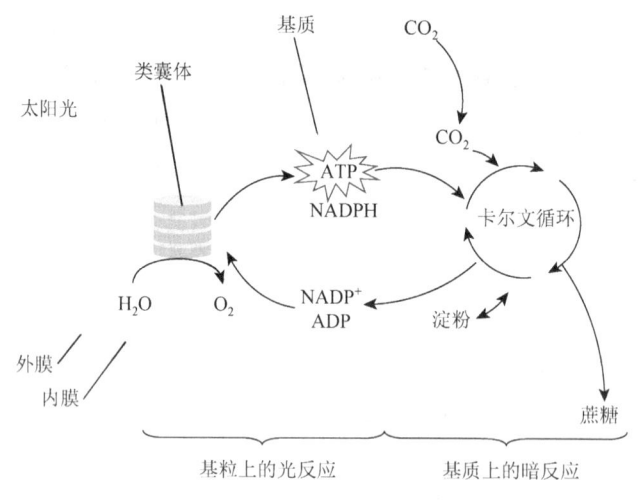

图 4-7 光合作用简图

（1）叶绿体的囊状结构上进行的光反应（图 4-8），又分为两个步骤：原初反应（将光能转化成电能，分解水并释放氧气）；电子传递和光合磷酸化（将电能转化为活跃的化学能）。

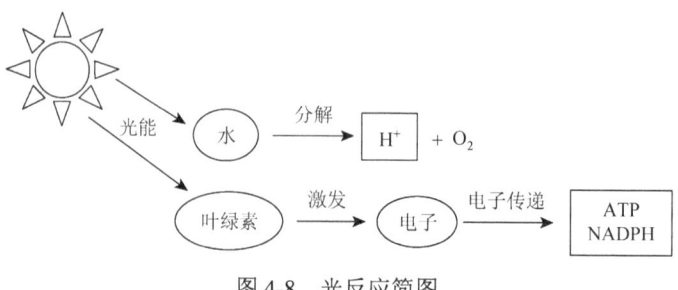

图 4-8 光反应简图

在光合作用中，原初反应是由光合色素分子受到光能激发而引发的首个光化学反应过程。该过程涉及光能的吸收、传递和转化。这个过程的起点是光合色素分子受到光能激发后，引发一系列复杂的化学反应。首先，叶绿素分子吸收光子，将光能转换成电子的高能状态。这些激发的电子经过一条称为电子传递链的"高速公路"，最终到达一个特殊的反应中心。在那里，水分子被分解，释放出氧气，并且电子的能量被用来制造腺苷三磷酸（ATP）分子，这是植物细胞能量的主要"货币"。

在另一个反应中心，这些电子再次受到光能激发，最终被用来生成另一种关键分子，即还原型辅酶Ⅱ（NADPH）。这个过程不仅帮助植物制造自己需要的化学物质，还通过释放出氧气，为我们提供清新的空气。整个过程称为光反应，因为它依赖于光的能量来驱动。总结来说，光合作用的光反应阶段通过将光能转换为化学能，生成 ATP 和 NADPH，这些物质为植物的生长和发育提供所需的能量和原料。

（2）在光合作用的第二阶段，也称为暗反应、卡尔文循环或光合碳循环（图 4-9），植物利用在光反应中产生的 ATP 和 NADPH 及大气中的 CO_2，通过一系列化学反应将 CO_2 固定为有机物质，最终生成葡萄糖等碳水化合物。暗反应的主要步骤包括碳固定、还原、RuBP 再生和葡萄糖合成。

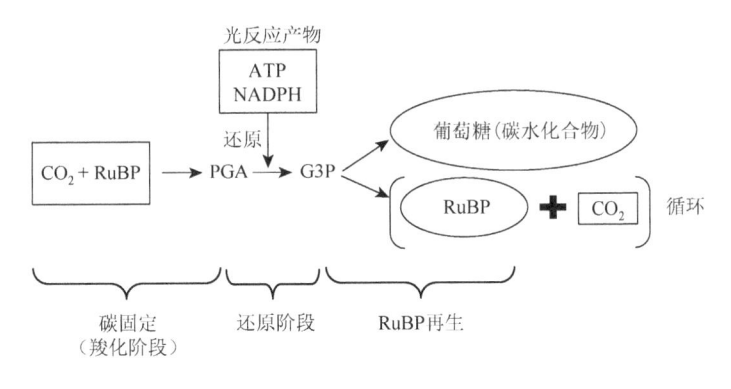

图 4-9 暗反应简图

卡尔文循环可以简化为羧化、还原和五碳化合物核酮糖-1,5-双磷酸（RuBP）再生三个阶段。

①羧化：RuBP 在 RuBP 羧化酶的作用下与 CO_2 结合，随后转变为两分子的三碳化合物 3-磷酸甘油酸（PGA）。

②还原：PGA 经过 ATP 和 NADPH 的处理，转化为三碳糖 3-磷酸甘油醛（G3P）。其中部分 G3P 会用来生成葡萄糖等有机物，剩余的 G3P 需要重新生成 RuBP。

③RuBP 再生：为了使卡尔文循环继续，RuBP 的再生需要 ATP。这个过程将 G3P 转化为 RuBP，准备接收更多的二氧化碳。

卡尔文循环，又称光合碳循环，是一种类似于三羧酸循环的新陈代谢过程。它允许分子形式的起始物质进入和离开循环，然后再生。碳以 CO_2 的形式进入，而以糖的形式离开。整个循环利用 ATP 作为能量来源，并通过消耗 NADPH 来降低能量水平，从而增加高能电子来合成糖类物质。卡尔文循环直接产生的碳水化合物不是葡萄糖，而是 G3P。为了合成 1mol G3P，整个循环过程需要进行三次碳固定反应，即固定 3mol CO_2。卡尔文循环是光合作用暗反应的组成部分。

光合作用是地球上生命的基础之一，为维持生态系统中的生物多样性和生态平衡提供了重要的能量来源。光合作用是 O_2 的主要来源，通过光合作用，植物释放 O_2 并吸收 CO_2，有助于维持大气中 O_2 和 CO_2 的平衡。光合作用产生的有机物质为植物提供了生长和发育所需的碳源，也提供了其他生物的食物来源。

光合作用也为可再生能源的开发提供了重要思路。通过模仿自然界的光合作用过程，科学家们探索开发利用太阳能的技术，如光电池和人工光合作用系统。光合作用产生的有机物质在生物质能生产中具有潜在应用。利用植物的生物质，如木材和农作物废弃物，可以生产生物燃料，如生物乙醇和生物柴油，从而减少对化石燃料的依赖。光合作用为生物能源的循环利用提供了途径，通过将 CO_2 转化为有机物质，再通过生物质能生产制成生物燃料，形成了一个闭环的能源循环系统。

4.3.2 技术及应用

光合作用还可利用生化反应来进行能量的化学转换。生物质主要由太阳能经光合作用生成的物质和动物的残骸、废弃物等组成。因此，生物质是一种可再生能源，它可通过微生物的生化反应或其他化学反应转换成燃料（如甲烷、氢气、乙醇等），主要的生物质能生产过程包括生物质气化、生物质液化和生物质碳化，具体内容详见第 5 章。

4.4 其他光化学利用

太阳能还可用于光解水制氢、光发酵制氢、污染物光降解等方面，光解水制氢详见第 7 章，本节将简要讲解光发酵制氢、污染物光降解的光化学过程。

4.4.1 光发酵制氢

光发酵制氢技术是利用一系列厌氧光合细菌自身的代谢过程完成产氢的过程，涉及的光合细菌包括沼泽红假单胞菌、球形红假单胞菌、荚膜红细菌等。光发酵制氢可以在较宽泛的光谱范围内进行，制氢过程没有氧气的生成，且培养基质转化率较高，被看作是一种很有前景的制氢方法。

与高等植物及藻类不同，光合细菌只含有光系统Ⅰ复合物（PSⅠ），而不含光系统Ⅱ复合物（PSⅡ），水不能作为电子供体参与光合细菌的生长、代谢，光合细菌仅能利用有机分子提供电子，如葡萄糖、有机酸和各种生物质等。光合细菌厌氧发酵制氢过程如图 4-10 所示，主要包括光合反应、底物代谢、固氮酶催化产氢三个部分。

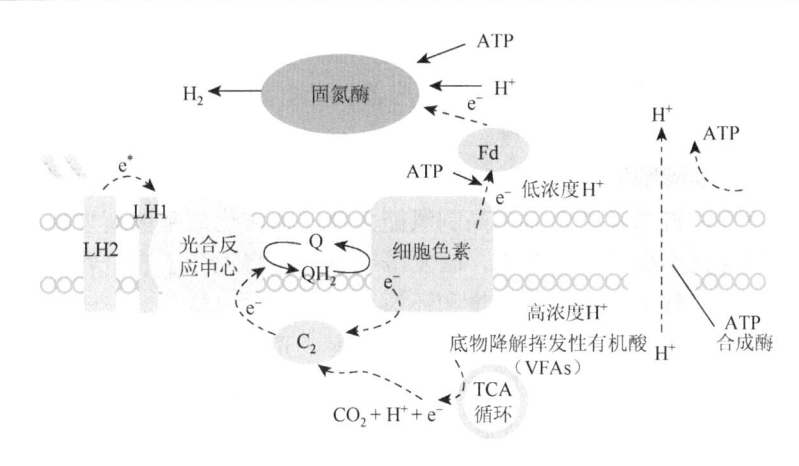

图4-10 光合细菌厌氧发酵制氢过程示意图

1）光合反应

光合反应是光合细菌生长和产氢的重要过程。在无氧和光照环境下，PS I受到光的刺激，产生高能电子（e*），这些电子通过光捕捉复合体1（LH1）和光捕捉复合体2（LH2）传递到光合反应中心（RC），进而驱动质子转运到细胞外围，参与ATP的合成。

2）底物代谢

底物代谢通过三羧酸循环、糖酵解等途径为细菌提供电子和质子。产生的电子和质子通过还原型辅酶Ⅰ（NADH）进入循环，光合膜内的醌池起到电子和质子缓冲的作用，以驱动质子转运到细胞外围，参与ATP的合成。醌池是细菌中电子传递的一个重要组成部分，位于细胞膜上，参与电子传递和能量转换过程。

3）固氮酶催化产氢

固氮酶利用光合反应和底物代谢产生的ATP和电子来产生氢气。铁氧还蛋白（Fd）作为固氮酶与细胞色素的桥梁，在氮气环境中将氮气还原成氨，在缺氮环境中将细胞质中的质子还原成氢气，完成产氢过程。

光发酵制氢技术路线主要包括原料的破碎与粉碎、水解糖化、光发酵制氢和后续氢气提纯与废液处理，如图4-11所示。其中，光发酵系统是光合制氢的场所，也是该技术的核心环节。目前光合生物反应器主要包括管式反应器、板式反应器、柱式反应器等。管式反应器由多支透光管组成，一般是水平放置，结构简单，光照面积大，但反应液体在管内流动阻力大，且由于管式流程较长，控温困难。板式反应器是采用透光板作为受

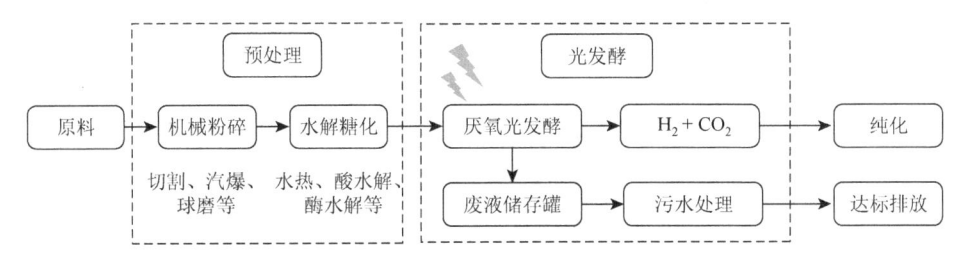

图4-11 光发酵制氢技术路线

光面,其主要缺点是为保证光的穿透能力,反应器厚度有限,且反应器内液体混合性较差。柱式反应器一般是竖向放置,比管式反应器直径更大,容积更大,系统混合性较好,可在内部设置光纤以提高内部光密度。

除了单独的光发酵制氢技术之外,利用厌氧光发酵制氢细菌和暗发酵制氢细菌的各自优势及互补特性,将二者结合以提高制氢能力及底物转化效率的新型模式,即光暗耦合发酵制氢,也受到不少关注。其中,暗发酵制氢细菌将大分子有机物分解成小分子有机酸,来获得维持自身生长所需的能量和还原力,并释放出氢气。在该过程中,产生的有机酸不能被暗发酵制氢细菌继续利用而大量积累。光发酵制氢细菌能够利用暗发酵产生的小分子有机酸,消除有机酸对暗发酵制氢的抑制作用,同时进一步释放氢气。二者耦合到一起可以提高制氢效率,扩大底物利用范围。

虽然有不少关于光发酵制氢的装置已被尝试,但工程化应用仍处于初始阶段。一方面,光发酵制氢太阳能利用效率通常极低(<1%),使用白炽灯等人工光源成本较高;另一方面,在大规模运行条件下,既要保证液体具有良好的光穿透性,又要保证液体发酵容积足够大且搅拌均匀,难度很大。

4.4.2 污染物光降解

污染物光降解指污染物吸收光子而导致其分解的反应,涉及污染物吸光后的裂解、异构化、开环、聚合、羟基自由基($\cdot$OH)和单线态氧($^1O_2$)等活性氧诱导的光化学降解等反应途径。污染物光降解又分为直接光降解和间接光降解,直接光降解是指污染物分子直接在光照条件下吸收光子,致使化学键断裂生成产物的过程。间接光降解是指在光照条件下,光催化剂吸收光子变成激发态,将激发的能量传递给污染物导致污染物降解,或光催化剂吸收光子后生成能与污染物反应的活性物种使污染物降解,即光催化过程。

光催化污染物降解过程分为光吸收、电荷迁移(分离)和表面反应三个关键步骤。反应机理如图 4-12 所示。首先,催化剂吸收的能量与催化剂禁带宽度相匹配时,光生电子会从价带跃迁至导带,价带上形成光生空穴,光生电子和光生空穴一部分会发生复合,一部分可以迁移到催化剂表面进行氧化还原反应。催化剂表面的光生电子会与吸附其上的 O_2 发生反应,生成超氧阴离子自由基($\cdot O_2^-$),光生空穴与 OH^- 生成 $\cdot OH$。$\cdot O_2^-$ 和 $\cdot OH$ 会氧化污染物,当光生空穴的氧化能力不足以产生 $\cdot OH$ 时,光生空穴会直接氧化污染物,此外,在 O_2 和 H_2O 存在的情况下,也会生成 $HOO\cdot$ 和 $HO_2\cdot$ 等活性物质。该过程涉及的主要反应如式(4-2)~式(4-6)所示。目前,光催化降解已应用于水环境、大气环境和土壤环境中污染物的降解。

$$催化剂 + h\nu \longrightarrow h^+ + e^- \tag{4-2}$$

$$OH^- + h^+ \longrightarrow \cdot OH \tag{4-3}$$

$$O_2 + e^- \longrightarrow \cdot O_2^- \tag{4-4}$$

$$\cdot O_2^- + HOO\cdot + H^+ \longrightarrow H_2O_2 \tag{4-5}$$

$$H_2O_2 + e^- \longrightarrow \cdot OH + OH^- \tag{4-6}$$

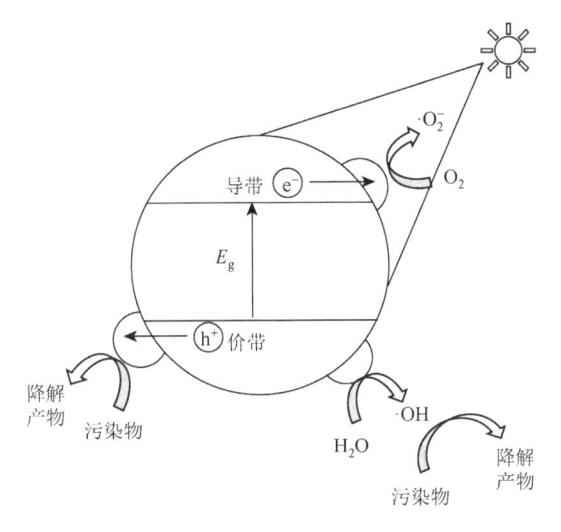

图 4-12 光催化污染物降解机理图

1. 水环境中污染物的光降解

水是生命之源，但受到人类活动的影响，在工业废水、农业排放废水、城市污水等水体环境中均出现了各类污染物，如有机物、重金属、有害细菌等。由于对水生生物和生态系统的危害，水体污染已经成为全球广泛关注的生态环境问题。目前利用光催化法降解水环境中的污染物已有广泛研究，包括降解偶氮染料、酚类、抗生素、苯酚及其衍生物、其他持久性有机污染物、重金属和有害细菌等。

偶氮染料及其衍生物具有合成工艺成熟、低成本和高着色性的优势，是当今最重要的染料之一，被广泛应用于皮革、纺织加工、印刷、绘画和橡胶工业等领域。在水环境中偶氮染料及其衍生物的光降解过程中，常用的光催化剂包括 Zn-Al 层状双金属氧化物、CeO_2-ZnO、CdS/Co-Al 层状双金属氢氧化物、CeO_2/CdO 纳米复合材料等，其中最高的降解效率可以实现 60min 内 100%降解（利用 CdS/Co-Al 层状双金属氢氧化物催化剂降解罗丹明 B）。但由于光催化反应的复杂性，特别是对于较大分子量的有机染料分子，其催化性能、反应机理、动力学分析、自由基的产生和反应活性、反应途径取决于多种因素，需要系统的研究和先进表征技术的应用。

酚类化合物是一类含羟基的芳香烃衍生物，是煤焦油精制的主要产物之一，广泛应用于染料、医药、树脂和黏结剂的生产。水环境中常见的酚类污染物包括苯酚、氯苯酚、溴苯酚和硝基酚等。已被证实有效的催化剂包括 Zn/Al-Fe 层状双金属氢氧化物和 CeO_2/C/SnS_2 等，其中，利用 Zn/Al-Fe 层状双金属氢氧化物对甲酚的降解率可以达到 100%。

除了偶氮染料和酚类这两种主要污染源外，还有杀虫剂（滴滴涕、氯癸烷等）、工业化学品（多氯联苯、六氯苯等）和化工副产品（二噁英、呋喃及其衍生物）三大类，都可利用光催化进行降解。

重金属是水体中的主要无机污染物，其中六价铬[Cr(Ⅵ)]作为有害重金属之一，利用

BiOCl/CeO$_2$ 作为光催化剂对 Cr(VI)进行降解的主要反应步骤，如式（4-7）～式（4-10）所示。在降解有害细菌方面，CeO$_2$/MnFe$_2$O$_4$ 纳米材料可以使金黄色葡萄球菌和大肠杆菌的毒性抑制率达到 99%。

$$CeO_2 + h\nu \longrightarrow h^+ + e^- \tag{4-7}$$

$$BiOCl + h\nu \longrightarrow h^+ + e^- \tag{4-8}$$

$$H_2O + 2h^+ \longrightarrow \frac{1}{2}O_2 + 2H^+ \tag{4-9}$$

$$Cr_2O_7^{2-} + 14H^+ + 6e^- \longrightarrow 2Cr^{3+} + 7H_2O \tag{4-10}$$

2. 大气环境中污染物的光降解

氮氧化物、氨和挥发性有机化合物（VOCs）是三种典型的有毒空气污染物。光催化氧化降解作为一种绿色温和的技术，在达到污染物"超低排放"标准和防止化石燃料燃烧带来的二次污染方面显示出巨大的潜力。氮氧化物的光催化氧化最终目的是将有害的 NO$_x$ 转化为硝酸盐。

氨是一种腐蚀性气体，主要来源于农业、废水处理厂、堆肥厂和汽车尾气排放。短时间内暴露于大量氨气会导致喉咙痛、胸闷、呼吸困难，甚至肺水肿。此外，氨对植被有直接的毒性作用，并导致大气中二次颗粒物的形成。氨的光催化转化途径如图 4-13 所示，氨降解理想的目标产物是无毒的 N$_2$，其中 HONO 和 NH$_4$NO$_3$ 是有毒的中间体。

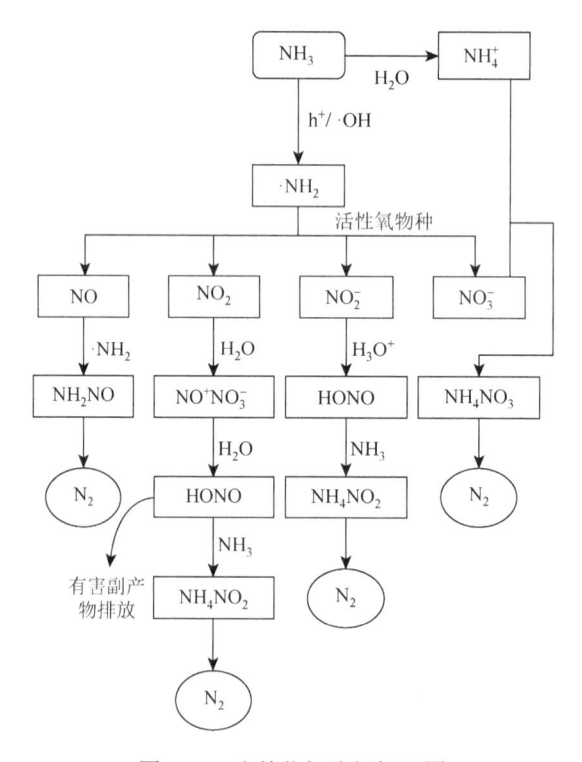

图 4-13　光催化氨降解机理图

VOCs 是指在 101.3kPa 标准压力下，初沸点低于或等于 250℃ 的有机化合物，其来源包括机动车、化学制造设施、炼油厂、家具、电子办公设备和建筑材料。长期接触 VOCs 可引起肝损伤、黏膜刺激、恶心和头晕，危及呼吸和心血管系统，甚至可致癌、致畸或致突变。目前 HCHO、HCOOH、CH_3SH、C_6H_6、C_6H_6O、C_7H_8 等 VOCs 的光催化氧化降解路径已被广泛研究。通过紫外光降解 VOCs 是一种更具成本效益和更可取的方法。紫外光降解 VOCs 通常分为两种途径。一种途径是光解，即 VOCs 直接被紫外光分解，分子中的一个或多个共价键产生断裂；另一种途径是光氧化，O_2 分子或 VOCs 分子被紫外光照射激发，产生臭氧（O_3）、游离氧原子（O）或·OH，导致氧化反应降解 VOCs。通常，在空气存在下，VOCs 的光降解是光解和光氧化共同作用的结果。紫外光降解空气中常见的 VOCs 可以实现平均 80% 的去除率，但也存在产生颗粒物和臭氧的缺点。

3. 土壤环境中污染物的光降解

持久性有机污染物（POPs）具有半挥发性、难降解性、高毒性和高生物累积性，土壤是其主要储存库。传统持久性有机污染物多为氯代有机物和/或芳香烃类化合物，具有氯取代基和/或苯环结构。新型持久性有机污染物的结构往往不同于传统持久性有机污染物，以全氟烷基化合物为例，通常具有氟化碳链和位于链端的取代基。

多环芳烃（PAHs）是一类广泛分布于土壤中的持久性有机污染物，具有化学结构稳定、高疏水性、难降解性和"三致"（致癌、致畸、致突变）毒性等特性，主要释放源有固体废物焚烧、一次和二次冶金处理、水泥窑生产和协同处理固体废物过程及汽车尾气的排放。在众多多环芳烃处理技术中，光催化技术由于具有环境友好和能耗低的优势，近年来备受关注。其降解过程常用的催化剂包括 TiO_2、铁氧化物等铁基材料和 $g-C_3N_4$。以最常用的 TiO_2 催化剂为例，光催化降解多环芳烃的机理及过程如图 4-14 和式 (4-11) ～式 (4-20) 所示。

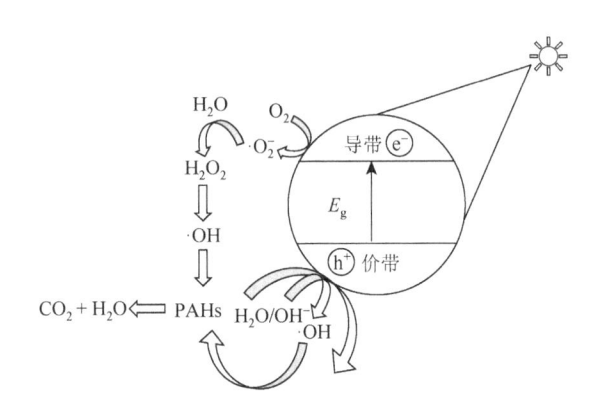

图 4-14 TiO_2 光催化降解多环芳烃机理图

$$TiO_2 + h\nu \longrightarrow h^+ + e^- \tag{4-11}$$

$$h^+ + H_2O \longrightarrow H^+ + \cdot OH \tag{4-12}$$

$$h^+ + OH^- \longrightarrow \cdot OH \tag{4-13}$$

$$e^- + O_2 \longrightarrow \cdot O_2^- \tag{4-14}$$

$$\cdot O_2^- + H^+ \longrightarrow HO_2 \cdot \tag{4-15}$$

$$2 \cdot O_2^- + 2H_2O \longrightarrow 2OH^- + O_2 + H_2O_2 \tag{4-16}$$

$$H_2O_2 + \cdot O_2^- \longrightarrow O_2 + OH^- + \cdot OH \tag{4-17}$$

$$2e^- + HO_2 \cdot + H^+ \longrightarrow \cdot OH + OH^- \tag{4-18}$$

$$e^- + H_2O_2 \longrightarrow OH^- + \cdot OH \tag{4-19}$$

$$PAHs + h^+ 或活性物种 \longrightarrow CO_2 + H_2O \tag{4-20}$$

·OH 是多环芳烃降解过程中起主要贡献的自由基，其氧化电位为 2.8eV，具有极强的得电子能力，是自然界中仅次于氟原子的氧化剂。多环芳烃的降解是逐步发生的，其降解速率和中间产物种类会受到反应物类型、催化剂类型、反应自由基类型和反应环境等多种因素的影响。

此外，土壤环境中频繁检测出的抗生素类污染物也受到广泛关注。光降解是土壤中抗生素降解的重要途径，如图 4-15 所示，抗生素在土壤中的光降解被分为直接光降解和间接光降解。现有研究表明，氟喹诺酮类、四环素类、氯霉素等抗生素不仅可以直接光降解，还会发生间接光降解。此外，光强、环境 pH、金属离子等环境因素对土壤中抗生素的光降解有显著影响。以四环素为例，pH 对四环素的光降解有显著影响，且反应速率随 pH 升高而增加。

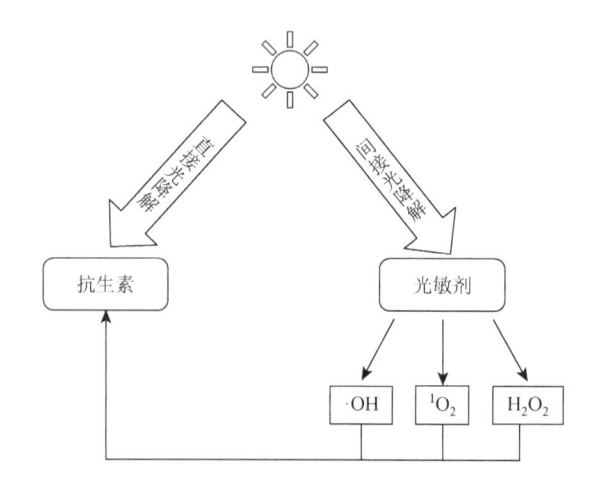

图 4-15 土壤中抗生素直接光降解与间接光降解的比较

习 题

1. 太阳能有哪些特点？
2. 太阳能的化学利用方式有哪些？分别有哪些用途？
3. 光伏发电的基本原理是什么？
4. 污染物如何实现光降解？
5. 对于太阳能的未来发展趋势，你有何想法？

第 5 章 生 物 质 能

5.1 概 述

生物质是由太阳的光合作用而产生的有机体，生物质能是太阳能以化学能形式储存在生物质中，所以从广义上讲，生物质能是太阳能的一种表现形式，属于可再生能源。基于整个生命周期，生物质能利用产生的碳排放基本为零，其产生和利用 CO_2 的过程构成了 CO_2 的封闭循环，如式（5-1）和式（5-2）所示。代表性的生物质包括农林废弃物、城市垃圾、农家肥、动物粪便等，如图 5-1 所示。生物质能因其环境友好和可持续性备受好评，被认为是具有前景的化石燃料替代品。

$$CO_2 + H_2O + 太阳能 \xrightarrow{叶绿素} (CH_2O) + O_2 \quad (5\text{-}1)$$

$$(CH_2O) + O_2 \xrightarrow{燃烧} CO_2 + H_2O + 热能 \quad (5\text{-}2)$$

图 5-1 生物质的来源

以农作物和农林废弃物为代表的生物质的主要组分为木质素、纤维素和半纤维素，还有少量的树脂、脂肪酸和蜡等有机化合物，主要组成和结构如图 5-2 和图 5-3 所示。其中，纤维素含量最高，为 40%～80%，木质素含量为 10%～25%，半纤维素含量为 15%～30%。不同组分之间存在结合力，木质素、纤维素和半纤维素的结合主要依赖于氢键，半纤维素和木质素之间还存在着化学键的结合，主要为半纤维素分子支链的半乳糖基团或阿拉伯糖基团与木质素之间的作用。

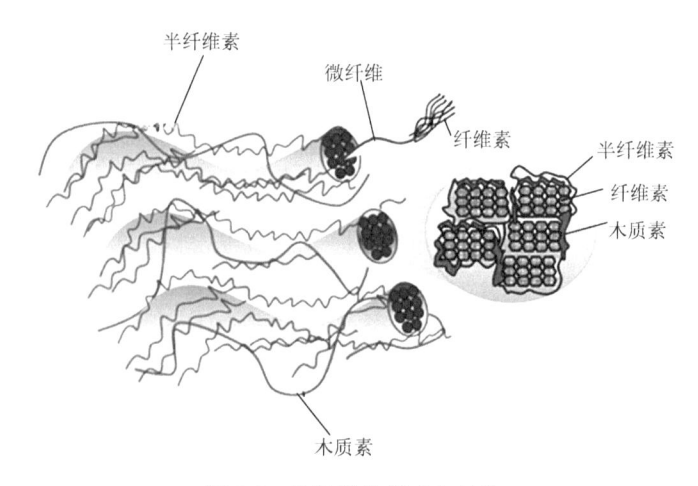

图 5-2 生物质的组成与结构

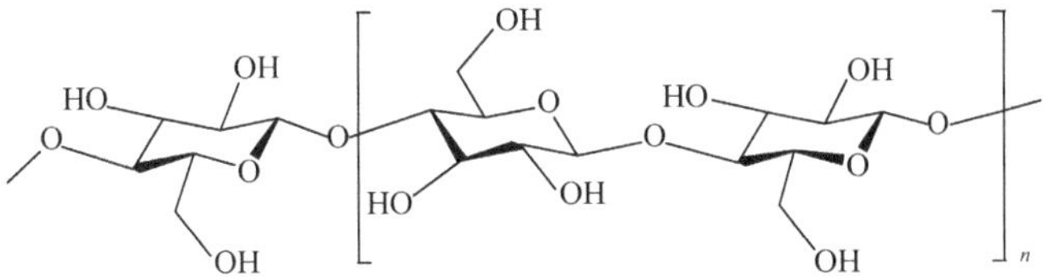

(a) 纤维素分子结构

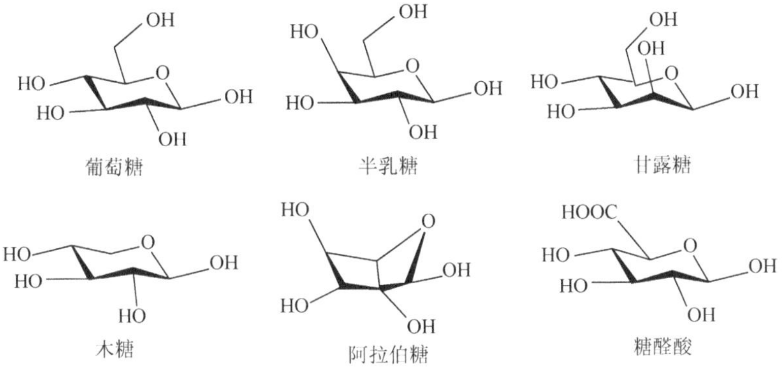

(b) 半纤维素多种糖单元的化学结构

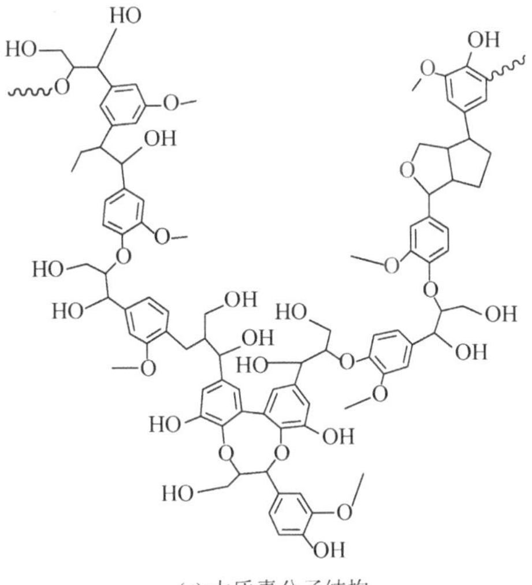

(c) 木质素分子结构

图 5-3　纤维素、半纤维素、木质素组成与结构

纤维素主要由 C、H、O 三种元素组成，质量分数分别为 44.2%、6.3% 和 49.5%，一般用 $(C_6H_{10}O_5)_n$ 作为纤维素的实验分子式。半纤维素化学组成和性质与纤维素相近，其主要糖单元为木糖、甘露糖、半乳糖和阿拉伯糖等，如图 5-3（b）所示。木质素的主要组成元素也为 C、H、O，质量分数分别为 60%、6% 和 30% 左右，此外还可能含有少量氮、硫、钙等元素。木质素的主要官能团有甲氧基、羟基和羰基等。

根据利用方式，生物质能可分为初级和次级生物质能。初级生物质能为无须预处理即可直接使用的生物质能源形式，主要包括木材、植物和动物等。次级生物质能是生物质经加工转化获得的能源形式，加工方式通常包含生化法、化学法和物理化学法。化学法主要包括生物质气化、生物质液化和生物质碳化，如图 5-4 所示。本章重点阐述生物质气化、生物质液化和生物质碳化的基本原理、技术及应用。

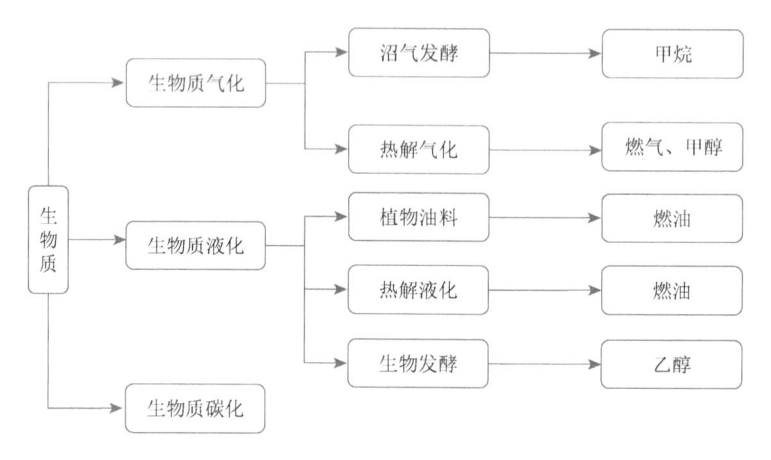

图 5-4　生物质能主要转化利用途径

5.2　生物质气化

5.2.1　基础理论

生物质气化是生物质原料与气化剂（水蒸气、氧气等）在高温条件下发生部分氧化反应，使生物质原料转化为可燃气的过程。它是一种广泛应用的热化学工艺，可以获得比原料本身更有价值和潜在应用的产品。该工艺中气化和燃烧过程是密不可分的，燃烧是气化的基础，气化是部分燃烧或者缺氧燃烧的表现。生物质气化反应涉及高温、多相条件下的物理和化学过程，是一个复杂的反应体系，生物质气化过程原理如图 5-5 所示。

生物质气化过程具体可分为以下阶段。

1. 燃料干燥、热解与挥发分的燃烧

高温下生物质中残余水分快速蒸发，发生热解反应，脱除挥发分，得到半焦和气体产物（CO、H_2、CO_2、CH_4 和其他碳氢化合物）。在氧气氛围下，热解产物（CO、H_2、CO_2、CH_4、C_mH_n）与氧气发生燃烧氧化反应，放出的热量维持气化反应的进行。

$$C_mH_n + (m+n/4)O_2 \longrightarrow mCO_2 + n/2H_2O \tag{5-3}$$

$$C_mH_n + (m/2+n/4)O_2 \longrightarrow mCO + n/2H_2O \tag{5-4}$$

$$2CO + O_2 \longrightarrow 2CO_2 \tag{5-5}$$

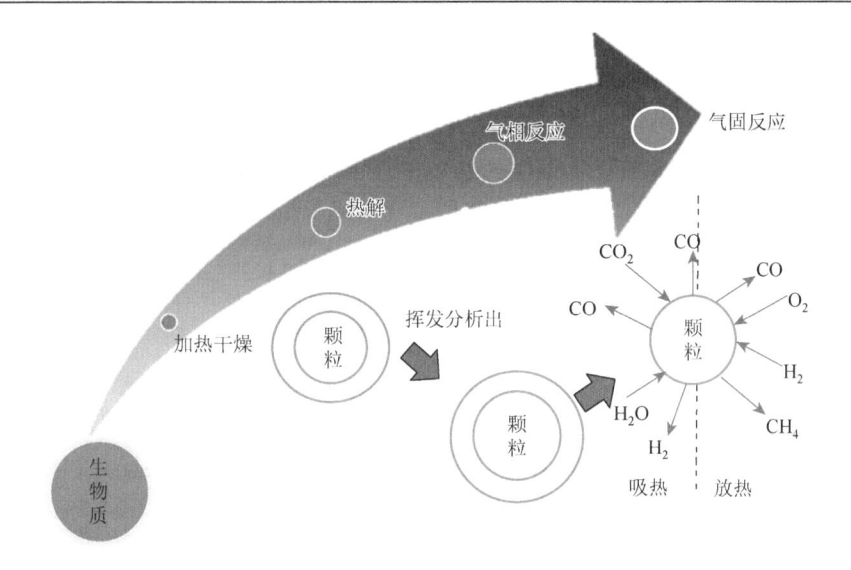

图 5-5　生物质气化过程原理

$$2H_2 + O_2 \longrightarrow 2H_2O \tag{5-6}$$

$$CH_4 + 2O_2 \longrightarrow 2H_2O + CO_2 \tag{5-7}$$

2. 气固反应

气固反应主要包括生物质颗粒、焦炭与气化剂、生成气体之间的反应过程。

1) 与气化剂（氧气、水蒸气）的反应

与氧气发生反应：

$$C + O_2 \longrightarrow CO_2 \tag{5-8}$$

$$2C + O_2 \longrightarrow 2CO \tag{5-9}$$

与水蒸气发生水煤气反应：

$$C + H_2O \longrightarrow H_2 + CO \tag{5-10}$$

$$C + 2H_2O \longrightarrow 2H_2 + CO_2 \tag{5-11}$$

2) 与生成气体的反应

$$C + CO_2 \longrightarrow 2CO \tag{5-12}$$

$$C + 2H_2 \longrightarrow CH_4 \tag{5-13}$$

3. 气相反应

高温条件下，气化反应生成的气体存在可逆反应，涉及水煤气变换反应和甲烷生成反应。水煤气变换反应为

$$CO + H_2O \longrightarrow H_2 + CO_2 \tag{5-14}$$

水煤气变换反应是制取 H_2 的重要反应,生物质气化时,需要在气化炉后设置 CO 变换反应器,从而调整合成气的碳氢比。气化产物中的甲烷可由碳与氢气反应,以及气体产物之间的甲烷生成反应获得,如式(5-15)~式(5-17)所示。

$$CO + 3H_2 \longrightarrow CH_4 + H_2O \tag{5-15}$$

$$CO_2 + 4H_2 \longrightarrow CH_4 + 2H_2O \tag{5-16}$$

$$2CO + 2H_2 \longrightarrow CH_4 + CO_2 \tag{5-17}$$

上述反应中,C-O_2 反应、CO-O_2 反应、H_2-O_2 反应、水煤气变换反应和甲烷的生成反应均为放热反应,C-CO_2、C-H_2O 等反应为吸热反应。式(5-3)~式(5-7)和式(5-14)~式(5-17)为均相反应,式(5-8)~式(5-13)为非均相反应。

生物质气化反应由多个独立热化学反应组成,反应体系复杂,气化炉内的反应主要是碳与气相之间的非均相反应和气相之间的均相反应,对于均相反应 $A(g) + B(g) \longrightarrow C(g) + D(g)$,反应速率为

$$V_i = k_{gi} C_A C_B \tag{5-18}$$

$$k_{gi} = A e^{-E_a/RT} \tag{5-19}$$

式中,k_{gi} 为气体反应速率常数;C_A 和 C_B 分别为 A 和 B 的浓度;E_a 为反应活化能(kJ·mol^{-1});A 为指前因子;R 为摩尔气体常数;T 为固相颗粒温度。

对于非均相反应 $A(s) + B(g) \longrightarrow C + D$,反应速率为

$$V_i = k_{gi} C_B \tag{5-20}$$

$$k_{gi} = A e^{-E_a/RT} \tag{5-21}$$

各气化反应的动力学参数如表 5-1 所示,可知均相反应速率高于非均相反应,而生物质气化反应以非均相反应为主。

表 5-1 各气化反应动力学参数

类型	反应式	指前因子 A/s^{-1}	活化能 E_a/(kJ·mol^{-1})
均相反应	$CO + H_2O \longrightarrow CO_2 + H_2$	2.978×10^{12}	3.695×10^5
	$2CO + O_2 \longrightarrow 2CO_2$	3.090×10^4	9.976×10^4
	$2H_2 + O_2 \longrightarrow 2H_2O$	8.830×10^8	9.976×10^4
	$CH_4 + 2O_2 \longrightarrow CO_2 + 2H_2O$	3.552×10^{14}	9.304×10^5

续表

类型	反应式	指前因子 A/s^{-1}	活化能 E_a/(kJ·mol^{-1})
非均相反应	$C + H_2O \longrightarrow CO + H_2$	8.330×10^{-2}	1.124×10^5
	$C + CO_2 \longrightarrow 2CO$	5.550×10^3	3.061×10^5
	$C + 2H_2 \longrightarrow CH_4$	2.080×10^{-1}	2.330×10^5
	$C + O_2 \longrightarrow 2CO_2$	2.250×10^4	1.113×10^5

5.2.2 生物质气化工艺

1. 主要流程

由于气化装置类型、反应条件、气化剂种类、原料性质等条件的不同，生物质气化工艺流程不尽相同，但这些工艺流程都包括四个阶段：生物质物料的干燥、热解反应、氧化反应和还原反应。

干燥过程：因生物质含有大量的水分，所以生物质进入气化炉后，须在热量的作用下，将其水分析出。干燥阶段的温度主要为 200~300℃，可以通过加热或者通风的方式实现。

热解反应：当温度升高到 300℃ 以上时开始进行热解反应，在该过程中生物质有机组分将会分解、析出，该反应析出挥发分主要包括水蒸气、氢气、一氧化碳、甲烷、焦油及其他碳氢化合物。在 300~400℃ 时，生物质可释放出 70% 左右的挥发分。

氧化反应：热解剩余木炭与引入的空气发生反应，同时释放大量的热以支持生物质干燥、热解和后续的还原反应，温度可达到 1000~1200℃。

还原反应：还原反应没有氧气存在，氧化层中的燃烧产物及水蒸气与还原层中木炭发生反应，生成氢气和一氧化碳等。这些气体和挥发分组成了可燃气体，完成了固体生物质向气体燃料的转化过程。

2. 评价参数

1）气化强度

气化强度 P 是指单位时间内单位截面积的气化反应器处理生物质原料的能力，其值等于生物质进料速率除以气化炉的横截面积。计算方法如式（5-22）所示：

$$P = \frac{W_b}{A} \quad (5-22)$$

式中，W_b 为生物质进料速率（kg·h^{-1}）；A 为气化炉横截面积（m^2）。

2）气体产率

气体产率 G_V 是指单位质量生物质原料气化后所获得的燃气在标准状态下的体积，

其与生物质的种类有关,取决于原料中的水分、灰分和挥发分。计算方法如式(5-23)所示:

$$G_V = \frac{V_g}{M_b} \tag{5-23}$$

式中,V_g 为燃气在标准状态下的体积(m^3);M_b 为生物质原料质量(kg)。

3)气化效率

气化效率 η 是指单位质量生物质原料产生的燃气热值与原料所含热值的比值,是衡量气化过程的主要指标之一,能够直观反映生物质能量转化情况。计算方法如式(5-24)所示:

$$\eta = \frac{LHV_g \times G_V}{LHV_b} \times 100\% \tag{5-24}$$

式中,G_V 为气体产率($m^3 \cdot kg^{-1}$);LHV_g 为合成燃气的低位热值($MJ \cdot m^{-3}$);LHV_b 为生物质原料的低位热值($MJ \cdot kg^{-1}$)。

4)碳转化率

碳转化率 η_c 是指气体中的碳含量与原料中碳含量的比值,是衡量气化效果的指标之一。计算方法如式(5-25)所示:

$$\eta_c = \frac{12(V_{CO} + V_{CO_2} + V_{CH_4} + 2.5V_{C_nH_m})}{22.4 \times (298/273) \times C} \times G_V \tag{5-25}$$

式中,C 为生物质原料中固定碳含量(%),V_{CO}、V_{CO_2}、V_{CH_4}、$V_{C_nH_m}$ 为相应气体在燃气中所占的体积分数。

3. 气化设备

气化炉是生物质气化反应的主要设备。按气化炉的运行方式、结构不同,可以分为固定床气化炉、流化床气化炉和气流床气化炉三种类型。不同结构的气化炉具有不同的形式,如图5-6所示。

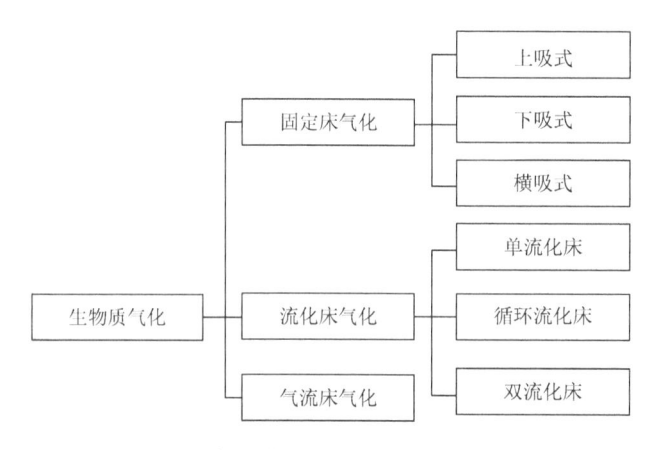

图5-6 生物质气化按气化炉的结构分类

1）固定床气化炉

固定床气化炉结构简单，运行成本不高，同时操作过程对生物质原料质量要求较低，加工好的成型物料自上而下加入气化炉，在炉体内发生热化学反应，产生氢气、其他可燃气体及惰性气体，并获得维持反应的热量。固定床气化炉按照气体流动形式可分为上吸式、下吸式、横吸式等类型，如图 5-7 所示。

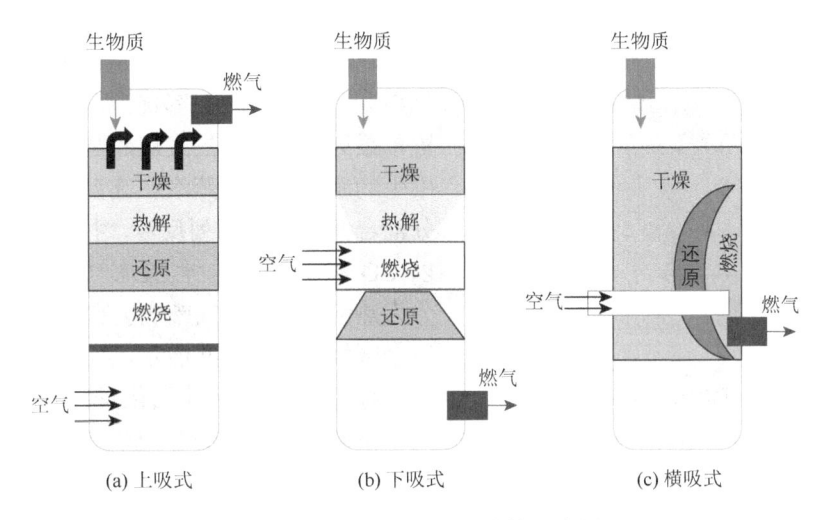

图 5-7　固定床气化炉的结构分类图

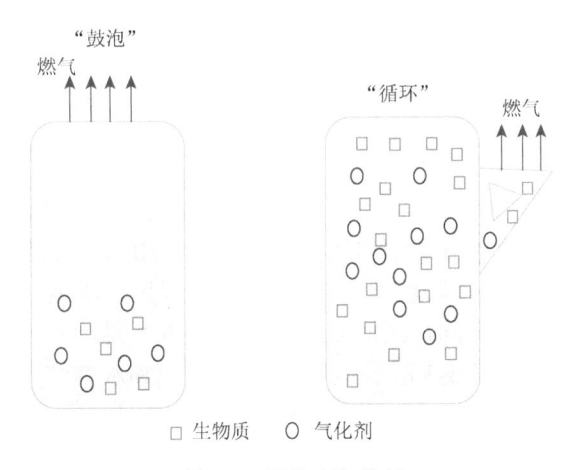

2）流化床气化炉

流化床气化炉具有较高的气固传热、传质速率，床层中气固两相的混合接近于理想混合反应器，气化炉中的物料可充分接触、温度均匀、气化反应速率快、产气效率高，如图 5-8 所示。流化床气化中，气体以足够高的速度通过颗粒层，使颗粒处于沸腾状态，实现悬浮。流化床气化炉的传热和传质效率高，适用于多种燃料，如木材、秸秆、麻棕等。流化床气化炉还可分为单流化床、循环流化床和双流化床等工艺形式。

图 5-8　流化床气化炉

3）气流床气化炉

气流床又称为射流携带床，是利用流体力学中的射流卷吸的原理，将生物质颗粒与气化介质通过喷嘴喷入气化炉内，射流引起卷吸，并高度湍流，从而强化了气化炉内的混合，有利于气化反应的充分进行。气流床气化炉具有对生物质原料适应性强、整体热效率高、碳转化率高、产气品质高等优点，符合大型化工装置单系列、大型化的发展趋势。气流床气化炉中生物质与氧气、蒸汽在高温、高压条件下充分混合并发生一系列反应，生成的合成气成分以 CO 和 H_2 为主。气流床气化炉将气化过程分为热解区、可燃气燃烧区和多相气化反应区三个区域，如图 5-9 所示。

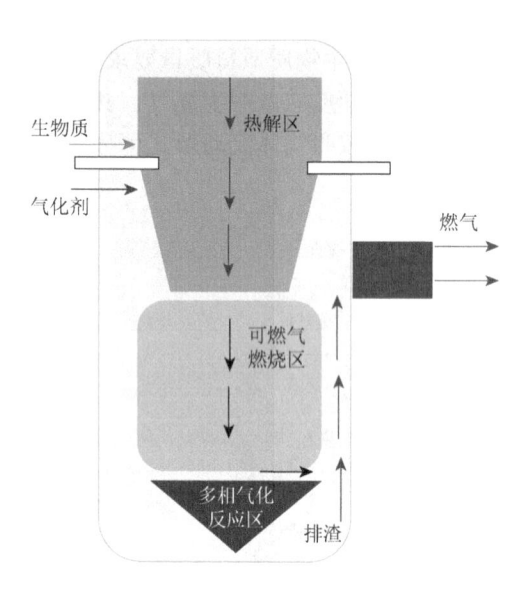

图 5-9 气流床气化炉

综上介绍了三种气化炉型的结构及其特点，不同气化炉的特性见表 5-2。

表 5-2 不同气化炉特性比较

指标	固定床气化炉	流化床气化炉	气流床气化炉
原料类型	固体	固体	气体、液体、固体
固体颗粒粒径/mm	5～100	0.5～5	<0.1
气化温度/℃	500～800	750～1000	1300～1500
气体出口温度/℃	400～500	700～900	900～1400
气化效率/%	60～80	75～80	80
碳转化率/%	较高	>80	90～100
设备实用性	生产强度小、结构简单、加工制造容易	生产强度较高	单位容积的生产能力最大

4. 气化形式

生物质气化按气化介质可分为使用气化介质和不使用气化介质（直接热分解气化）两种，前者按气化剂类型又可细分为空气气化、氧气气化、水蒸气气化、氢气气化等。不同气化技术所得到的热值不同，因而应用领域也有所不同。不同气化工艺产生的可燃气体热值及其主要的用途如表 5-3 所示。其中，采用空气和水蒸气为气化剂的生物质气化技术应用最广，目前固定床生物质气化系统基本采用该方式。

表 5-3 不同气化工艺的用途

气化工艺	可燃气体热值 (标准状态)/(kJ·m^{-3})	用途
空气气化	5440~7322	锅炉、干燥、动力
氧气气化	10878~18200	区域管网、合成燃料
水蒸气气化	10920~18900	区域管网、合成燃料
氢气气化	22260~26040	工艺热源、区域管网
直接热分解气化	10878~15000	合成燃料与发电、制造生产汽油与乙醇的原料

5. 生物质气化产物净化

从生物质气化技术应用和发展现状来看，气化过程不可避免地会产生焦油和飞灰等杂质，不仅降低了气化效率，还容易造成锅炉、管道或阀门的磨损、腐蚀、堵塞等危害，影响气化系统的安全和稳定运行。一般将生物质气化炉出口含有一定杂质的燃气称为粗燃气，粗燃气中的杂质主要是固体杂质、液态杂质、部分微量元素，对于粗燃气必须进行相应的净化处理，相应的粗燃气特性及净化方法如表 5-4 所示。此外，按作用原理不同，可将生物质燃气净化技术分为机械式、过滤式、洗涤式和静电式燃气净化技术等。

表 5-4 粗燃气中杂质的特性

杂质类型	主要成分	可能引发的问题	净化方法
颗粒	灰粉、焦炭等	磨损、堵塞	过滤、水洗
碱金属	钠、钾等化合物	高温腐蚀	冷凝、吸附、过滤
氮化物	氨、HCN	形成 NO$_2$	水洗
焦油	各种芳香烃	堵塞、难以燃烧	裂解、除焦、水洗
硫、氯	HCl、H$_2$S	腐蚀污染	水洗化学反应

1）机械式和过滤式燃气净化技术

机械式和过滤式燃气净化技术均属于干式净化法，主要用于从生物质燃气中分离飞灰，常用的设备包括旋风分离器、织物过滤器、陶瓷过滤器、颗粒过滤器等。

2）洗涤式燃气净化技术

洗涤式燃气净化主要指湿式净化（水洗或油洗），净化过程可起到冷却燃气、清除飞灰和焦油的联合作用，常用的湿式净化设备包括喷淋器、文氏洗涤器、引射洗涤器、鼓泡洗涤塔等。水洗设备的结构较为简单且价格低廉，在实际生产中，水洗法是生物质焦油湿式处理的主要方法。

3）静电式燃气净化技术

静电式燃气净化技术能够捕集燃气中残余的少量焦油，但其成本较高，适用于对燃气洁净度要求较高的场合。

6. 生物质气化焦油处理

焦油是一种由高芳香度碳氢化合物组成的复杂混合物。生物质气化过程中会产生难以处理的焦油，这是当前气化技术的主要瓶颈。焦油在高温时呈气态，与可燃气体完全混合，而在低温时（一般 200℃ 以下）凝结为液态，容易和水、焦炭等结合在一起，堵塞输气管道，阻碍气化设备正常运行，并且焦油在燃烧时易产生炭黑等颗粒，对燃气利用设备，如燃气轮机等损害相当严重，大幅降低气化燃气的利用价值。生物质气化过程中焦油的处理方法如图 5-10 所示，主要包括炉内处理技术和炉外处理技术。

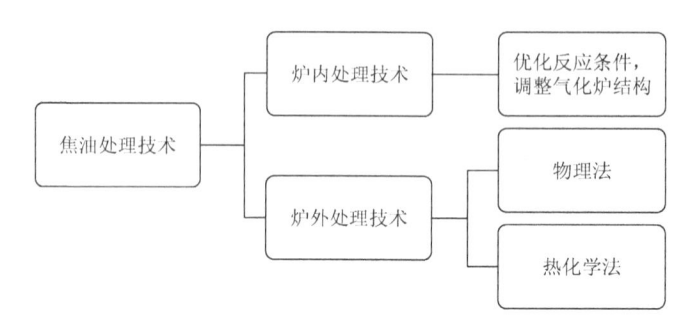

图 5-10 焦油处理技术

1）炉内处理技术

炉内处理技术主要是根据焦油在气化过程中形成的影响因素，对其参数进行优化，一般可以通过对生物质原料进行预处理、改变反应温度、选择气化炉类型、添加催化剂等方式进行焦油的去除。

2）炉外处理技术

（1）物理法。

物理法又称机械法，实质是将焦油从气相转移到冷凝相，无法真正做到去除焦油，且会降低生物质原料的利用率及能量回收率。物理法除焦包括湿法（干湿一体法）、干法两种。

湿法即利用清洗燃气使其迅速降温，冷凝焦油，从而得以去除，又称水洗法。湿法除焦主要使用冷却洗涤塔、文丘里洗涤塔、除雾器、湿式静电除尘器等设备，其设备简单，成本低廉，操作方便，适用于中、小型气化设备的初级净化。但湿法（干湿一体法）会产生大量废水，造成二次污染。此外，也存在利用油作为洗涤液的方法，但成本昂贵，无法满足大规模工业需求。

干法除焦则是利用外力的方法使焦油从气化气流中分离出来，或使燃气通过多孔滤料分离杂质。干法可有效避免废水处理问题，但设备结构复杂、成本高、使用寿命短、焦油沉积问题严重，而且会造成焦油资源的浪费。

（2）热化学法。

热化学法主要是通过改变气化炉内温度或者添加催化剂等手段，使焦油发生一系列化学反应，进一步裂解形成小分子气体，从而达到减少焦油、提高气化效率的目的。

热裂解法是利用较高的温度使气化气流中的焦油发生裂化，转化成小分子气体，如 H_2、CO、CO_2、CH_4 等。但热裂解过程对温度要求较高，并且需要较好的保温效果，所以对设备要求较高。为了实现更好地除焦，一般会在裂解过程中加入水蒸气或者部分氧气，涉及的化学反应如式（5-26）和式（5-27）所示：

$$焦油 \longrightarrow CH_4 + CO + CO_2 + C \tag{5-26}$$

$$焦油 + H_2O \longrightarrow CO + H_2 \tag{5-27}$$

催化裂解是在特定催化剂的作用下，对焦油进行深度处理实现组分转化，生成小分子气体，以降低燃气中焦油的含量的技术。利用催化剂，降低了焦油组分转化所需活化能，从而降低反应温度，减少反应能耗。不同类型催化剂的优缺点比较如表 5-5 所示。所利用的催化剂应满足对于焦油的裂解有效、平价易得、有较好的性能等条件。提高催化裂解温度和延长气体在裂解反应器中的停留时间，可促进焦油的裂解反应，降低其含量。催化裂解具有高效性和优先性，是去除焦油较好的方法，具有较大的应用潜力。

表 5-5 不同类型催化剂的优缺点比较

催化剂类型	优点	缺点
镍基催化剂	催化活性高	容易因结焦而失活
贵金属为基体的催化剂	催化活性高、长期稳定性好、碳沉积电阻高	价格昂贵
碱金属催化剂	较高的催化活性	易挥发、难再生、气化炉排灰量增加
天然催化剂	廉价、丰富	催化活性低、机械强度低

上述去除焦油方法的优缺点及应用见表 5-6，生物质气化除焦是生物质气化技术发展的阻力，其脱焦的经济性决定了生物质气化产物是否能够清洁、高效利用，涉及的范围较广，所以不断探索除焦方法及手段也是生物质气化发展的重点之一。

表 5-6 焦油处理方法的优缺点及应用

处理方法		优点	缺点	应用
物理法	湿法	设备结构简单、操作方便、成本低	二次污染环境、焦油不能充分利用、气化效率低	采用多级湿法联合除焦，目前国内使用较多
	干法	无二次污染、分离效果好	燃气流速不能过高、焦油沉积严重、存在能源损失	采取多级过滤，与其他净化装置联用，用于燃气终极处理
热化学法	热裂解法	充分利用焦油、气化效率高、无二次污染	热解温度高、对气化设备要求高	脱除焦油的潜力较大
	催化裂解法	降低裂解温度、气化效率高、充分利用焦油、无二次污染	催化剂成本增加、对催化剂温度要求严、对气化工艺要求高	目前最有效、最先进的方法，在中、大型气化炉中被使用

5.2.3 气化技术及应用

生物质气化技术可以提供清洁能源、促进电力生产、支持农业生产，可实现能量使用的高效补充，提升废弃物资源转化率和价值，提高人们生活质量和地区区域经济效益，推动可持续发展。此外，生物质气化的应用领域非常广泛，可用于供气、发电、供热、热电联产、化工等领域。

1. 生物质气化供气

生物质气化供气技术是指气化炉产出的生物质燃气，通过相应的配套装备，完成为居民供应燃气的技术。生物质气化供气系统工艺流程如图 5-11 所示。

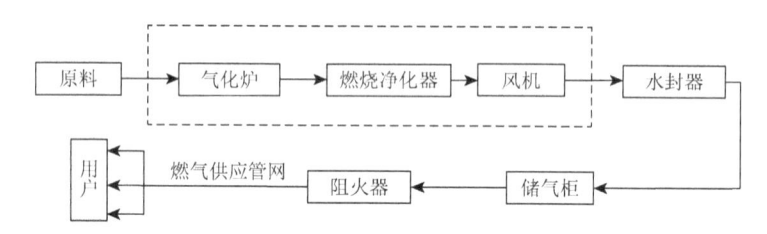

图 5-11 生物质气化供气系统工艺流程

生物质气化供气系统中所包含的技术主要有气化技术、气体净化技术和储存技术。生物质原料首先经过处理达到气化炉的使用条件，然后由送料装置送入气化炉中，不同类型的气化炉需要配备不同的送料装置。产生的可燃气体，在燃烧净化器中除去灰尘和焦油等杂质。净化后的气体经过水封器，由鼓风机送入储气柜中，水封器相当于一个单向阀，只允许燃气向储气柜中单向流动。储气柜是燃气输配系统中的关键设备，它用于储存燃气，以补偿用气负荷的变化，保证燃气发生系统的平稳运行。储气柜出口的阻火器是阻止燃气火焰蔓延的安全装置。最后，燃气通过燃气供应管网统一输送给用户。

目前，生物质气化供气技术已在我国多省份进行推广，如山东、辽宁、吉林、安徽等。大多数省份在农民聚居的地方建造了生物质气化站，用于解决整个聚居地的炊事、冬季供暖等问题。

2. 生物质气化发电

生物质气化发电技术是将生物质转化为可燃气，然后为燃气发电设备提供动力，最后达到发电的目的。在发达国家，生物质气化发电技术已得到推广，包括奥地利、芬兰、美国等国家，生物质能消耗量不断提升，在总能源消耗中也占据着较高比例。我国在生物质气化发电方面也具备良好的基础条件。

生物质气化发电流程主要包括三个方面：一是生物质气化，在气化炉中将固体生物质转化为气体燃料；二是气体净化，气化得到的燃气含有一定杂质，包括灰分、焦炭和焦油等，需经过净化系统将杂质除去，以保证燃气发电设备的正常运行；三是燃气发电，利用燃气轮机或内燃机进行发电，有的工艺为了提高发电效率，发电过程可以增加余热锅炉和蒸汽轮机。生物质气化发电原理如图 5-12 所示。

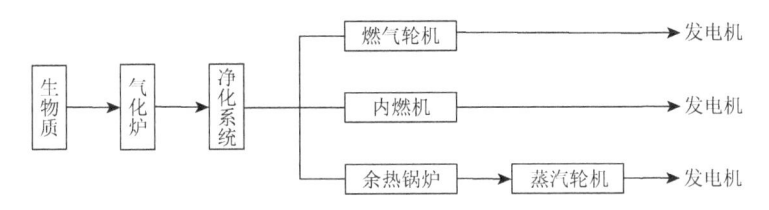

图 5-12 生物质气化发电原理

目前，生物质气化发电有以下三种方式。

（1）生物质气化所得可燃气作为余热锅炉的燃料燃烧，生产蒸汽带动蒸汽轮机发电。这种方式对可燃气的要求较低，可燃气经过旋风分离器除去杂质和灰分后即可使用。燃烧器在气体成分和热值有变化时，能够保持稳定的燃烧状态，污染物排放较少。

（2）生物质气化所得可燃气在燃气轮机内燃烧，并带动发电机发电。这种方式对气体的压力存在要求，并且该种技术存在灰尘、杂质等污染问题。

（3）生物质气化所得可燃气在内燃机中燃烧，并带动发电机发电。这种方式应用广泛、效率高，但该种方法对气体要求极为严格，可燃气必须经过净化和冷却处理。

生物质气化发电是生物质能利用中区别于其他利用技术的一种独特方式，因为其具有三个特点：①技术有充分的灵活性，生物质气化发电可利用内燃机，也可利用燃气轮机，甚至结合余热锅炉和蒸汽发电系统，所以生物质气化发电可以根据规模的大小选用合适的发电设备。②具有较好的洁净性，生物质本身属于可再生能源，可有效地减少 CO_2、SO_2 等有害气体的排放。而气化过程一般温度较低，NO_x 的生成量很少，所以能有效控制 NO_x 的排放。③经济性，生物质气化发电的灵活性可以保证在小规模下有较好的经济性。同时，燃气发电过程简单，设备紧凑，也使生物质气化发电技术比其他可再生能源发电技术投资更小。综上所述，生物质气化发电技术是所有可再生能源发电技术中经济性能最好的发电技术。生物质气化发电根据其规模又可分为小型、中型和大型三种，各种类型的特点及其应用见表 5-7。

表 5-7 不同类型生物质气化发电技术的特点及其应用

性能参数	小型规模	中型规模	大型规模
功率(装机容量)/kW	<200	500～3000	>5000
气化设备	固定床、流化床	常压流化床、循环流化床	循环流化床、高压流化床、双流化床
发电设备	内燃机、微型燃气轮机	内燃机	燃气轮机、蒸汽轮机、燃气轮机+蒸汽轮机
系统发电效率/%	11～14	15～20	35～45
主要用途	适用于缺电且生物质丰富地区照明或驱动小型电机	适用于山区、农场、林场的照明或者小型工业用电	电厂、热电联产、独立能源系统

3. 生物质气化供热

生物质气化供热是指生物质经过气化炉气化，生成的生物质燃气被送入下一级燃烧器中进行燃烧，最终将生物质气化产生的可燃气转化为热能，为终端用户供热。生物质气化供热的工艺流程如图 5-13 所示，该系统中气化炉产生的可燃气可以在设备中直接燃烧，系统结构简单，热效率高。

图 5-13 生物质气化供热的工艺流程

生物质气化供热具有环保性、高效性、灵活性、资源丰富等特点，因此被国内外广泛应用，其主要应用于农村-小城镇集中供热、木材-农作物烘干等领域。例如，生物质气化供热在烟叶烘烤中的应用。烟叶烘烤是一个大量耗能的过程，目前中国烤烟生产上普遍用煤作为热源，而能源供应日趋紧张，煤炭价格不断上涨，导致烘烤成本增加，极大地影响了烟农的种烟积极性。然而，采用廉价的生物质气化供热可以替代化石能源烘烤烟叶，且节能环保，有利于环境的可持续发展。

4. 生物质气化制取化学品

生物质气化制氢一般是指通过生物质在高温和气化剂的作用下发生热化学反应将生物质转化为高品质的富氢合成气，然后通过气体分离得到纯氢。此技术成熟度较高且已规模化应用，相较于化石能源制氢等工艺，其综合成本较低。生物质气化制氢流程如图 5-14 所示。

图 5-14 生物质气化制氢流程

1）生物质超临界水气化制氢

在气压 22.1MPa 和温度 374℃时，因高温而膨胀的水的密度和因高压而被压缩的水蒸气的密度正好相同时的水称为超临界水。超临界水气化生物质的优势在于：①生物质原料无须干燥预处理；②反应速率快；③合成气中 H_2 含量较高；④合成气中 CO、焦油和焦炭含量低。超临界水气化被认为是对高湿度生物质气化最有前景的技术。

生物质超临界水气化的反应过程相对复杂，从低温到高温可分为三个反应过程：低温水相重整（$T=215\sim265$℃）、近临界水气化（$T=350\sim400$℃）和生物质超临界水制氢（$T>374$℃）。

低温水相重整主要产生二氧化碳，而高分子量的木质纤维素生物质很难气化。相反，当使用生物质衍生化合物（如葡萄糖、甘油、甲醇等）时，从热力学和理论上讲，可在原料浓度低至约 1%的情况下获得氢气，但生物质的水解速度较慢，需要添加贵金属催化剂。

在中等温度下，近临界水气化的主要产物为 CH_4。生物质及其衍生化合物将获得较高程度的碳转化，催化剂的存在也将促进 CO 加氢转化为 CH_4 的过程。

在高温条件下（$T>374$℃，$P>22.1$MPa），主要产生 H_2、CO、CO_2 和 CH_4。超临界水气化主要过程有蒸汽重整反应、水煤气变换反应和甲烷化反应，分别如式（5-28）～式（5-31）所示。x 和 y 分别为生物质中 H/C 比和 O/C 比（均为摩尔比）。水不仅用作溶剂，还是反应过程中的反应物。由于水具有弱电解质的特性，离子反应减少，自由基反应增强，最终通过气化释放出 H_2。自由基反应过程如式（5-32）和式（5-33）所示。

$$3CH_xO_y + 3(1-y)H_2O \longrightarrow CH_4 + CO + CO_2 + 3(x/2+1-y)H_2 \quad (5\text{-}28)$$

$$CO + H_2O \longrightarrow CO_2 + H_2 \quad (5\text{-}29)$$

$$CO + 3H_2 \longrightarrow CH_4 + H_2O \quad (5\text{-}30)$$

$$CO_2 + 4H_2 \longrightarrow CH_4 + 2H_2O \quad (5\text{-}31)$$

$$H_2O \longrightarrow \cdot OH + H\cdot \quad (5\text{-}32)$$

$$H_2O + H\cdot \longrightarrow \cdot OH + H_2 \quad (5\text{-}33)$$

生物质特性和气化操作条件（如反应温度、蒸汽与生物质的比例）在调节合成气中的氢含量方面起着关键作用，生物质气化制氢使用不同的气化剂决定了 H_2 的体积分数及其热值的不同，不同气化剂种类及其特点见表 5-8。

表 5-8 不同气化剂种类及其特点

气化剂类型	优点	缺点
空气	气化剂廉价易得；焦油生产量和焦炭剩余量中等	产物中 H_2 体积分数低
氧气	焦油含量最低；可燃组分体积分数高	需要制氧设备，气化成本高
水蒸气	H_2 体积分数可达 40%～60%；气化剂廉价易得	产物中焦油含量高
二氧化碳	产物中 CO_2 体积分数低	产物中 H_2 体积分数低，能耗高

生物质气化制氢还受催化剂的影响，气化过程引入催化剂可降低反应活化能和反应温度，促进焦油裂解并减少气化剂用量，同时可以使生物质转化效率和 H_2 体积分数提高，从而提升气化制氢的经济性。目前，用于生物质气化的催化剂类型主要有镍基催化剂、以白云石为代表的天然矿石催化剂、碱及碱土金属催化剂等，见表 5-9。

表 5-9 典型催化剂的类型及特点

催化剂类型	催化剂代表	优点	缺点
镍基催化剂	—	有效提高 H_2 体积分数，焦油去除效率高	高温下催化剂迅速失活
天然矿石	白云石、橄榄石、石灰石	有效裂解焦油，吸收 CO_2	在较高浓度下的焦油容易导致催化剂失活
碱及碱土金属	KOH、K_2CO_3、$NaHCO_3$	显著加快气化反应并有效降低焦化速率及 CH_4 含量	难以回收，价格昂贵

2）生物质气化合成甲醇

生物质气化过程生成的产物为富含 CO 和 H_2 的合成气，经过净化和调整，可进一步合成液体燃料，如为交通领域提供生物甲醇。涉及的化学反应如式（5-34）和式（5-35）所示。生物质气化合成液体燃料，是将热化学转化和化学有机合成进行结合，其工艺过程虽然复杂，但工艺原理清晰简明，技术比较成熟，并且生物质来源广泛。大多数的生物质均可作为合成液体燃料的生产原料，生物质气化合成甲醇的工艺流程如图 5-15 所示。

$$CO + 2H_2 \longrightarrow CH_3OH \tag{5-34}$$

$$CO_2 + 3H_2 \longrightarrow CH_3OH + H_2O \tag{5-35}$$

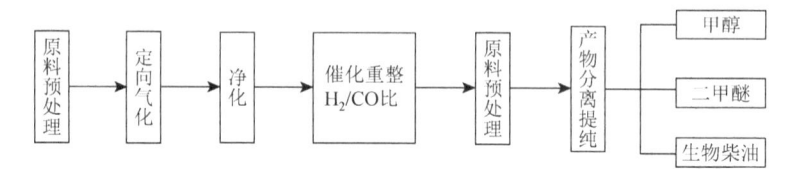

图 5-15 生物质气化合成甲醇的一般工艺流程

对于生物质气化合成甲醇需要实现其定向气化，意味着需调控气化过程中 CO、H_2 生成比例，从而提升甲醇的转化效率。以上目标可以通过提高气化反应的温度和压力、气化剂复合并用、延长反应物的滞留时间等方式来实现。

5.3 生物质液化

5.3.1 基础理论

生物质液化技术可将低品位的固体生物质转化成高品位的液体燃料或化学品，是生物质能高效利用的主要方式之一。按照转化工艺与机制,液化技术可以分为热化学法、生化法、酯化法和化学合成法(间接液化),热化学法液化又分为快速热裂解液化技术和高压液化技术。

1. 生物质快速热裂解液化

生物质快速热裂解液化是在传统裂解基础上发展起来的一种技术,相对于传统裂解,它采用超高加热速率、超短产物停留时间及适中的裂解温度,使生物质的有机高聚物分子在隔绝空气的条件下迅速裂解为短链分子,使焦炭和气体产物产率降到最低限度,从而使液体产物产率最大。生物质中的纤维素在温度为 52℃开始降解,温度的升高加快降解进程。当温度为 350~370℃时,纤维素可完全降解为低分子碎片,具体反应过程如下:

$$(C_6H_{10}O_5)_x \xrightarrow{535℃} xC_6H_{10}O_5 \tag{5-36}$$

$$C_6H_{10}O_5 \longrightarrow H_2O + 2CH_3COCHO \tag{5-37}$$

$$CH_3COCHO + H_2 \longrightarrow CH_3COCH_2OH \tag{5-38}$$

$$CH_3COCH_2OH + H_2 \longrightarrow CH_3CHOHCH_3 + H_2O \tag{5-39}$$

半纤维素的降解机制与纤维素类似,并且半纤维素结构带支链,比纤维素更易降解。木质素通过醚键和碳-碳键将各结构单元连接起来,结构复杂。木质素的热裂解液化反应的第一步是烷基醚键的断裂反应。木质素大分子在高温、供氢溶剂 DH_2 存在下断裂成小分子碎片 R^*,具体反应如下:

$$木质素 \longrightarrow 2R^* \tag{5-40}$$

$$R^* + DH_2 \longrightarrow RH + DH \cdot \tag{5-41}$$

$$R^* + DH \cdot \longrightarrow RH + D \cdot \tag{5-42}$$

生物质热裂解液化过程中,产率的高低主要取决于热裂解过程和操作参数,其中液体产物生物油在替代或部分替代常规液态石油燃料方面表现出较高的价值。生物质快速热裂解液化过程所需条件包括中温(500~650℃)、高加热速率(大于 100℃/min)和极短气体停留时间(秒级),在这种条件下生物质分子发生热化学转化,产生可燃气体(主要是 CH_4、CO、H_2 等的混合气体)、液体(生物油)和固体(焦炭)。热裂解过程中,气态产物经快速冷却后,以中间液态分子的形式在进一步裂解成气体之前冷凝,因此可以获得高产量的生物油,其液体产率可达 70%~80%。

2. 生物质生化转化

生物质生化转化主要用于制取燃料乙醇,燃料乙醇可以缓解石油资源短缺、用作石油添加剂,对资源节约和环境保护极为重要。燃料乙醇的生产方法包括化学合成法和微生物发酵法。前者用石油裂解产生的乙烯与水合成乙醇，这种方法受到石油资源的限制。世界上90%以上的乙醇是通过生物质发酵获得。可发酵生产乙醇的原料很多，在选择原料时，应考虑到几个原则：来源丰富，易于收集；原料碳水化合物含量较高，影响发酵的杂质较少；价格低廉等。不同原料由于成分的区别，在制取燃料乙醇的生产工艺上也存在差别。

根据原料的不同，可分为传统的淀粉类生物质原料和纤维素类生物质原料。淀粉发酵法制取乙醇历史悠久，已广泛应用于乙醇的生产，而纤维素原料含量丰富，从可持续发展的角度看，将是未来生产乙醇的主要原料之一。微生物发酵法制备乙醇的主要流程可分为预处理阶段、乙醇发酵阶段和乙醇回收阶段，其中乙醇发酵阶段是整个反应的核心过程。在该过程中，通过酵母菌的作用，将生物质原料中的单糖或者多糖转化为乙醇，同时产生腺苷三磷酸（ATP），反应方程式为

$$C_6H_{12}O_6 + 2ADP + 2H_3PO_4 \longrightarrow 2C_2H_5OH + 2CO_2 + 2ATP \qquad (5\text{-}43)$$

酵母菌发酵制乙醇涉及12步生化反应，如图5-16所示。

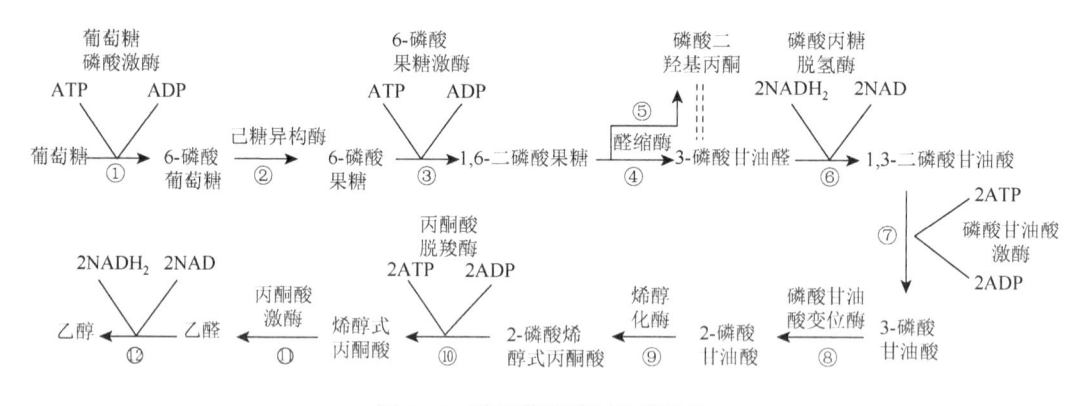

图5-16 酵母菌发酵制乙醇路径

（1）第一阶段①～③：葡萄糖的磷酸化。葡萄糖转化为6-磷酸葡萄糖，经过己糖异构酶的催化，6-磷酸葡萄糖转为6-磷酸果糖，经过6-磷酸果糖激酶的催化，生成1,6-二磷酸果糖。

（2）第二阶段④～⑤：1,6-二磷酸果糖转化为3-磷酸甘油醛。在醛缩酶的催化作用下，1,6-二磷酸果糖分裂为磷酸二羟基丙酮和3-磷酸甘油醛，二者互为同分异构体，可以互相转化。

（3）第三阶段⑥～⑩：3-磷酸甘油醛转化为丙酮酸。3-磷酸甘油醛脱氢磷酸化生成1,3-二磷酸甘油酸。在磷酸甘油酸激酶的催化下，1,3-二磷酸甘油酸将高能磷酸键转移给腺苷二磷酸（ADP），转化为3-磷酸甘油酸。在磷酸甘油酸变位酶的催化下，3-磷酸甘油酸生成2-磷酸甘油酸，2-磷酸甘油酸脱水，在烯醇化酶的催化下生成2-磷酸烯醇式丙酮酸。2-磷酸烯醇式丙酮酸经丙酮酸激酶催化，失去高能磷酸键，生成烯醇式丙酮酸。

以上前10步反应可以归纳为下式：

$$C_6H_{12}O_6 + 2NAD + 2H_3PO_4 + 2ADP \longrightarrow 2CH_3COCOOH + 2NADH_2 + 2ATP \tag{5-44}$$
葡萄糖　　辅酶　　磷酸　　腺苷二磷酸　　烯醇式丙酮酸　还原辅酶 腺苷三磷酸

3. 生物质酯化反应

植物油、动物脂肪和餐饮废油等原料通过与短链醇（甲醇、乙醇）进行酯化反应制成的液体燃料，称为生物柴油。生物柴油具有可再生、闪点高、环境友好、使用和运输安全等优点，是一种可以替代普通柴油的可再生能源，称为"绿色柴油"。甲醇与天然油脂直接进行酯交换反应是目前最主要的生物柴油生产方法，总的反应式如下所示：

$$\begin{array}{c} H_2C-COOR^1 \\ | \\ HC-COOR^2 \\ | \\ H_2C-COOR^3 \end{array} + 3CH_3OH \xrightarrow{\text{催化剂}} \begin{array}{c} H_2C-OH \\ | \\ HC-OH \\ | \\ H_2C-OH \end{array} + \begin{array}{c} R^1COOCH_3 \\ R^2COOCH_3 \\ R^3COOCH_3 \end{array} \tag{5-45}$$

植物油中的甘油三酯完成酯交换，生成甘油和脂肪酸甲酯是通过三个连续反应完成的，首先生成甘油二酯和脂肪酸甲酯，随后再生成甘油一酯和脂肪酸甲酯，最后生成甘油和脂肪酸甲酯。基于反应式可知，1mol 的甘油三酯与 3mol 醇反应转化为 3mol 酯和 1mol 甘油。

$$\begin{array}{c} H_2C-COOR^1 \\ | \\ HC-COOR^2 \\ | \\ H_2C-COOR^3 \end{array} + CH_3OH \xrightarrow{\text{催化剂}} \begin{array}{c} H_2C-OH \\ | \\ HC-COOR^2 \\ | \\ H_2C-COOR^3 \end{array} + R^1COOCH_3 \tag{5-46}$$

$$\begin{array}{c} H_2C-OH \\ | \\ HC-COOR^2 \\ | \\ H_2C-COOR^3 \end{array} + CH_3OH \xrightarrow{\text{催化剂}} \begin{array}{c} H_2C-OH \\ | \\ HC-OH \\ | \\ H_2C-COOR^3 \end{array} + R^2COOCH_3 \tag{5-47}$$

$$\begin{array}{c} H_2C-OH \\ | \\ HC-OH \\ | \\ H_2C-COOR^3 \end{array} + CH_3OH \xrightarrow{\text{催化剂}} \begin{array}{c} H_2C-OH \\ | \\ HC-OH \\ | \\ H_2C-OH \end{array} + R^3COOCH_3 \tag{5-48}$$

酯交换过程中，催化剂具有至关重要的作用，根据催化剂的作用可将其分为均相酸碱催化剂、非均相酸碱催化剂、生物酶催化剂等。在碱性催化剂存在的酯交换反应中，如果将固体 NaOH 直接加入油料中，NaOH 很难分散，形成多相（非均相）催化，反应速率低。如果将 NaOH 先溶解到甲醇中，其反应如下：

$$NaOH + CH_3OH \longrightarrow CH_3ONa + H_2O \tag{5-49}$$

酯交换反应过程中真正起催化作用的是甲氧基负离子（CH_3O^-）。随着反应的进行，反应向生成 CH_3O^- 的方向移动，多相催化体系转变成均相催化体系，反应速率提高，具体的反应机理如下。

准备步骤:

$$OH^- + ROH \longrightarrow RO^- + H_2O \tag{5-50}$$

$$NaOH \longrightarrow Na^+ + OH^- \tag{5-51}$$

第一步:

$$R'-\underset{OR''}{\overset{O}{\overset{\|}{C}}}+RO^- \rightleftharpoons R'-\underset{OR''}{\overset{O^-}{\overset{|}{\underset{|}{C}}}}-OR \tag{5-52}$$

第二步:

$$R'-\underset{OR''}{\overset{O^-}{\overset{|}{\underset{|}{C}}}}-OR + ROH \rightleftharpoons R'-\underset{R''OH^+}{\overset{O^-}{\overset{|}{\underset{|}{C}}}}-OR + RO^- \tag{5-53}$$

第三步:

$$R'-\underset{R''OH^+}{\overset{O^-}{\overset{|}{\underset{|}{C}}}}-OR \rightleftharpoons R''COOR + R'OH \tag{5-54}$$

4. 生物质水热液化

水的临界压力为 22.1MPa,临界温度为 374℃,在近临界或超临界条件下,水具有较高的反应活性,在临界区域水的特性会发生明显变化,尤其是介电常数和离子积大幅度下降,使得有机物在水中的溶解度增大,因此临界区域的水可以作为绿色化学中的环境友好溶剂和催化剂,从而减少对环境有害溶剂和催化剂的使用。依据所需目标产物类型,可以将生物质水热技术分为水液气化、水热液化和水热碳化。

水热液化是指生物质在水的临界点附近进行热分解得到液相产物的过程。水热液化是生物质直接液化技术中产生碳氢化合物(生物油)最有前途的技术之一。生物质水热液化技术存在以下几方面特点。

(1)该过程无须干燥,且不存在水的相变焓,因此可以节约热能。此外,高压下可避免水分蒸发的相变过程带来的潜热损失,从而使该过程能量效率大为提高。

(2)生物质转化速率快,反应较为完全。由于高温高压水(尤其是超临界水)具有类似液体的密度、类似气体的扩散系数、溶解性能和离子积,有利于水热条件下生物质大分子水解及中间产物与气体和催化剂的接触,减小或消除相间传质阻力。

(3)产物分离方便。常态水对生物质转化得到的碳氢化合物溶解度很低,分离过程中可免去精馏和萃取操作。

（4）产物清洁、无毒害作用。较高的反应温度可使任何有毒蛋白质在较短时间内水解。因此，生物质水热液化产物基本不含生物毒素、病原体和细菌等有毒有害物质。

生物质中的主要化学成分纤维素、半纤维素和木质素的水热反应路径不尽相同，纤维素的水热液化转化路径如图 5-17 所示。首先，在亚临界水中，纤维素被水解为葡萄糖。随后葡萄糖异构化为果糖并通过离子机制进一步分解为 5-羟甲基糠醛及有机酸。

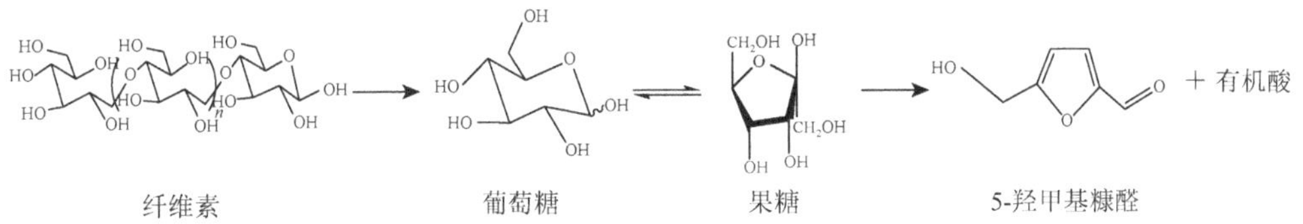

图 5-17 纤维素水热液化转化路径

半纤维素主要由木聚糖构成，图 5-18 为在 360℃的亚临界水中 D-木糖水热分解的主要途径。D-木糖的初级分解存在两种反应途径：①D-木糖通过反羟醛缩合反应生成乙醇醛和甘油醛，甘油醛经酮-烯醇互变异构转化为二羟基丙酮，或通过脱水反应生成丙酮酸；②D-木糖通过脱水反应生成 2-糠醛。

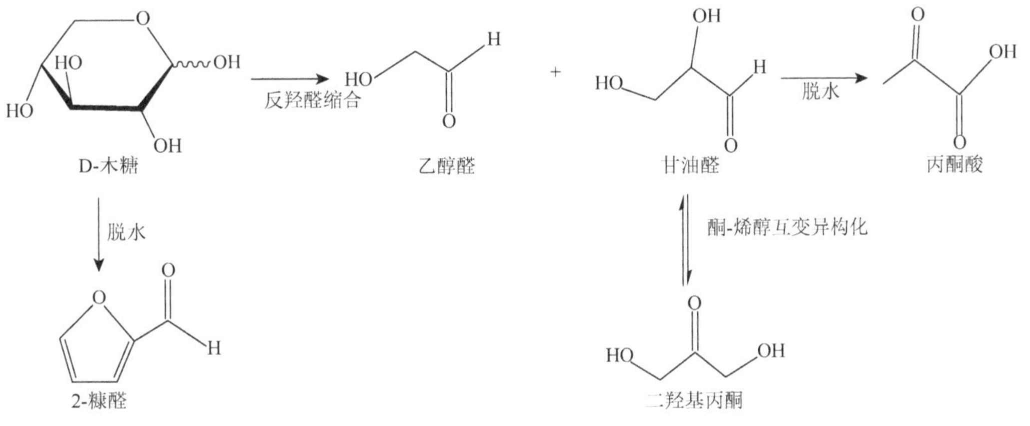

图 5-18 D-木糖水热分解的主要途径

木质素由苯基丙烷结构单元通过醚键和碳-碳键连接而成，是具有三维结构的芳香族高分子化合物。木质素不能水解成单糖，它在纤维素与半纤维素周围形成保护层，影响纤维素和半纤维素水解。木质素的水热分解路径如图 5-19 所示。木质素液化的产物主要是酚类物质、部分酸、醇等小分子及碳氢化合物等。

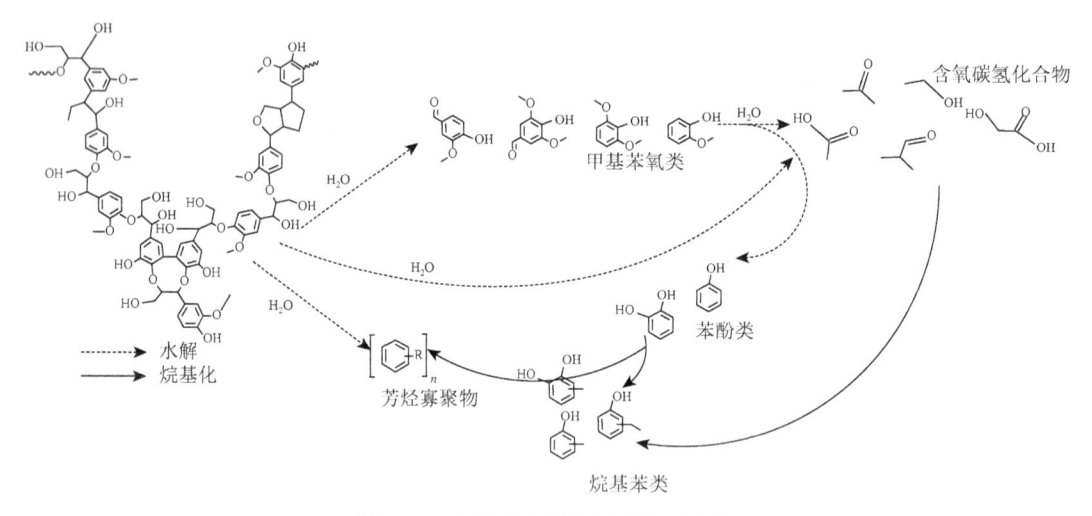

图 5-19　木质素水热分解的主要途径

5.3.2　液化技术及应用

1. 生物质快速热裂解液化工艺

1) 工艺过程

生物质快速热解液化的工艺过程主要包括物料的干燥、粉碎、热裂解、焦炭和灰分的分离、气态生物油冷凝及生物油的收集，其工艺流程如图 5-20 所示。

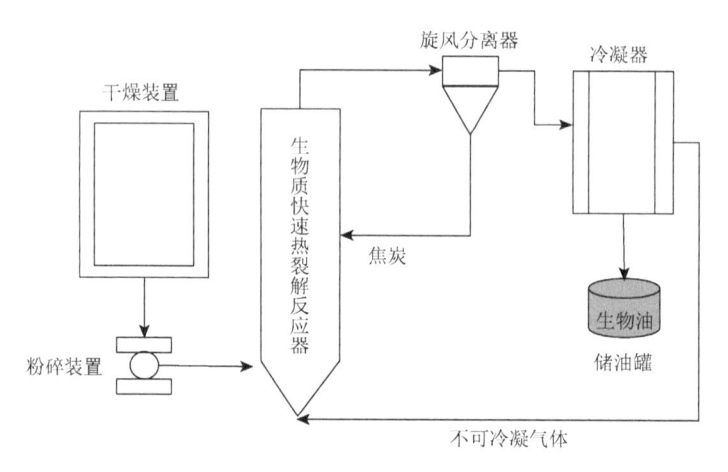

图 5-20　生物质快速热裂解工艺流程

（1）干燥。干燥是为了避免原料中的水分带到生物油中，影响油的品质，一般要求其物料的含水率在 10% 以下。

（2）粉碎。为了提高生物油的利用率、产率，必须具有很高的加热速率，所以要求物料有足够小的粒径，故需对生物质原料进行粉碎处理。

（3）热裂解。热裂解的目的是使原料能最大限度地生产生物油。热裂解生产生物油的关键是较高的加热速率和热传递速率、严格控制温度范围及热裂解挥发分的快速析出。

（4）焦炭和灰分的分离。生物质裂解生成的灰分大部分都留在产物炭中，从生物油分离炭和灰分是比较困难的，并且产物炭在二次裂解中还会产生催化作用，所以对于要求严格的生物油生产工艺过程，迅速彻底地将焦炭和灰分从生物油中分离十分重要。

（5）气态生物油的冷凝。为了保证生物油的产率，需要对其进行快速冷凝，在冷凝阶段的时间和温度影响着液体产物的质量及组分，热裂解挥发分的停留时间越长，二次裂解生成不可冷凝气体的可能性越大。

（6）生物油的收集。生物质热裂解过程中除了对反应器需要严格控制温度外，还需注意在生物油收集过程中避免由于生物油的多种组分冷凝而导致管路堵塞。

2）生物质热裂解液化过程及影响因素

生物质热裂解液化是一个复杂的过程，在这个过程中的影响因素很多，基本上可分为两类：一类与反应条件有关，主要有反应温度、升温速率、压力和气相滞留时间等；另一类与原料有关，主要有生物质种类、粒径大小、含水率等。

（1）反应条件的影响。

热解温度：热解温度对热裂解产物的产率存在显著影响。不同生物质快速热裂解产油率最高时的温度不同，一般为 500~600℃。热解温度影响生物油产率的主要原因是：热解温度过高时，快速热裂解产物中气相的生物油部分在高温下继续裂解成小分子并生成不可冷凝燃气、焦炭，使生物油产率降低；相反，热解温度太低时，快速热裂解过程中气相产物产量降低，焦炭产量增加，也使生物油产率降低。

升温速率：升温速率对热裂解产物的分布有一定的影响。升温速率低，生物质颗粒内部温度无法很快达到预定热解温度，使其在低温段停留时间长、焦炭增多；提高升温速率使得生物质颗粒内部迅速达到预定热解温度，缩短了在低温阶段的停留时间，从而降低了焦炭生成概率，增加了生物油产率，这也是在快速热裂解制取生物油技术中要快速升温的原因，升温速率一般为 10^3~10^5℃·s^{-1}。

压力：压力通过气相滞留时间影响生物油的产率。在较高的压力下，气相滞留时间长，同时压力的升高降低了气相产物从颗粒内逃逸的速率，增加了气相产物分子进一步断裂的可能性，使气相中碳氧化物和碳氢化合物（如 CO、CO_2、CH_4 和 C_2H_2 等）产量大幅增加。在低压下，气相产物可以迅速地从颗粒表面和内部离开，从而限制了气相产物分子断裂，增加了生物油的产率。

气相滞留时间：气相滞留时间是指生物质热裂解产物中气相产物在热解反应器中的停留时间。在颗粒内部热裂解形成的气相产物从颗粒内部移动到外部会受到颗粒孔隙率和气相产物动力黏度的影响。当气相产物离开颗粒后，其中的生物油和其他不可凝成分还将发生进一步断裂，所以为了获得最大生物油产率，在快速热裂解过程中产生的气相产物应迅速离开反应器以减少生物油分子进一步断裂的时间。气相滞留时间是获得最大生物油产率的一个关键参数。

（2）物料特性的影响。

生物质种类：生物质种类不同，纤维素、半纤维和木质素三种成分含量不同，热裂解产物的分布也不同。三种主要成分中纤维素含量最高，所以生物质快速热裂解产物产量及分布在一定程度上取决于原料中纤维素快速热裂解的产物产量及分布。半纤维素和纤维素主要产生挥发性物质,而木质素主要分解为焦炭,同时木质素比纤维素和半纤维素更难分解,因而通常含木质素多者焦炭产量较大。

粒径大小:生物质粒径的大小是影响升温速率的决定性因素,因而也是影响生物质快速热裂解产物产率的因素之一。粒径在1mm以下时,快速热裂解过程仅受本征动力学速率控制,而当粒径大于1mm时,快速热裂解过程还同时受传热和传质过程控制,且此时粒径成为热传递的限制因素。另外,粒径还对热解油的含水率产生一定影响。

含水率:含水率作为外部因素,影响热量在材料中的传递。含水率低的木材表面升温速率基本不变,含水率较高的木材热裂解速率较低。高含水率的生物质颗粒在流化床流化过程中易出现沟流、节涌现象,导致床层热裂解不均匀而降低生物油产率。此外,原料的水分含量还将影响生物油中的水分含量。

2. 生物质生化转化制取燃料乙醇

1) 淀粉类生物质原料生化转化制取燃料乙醇的工艺

淀粉类生物质原料生化转化制取燃料乙醇工艺由原料预处理、蒸煮、糖化、发酵和蒸馏等工序组成,如图5-21所示。原料经过除杂、粉碎、蒸煮转变为糊精,然后经糖化转化为可发酵性糖,最后在酵母菌的作用下发酵生成乙醇,经蒸馏得到高浓度乙醇。

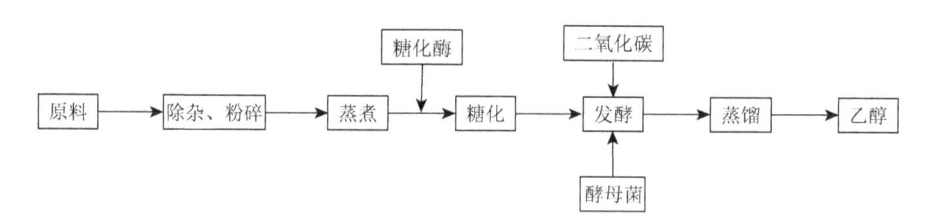

图5-21 淀粉类生物质转化为乙醇的工艺流程

2) 木质纤维素类生物质制取燃料乙醇的工艺

生物质中木质素、半纤维素对纤维素的包裹作用及纤维素自身的结晶状态,使得天然形态的纤维素很难像淀粉质那样经蒸煮糖化后被微生物发酵转化为乙醇,一般需要通过预处理、水解和发酵三个关键步骤,才能将木质纤维素原料高效转化为乙醇,具体的工艺流程如图5-22所示。预处理过程可以破坏纤维素的结晶结构,除去木质素,扩大

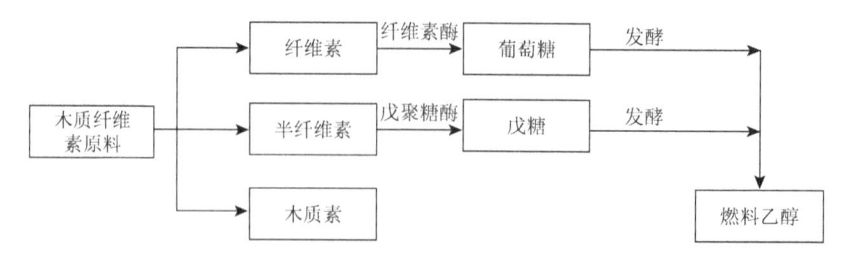

图5-22 木质纤维素类生物质制取燃料乙醇的生产流程

水解过程中催化剂与生物质表面的接触面积；水解是在酸或者酶的催化作用下将原料转化为以己糖和戊糖为代表的可发酵糖；再利用各种微生物发酵单糖生成乙醇。

水解过程常用的催化剂有酸和酶，相应地可以分为酸水解和酶水解两种方法，而酸水解又可以分为稀酸水解和浓酸水解。酶水解原料一般需要经过预处理，生产费用较高、水解周期长。因此，生物质酶水解要达到经济上和技术上的要求还有很长的路要走。酸水解实际上是将木质纤维素水解产生单糖，酸水解也可作为酶水解的预处理方法，而且具有较好的经济可行性。纤维素和半纤维素水解过程的方程式如下：

$$(C_6H_{10}O_5)_n + nH_2O \xrightarrow{\text{酸或酶}} nC_6H_{12}O_6 \tag{5-55}$$

$$(C_5H_8O_4)_n + nH_2O \xrightarrow{\text{酸或酶}} nC_5H_{10}O_5 \tag{5-56}$$

3. 生物柴油生产工艺

生物柴油生产工艺相对成熟，其生产工艺决定了生物柴油的品质和生产成本。在生物柴油制备过程中需要添加催化剂，现在主要利用酸和碱作为催化剂来催化酯交换反应生产生物柴油。

1）间歇碱催化工艺

碱催化技术反应条件较为温和、油脂转化率高、反应时间短，其工艺流程如图 5-23 所示。该工艺主要步骤为：醇与催化剂混合、酯交换反应、产物分离、生物柴油的水洗及精制、醇的回收利用、甘油中和及精制、产品质量控制。此外，催化剂的种类很多，如氢氧化钠、氢氧化钾、甲醇钠、甲醇钾等。

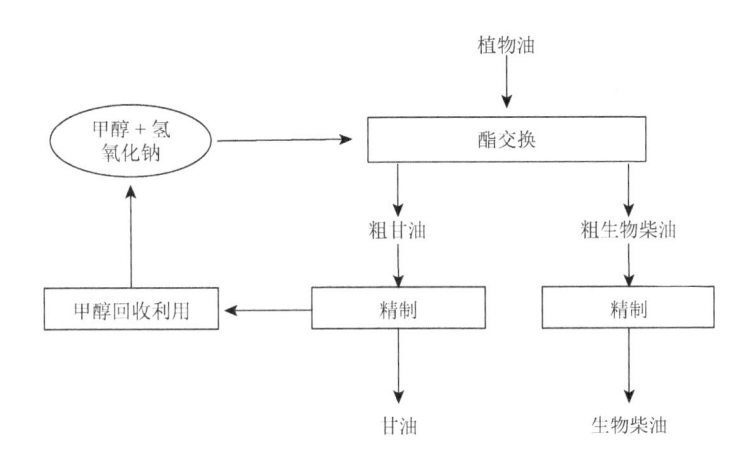

图 5-23 间歇碱催化工艺流程示意图

2）间歇酸催化工艺

酸催化法适合含有较多水分和游离脂肪酸的油脂原料，与碱催化法相比，其需要更高的温度和压力，以及较高的醇油比、能耗和设备要求，工艺流程如图 5-24 所示。该工艺与碱催化法基本相同，不同之处在于其催化剂变成了酸性催化剂，最常用的酸性催化剂为硫酸。

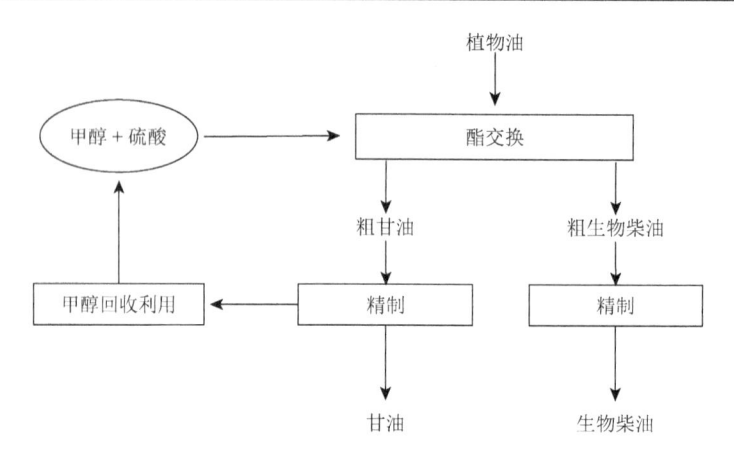

图 5-24 间歇酸催化工艺流程示意图

3）均相连续催化工艺

为了更好地制备生物柴油，使其品质更好，研制了连续性催化工艺，连续性工艺可以更好地实现热量利用、产品精制、产品质量稳定，还可以降低生产成本。均相连续催化工艺流程如图 5-25 所示。该工艺的主要步骤为：油脂与醇混合、第一步酯交换反应、醇和甘油的分离、第二步酯交换反应、醇的回收利用、生物柴油与甘油的分离、甘油中和及精制、生物柴油精制。

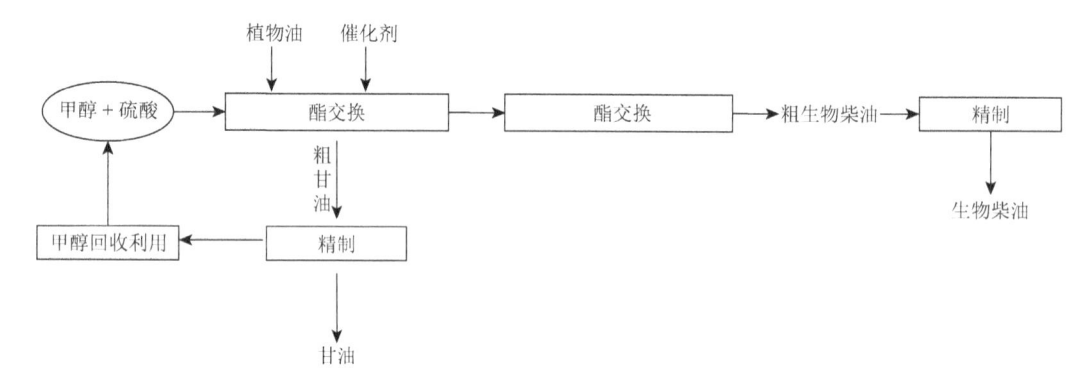

图 5-25 均相连续催化工艺流程示意图

4. 生物质水热液化工艺

水热液化在可持续能源转换领域受到越来越多的关注。其主要优势之一在于生物质原料适应性广。这种灵活性不仅降低了原料预处理成本，而且最大限度地减少了对环境的影响。水热液化通常在 250～374℃的温度和 2～25MPa 的压力范围内进行，可生产各种有价值的产品［生物粗料、水相、固体（生物质炭）和气体］。图 5-26 为生物质水热液化工艺流程图，主要包括原料预处理、生物质浆液配制、预热、液化、气液分离、固液分离及溶剂回收。

生物质水热液化工艺主要分为间歇式水热反应工艺［图 5-26（a）］和连续式水热反

应工艺［图 5-26（b）］。间歇式反应器更容易控制和监测反应过程中的工艺参数，可以采用高含固率的基质，从而在反应过程中不会出现堵塞问题。间歇式水热液化工艺的特点是间歇性操作，原料的间歇性装载和卸载导致加工时间长、生产率降低。原料转化发生在不同的分离循环中，整体过程控制难，转化效率低。

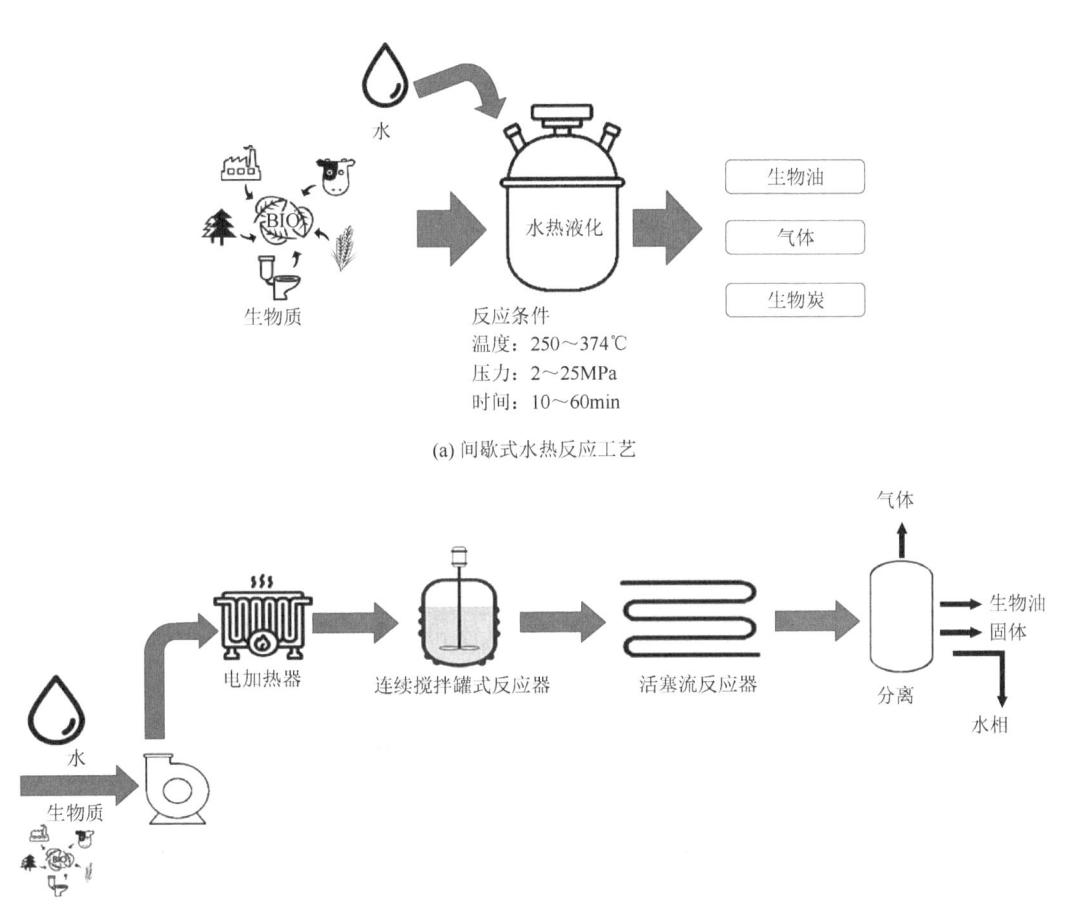

(a) 间歇式水热反应工艺

(b) 连续式水热反应工艺

图 5-26　生物质转化为增值产品的水热液化工艺流程

从间歇式水热反应工艺发展到连续式水热反应工艺是水热技术进步的一个重要里程碑。在连续式水热反应工艺中，连续搅拌罐式反应器配备了一个用于高效混合浆料的叶轮，还集成了一个电加热器，以精确控制和保持所需的反应温度。浆料的剧烈混合不仅增强了反应器内的传热，而且还防止产生沉淀。虽然连续搅拌罐式反应器在加热方面表现出色，但由于生物质在反应容器内的停留时间相对较短，生物质转化为生物原油的转化效率较低。为了克服这一局限性，将活塞流反应器与连续搅拌罐式反应器串联，生物质停留时间的延长大幅提高了生物原油的产量。

生物质加压水热液化技术是水热液化工艺的再一次升级，比较具有代表性的流程是由荷兰皇家壳牌石油公司开发的 HTU（hydrothermal upgrading）工艺。在 HTU 工艺上发展起来的现代加压水热液化工艺通常在亚临界甚至超临界条件下进行，压力可高达 30MPa，反应温度为 200~600℃，反应时间从几分钟到数小时不等，在此条件下生物质原料直接转变为液相产物，同时也伴有气、固相产物的生成。例如，以木制纤维素类生物质为原料，在反应温度 330~350℃、压力 12~18MPa、反应时间 5~20min 下进行液化。所得生物油热值为 30~35MJ·kg^{-1}，氧含量约为 10%，整个过程的热效率约为 40%。与采用有机溶剂的加压液化工艺相比，水的成本非常低，且与产物不互溶，易于分离。其技术原理的关键在于利用了水在超临界区域的特殊性质。典型的 HTU 工艺过程如图 5-27 所示。

生物质原料 → 预处理 → 反应器 → 高压分离 → 低压分离 → 提纯 → 生物油

图 5-27 HTU 工艺过程

5.4 生物质碳化

5.4.1 基础理论

生物质碳化是指生物质内部有机物在无氧或缺氧的条件下受热分解析出挥发分而留下残余炭的过程。相对于石化基炭，生物质炭具有明显的优势。传统的石化基碳化原材料属于不可再生资源，其产物容易造成严重的水体和土壤污染，后期维护成本高，二者的对比如表 5-10 所示。

表 5-10 生物质炭和石化基炭对比

类别	来源	是否可再生	获取成本	来源丰富程度	制备复杂程度
生物质炭	生物质废弃物	是	低	丰富	简单
石化基炭	石化材料	否	高	有限	复杂

生物质碳化方法包括热解、水热碳化、焙烧和煅烧、离子热碳化和熔融盐碳化。碳化方法基于生物质来源的类型和目标用途进行选择。

热解反应是生物质碳化的主要方法。生物质热解碳化主要分为三个阶段：①水分在 130℃下蒸发；②纤维素、木质素和半纤维素在 130~400℃发生热解反应；③生物质炭在 400℃以上大量形成。生物质炭的产量最大化是生物质热解碳化的目标，其主要来源为木质素。碳化温度是生物质炭的元素组成、官能团结构和石墨化程度的主要影响因素。生物质炭中的 N 元素在低温碳化阶段主要以吡咯 N 的形式存在。吡咯是一种含氮的有机化合物，它赋予了生物质炭某些特定的化学性质。同时，在这个阶段，生物质炭中含有大量的无定形碳，主要以芳香族低聚物的形式存在。这些低聚物是由较小的芳香族分子通过化学键连接而成的，它们呈现出一种较为无序的结构。生物质炭随着碳化温度的升高发生明显的变化，低聚物之间的连接变得更加紧密，形成了复杂的多环芳烃，其具有更高的化学稳定性,且趋向于排列在较大的平面上,使生物质炭的结构变得更加有序,如图 5-28 所示。

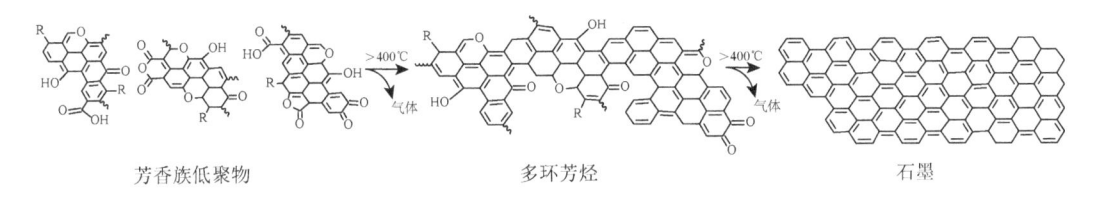

图 5-28 生物质热解碳化过程

总的来说,热解碳化法通过控制碳化温度,可以精确调控生物质炭的元素组成、官能团结构和石墨化程度,对优化生物质炭性能、拓展其工业化应用具有重要意义。

生物质水热碳化反应过程如图 5-29 所示,主要包括以下过程。

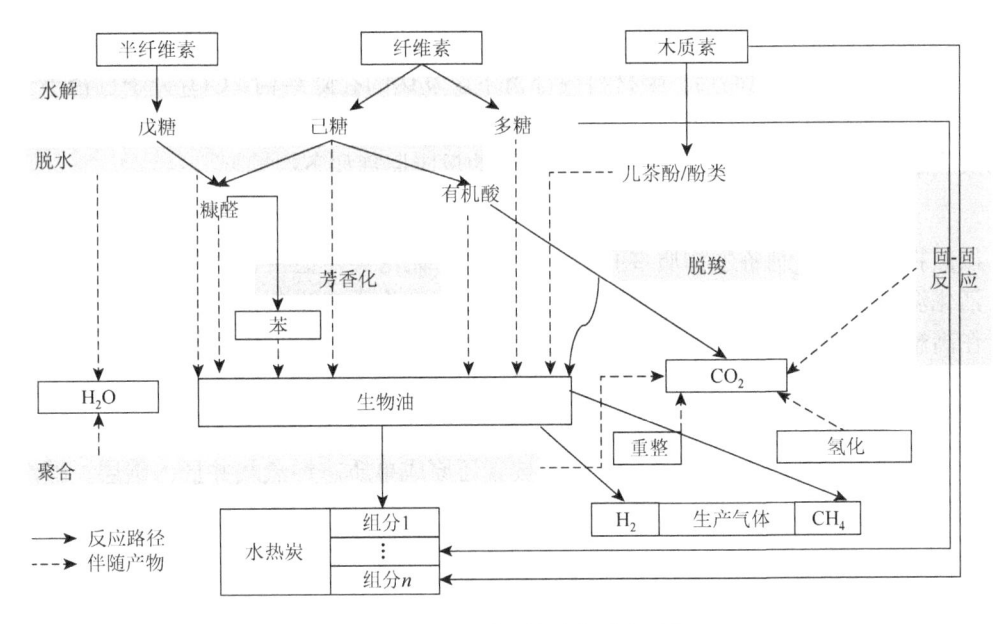

图 5-29 生物质水热碳化反应过程

（1）水解反应。水热碳化过程的第一步反应,亚临界状态的水解离成羟基（—OH）和水合氢离子（H_3O^+）,通过裂解生物大分子的酯键和醚键来分解生物质化学结构,使其降解为单糖等小分子物质。

（2）脱水反应。生物质碳化的主要步骤,包括化学反应和物理过程,化学反应主要是羟基消除反应,迅速降低 O/C 比和 H/C 比。水解反应生成的小分子物质经脱水反应生成糠醛、呋喃等环状化合物。

（3）脱羧反应。大量水分子生成之后发生脱羧反应,主要是羧基消除反应,反应速率低于脱水反应。羧基和羰基分解后生成 CO_2 和 CO。

（4）缩聚反应。水热条件下，脱水脱羧反应过程中生成的大量不饱和化合物通过再聚合生成新的聚合物。

（5）芳构化。高温水热条件下，水热炭进一步转化成高芳构化的水热炭，其具有良好的结构和化学稳定性。

生物质热解和水热制备的生物质炭经过表面改性和活化生成生物质多孔炭。生物质多孔炭的制备方法主要有活化法、模板法和水热法。活化法又分为物理活化法及化学活化法。物理活化法包含热解和活化两步，首先在惰性气体条件下中温碳化制备焦炭，随后利用水蒸气或者 CO_2 在更高温度下对焦炭气化，制备发达孔隙结构的多孔炭。水蒸气活化法工艺简单，碳化温度要求 500℃ 以上，活化温度在 750℃ 以上，其原理是利用水蒸气和碳原子反应生成 CO，反应式如下：

$$C + H_2O \longrightarrow H_2 + CO \tag{5-57}$$

$$CO + H_2O \rightleftharpoons H_2 + CO_2 \tag{5-58}$$

$$C + CO_2 \longrightarrow 2CO \tag{5-59}$$

水蒸气活化过程中，水蒸气和生成的 CO_2 进入碳结构内部，将不稳定的碳原子转化为 CO 或者 CO_2。气体脱离后，碳材料内部留下了发达的孔隙结构。CO_2 分子直径小于水分子，所以 CO_2 在碳颗粒孔道中的扩散速度小于水分子。相同的活化温度下，CO_2 活化法的反应速率低于水蒸气活化法。CO_2 活化法的反应原理如下：

$$C + CO_2 \longrightarrow 2CO \tag{5-60}$$

虽然物理活化法制备生物质多孔炭工艺简单，无污染，但生物质多孔炭比表面积不大，活化温度较高。化学活化法是利用各类化学药品作为活化剂，与木屑等含碳原料混合，在高温下进行碳化、活化反应。常用的活化剂包括碱、氯化锌和磷酸等。

（1）碱活化。在 400~600℃，KOH 与碳源先发生氧化还原反应，产生微孔。温度达到 600℃ 时，KOH 完全反应生成 K_2CO_3，随后 K_2CO_3 分解生成 CO_2，对碳材料进行物理活化。温度超过 700℃ 时，K_2CO_3 和 K_2O 被碳还原成单质态钾蒸气并插入碳层，酸洗去除插入物质后，形成了孔隙结构，具体反应过程如下：

$$2C + 6KOH \longrightarrow 2K + 3H_2 + 2K_2CO_3 \tag{5-61}$$

$$K_2CO_3 \longrightarrow K_2O + CO_2 \tag{5-62}$$

$$C + CO_2 \longrightarrow 2CO \tag{5-63}$$

$$K_2CO_3 + 2C \longrightarrow 2K + 3CO \tag{5-64}$$

$$K_2O + C \longrightarrow 2K + CO \tag{5-65}$$

（2）氯化锌活化。氯化锌活化法温度稍低（500~750℃），设备要求低于碱活化法，生物质多孔炭性能良好。氯化锌活化有三个作用：①降解纤维素形成孔隙；②高温催化脱水；③碳化时提供碳沉积骨架。

（3）磷酸活化。磷酸活化法温度更低（400~500℃），活化剂磷酸能实现回收利用，是一种经济且环保的活化方法。磷酸的活化机理为：磷酸在生物质炭前驱体中分散，活化后将磷酸洗出，在碳材料内部留下发达的孔结构。

5.4.2 碳化技术及应用

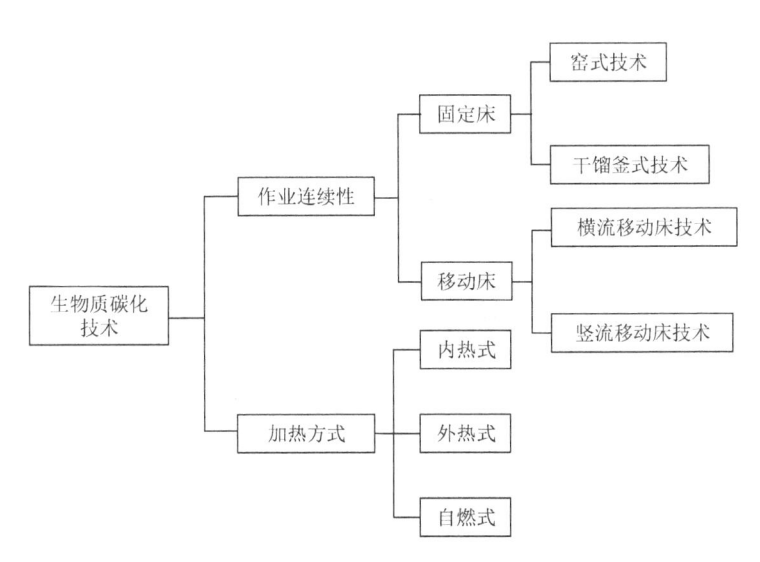

1. 生物质碳化技术工艺

生物质碳化技术在处理玉米、小麦和水稻等农林废弃物上具有巨大潜力，不仅实现能源利用，而且完成了碳元素在生物质炭中的固定，减少了碳排放。生物质碳化的工艺流程如图 5-30 所示，主要包括密封进料、外源加热、连续热解、固气分离、保温碳化、冷却出炭和副产物收集处理。

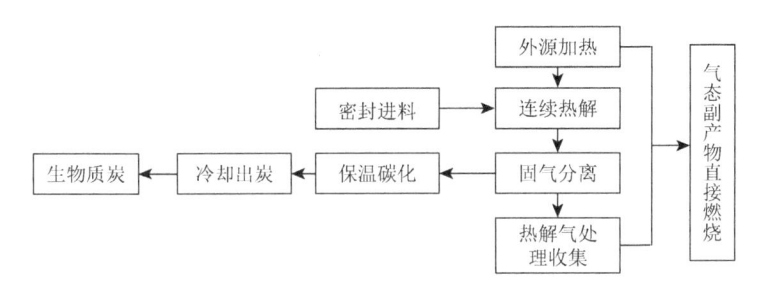

图 5-30 生物质碳化工艺流程

生物质碳化技术按照连续性和加热方式具有不同的分类，如图 5-31 所示。根据热源的供应方式，生物质碳化技术可以划分为外热式、内热式和自燃式。外热式碳化技术的加热方式是利用热空气通过碳化室外壁间接加热物料。内热式碳化技术是将 450~550℃的载热气体从炉体底部通入，与原料逆向接触，属于直接加热方式。自燃式碳化技术通过物料本身自燃对碳化室物料直接加热。

图 5-31 生物质碳化技术

基于生产过程的连续性，生物质碳化技术可分为固定床和移动床生物质碳化技术。固定床生物质碳化技术又可分为窑式、干馏釜式生物质碳化技术。自燃式热源是窑式生物质碳化技术的主要热源供应方式，生物炭是唯一的产品，其制造设备简单，投资成本低。外部热源供热是干馏釜式生物质碳化技术主要供热方式，能够实现生物炭与其他副产品联产。

固定床生物质碳化技术进一步升级优化后，开发了移动床生物质碳化技术。移动床生物质碳化技术分为横流移动床生物质碳化技术和竖流移动床生物质碳化技术。横流移动床生物质碳化技术采用螺旋或转筒等物料推送机构移动物料，竖流移动床生物质碳化技术依靠其自重移动物料。移动床生物质碳化技术的主要特点是能够连续生产，即生物质原料可连续送入碳化设备，同时，热裂解产品生物炭、可燃气和木焦油等也可连续排出，与固定床生物质碳化技术相比，具有生产连续性好、生产率高、过程控制方便、产品品质相对稳定等优点。

2. 生物质碳化的应用

生物质碳化材料在储能、传感、污染物处理、吸附等热点领域具有开创性的应用研究进展，其性能指标与制备方法总结如表 5-11 所示。

表 5-11 生物质碳化材料应用的性能指标与制备方法

应用	性能指标	制备方法	发展方向
储能及电极	比表面积、电循环电容损失、比电容、电流密度	高温碳化、金属活化	减少贵金属活化剂的使用
传感识别与检测	比表面积、检测范围、检测上下限	酸碱活化、金属活化	减少活化剂的使用量、碳材料与生物酶的结合
电磁屏蔽	屏蔽波段、屏蔽效率、材料厚度	水热碳化、高温碳化、冷冻干燥	三维多孔结构、与其他多孔材料的复合
污染物治理	吸附能力、分离效率	模板法、表面改性	低温下制备孔隙均匀分布的材料
碳捕集	比表面积、吸附环境气压、吸附能力	酸碱活化、表面改性	非贵金属离子的应用
电催化	催化电位、催化电流密度	掺杂、表面改性	实现原料与产物分离

1）土壤改良

生物质炭用于土壤改良已被广泛研究和验证，涉及改善种子发芽、植物生长和作物产量。生物炭可以改善土壤保水性、养分可用性、有机物和微生物活性，同时减少养分浸出和温室气体排放。此外，生物炭可固定土壤中的有毒金属，具有良好的赤泥修复能力。赤泥是氧化铝工业产生的副产品，会带来严重的环境问题和安全风险，赤泥的强碱性是影响其潜在土壤施用和综合利用的关键因素。生物炭可将赤泥转化为土壤基质，促进植物生长。

2）催化剂

生物炭也可直接作为催化剂，且有潜力取代传统的多相碳基催化剂。生物质炭表面含有丰富的羧基、羟基和酚羟基等官能团,这些官能团可以作为活性位点,促进化学反应的进行。生物质炭在多种化学环境中表现出良好的稳定性,这使它能够在苛刻的反应条件下保持催化活性。例如,以玉米秸秆为原料,通过热解、掺杂铁和氮元素,制备了具有高度分散催化中心的生物质碳基材料,该催化剂在 $10mA \cdot cm^{-2}$ 的电流密度下对氧还原和氧析出具有很强的电催化性能。常见的生物质炭催化材料中掺杂的杂原子种类和应用如表 5-12 所示。

表 5-12 生物质炭催化材料中可掺杂杂原子的种类和应用

生物质	杂原子种类	应用	催化效率/%
松针	N、O	四环素的催化降解	82
大蒜	S、N、P、B	碱性氧还原反应	—
香蒲	N	二氧化碳还原反应	—
鸡蛋	N、B、P、S	氧还原反应	10.2
荔枝壳	P	氧还原反应生产过氧化氢	60
大豆粉	P、N	苯甲醇氧化生产苯甲醛	99.4

习 题

1. 简述生物质的主要来源、主要优势和生物质燃料的分类。
2. 简述生物质能主要转化利用途径,以及生物质的主要组分。
3. 简述生物质气化的定义、影响因素和评价参数,以及生物质气化设备。
4. 生物质气化介质包括哪些?如何处理生物质气化过程中产生的焦油?
5. 简述生物质气化过程的原理,主要涉及哪些反应过程?
6. 生物质液化技术如何分类?请简述生物质快速热裂解液化工艺流程。
7. 简述生物质微生物发酵制取燃料乙醇的主要过程和反应方程式。
8. 简述生物质水热液化的定义,以及木质素、纤维素、半纤维素的水热降解反应路径。
9. 简述生物质间歇式水热反应工艺和连续式水热反应工艺的主要区别。
10. 什么是生物质碳化?生物质碳化的主要方法包括哪些?

第6章 核　　能

煤、石油、天然气以及生物质等可以通过燃烧、氧化或爆炸等化学反应过程来提供能量，原子是这些化学反应中不可再分割的最小单元，因此原子核并不受化学反应的影响。随着对原子内部结构的认识和了解，人们对原子核之间的反应进行了深入的探索。核化学是通过实验与理论相结合的方法研究原子核反应现象及相关机制的一门学科。

6.1　核反应概述

核反应是指在极短的时间内，入射粒子与原子核碰撞导致原子核状态发生变化或形成新核的过程。反应前后的能量、动量、角动量、质量与电荷等都必须守恒。在核反应中，用于轰击原子核的粒子称为入射粒子或轰击粒子，被轰击的原子核称为靶核，核反应发射的粒子称为出射粒子，反应生成的原子核称为剩余核或产物核。入射粒子 a 轰击靶核 A，发射出射粒子 b 并生成剩余核 B 的核反应可用以下方程式表示：

$$A + a \longrightarrow B + b \tag{6-1}$$

核反应与化学反应表示方式类似，即反应物写在反应方程式的左边，产物写在方程式的右边。核反应现象最早由英国物理学家卢瑟福在 1919 年研究 α 粒子（即氦原子核 $_2^4$He）轰击氮原子核时所发现，这也是人类第一次实现原子核的人工转变。按照上述的表示方法，这个核反应过程可以写为

$$_{7}^{14}N + _{2}^{4}He \longrightarrow _{8}^{17}O + _{1}^{1}H \tag{6-2}$$

此外，核反应过程也可采用缩写符号表示，即将轻的轰击粒子或碎片写在靶核与剩余核之间的括号内，原子序数一般忽略不写，上面提到的核反应方程用缩写符号可表示为

$$A(a, b)B \text{ 或 } ^{14}N(\alpha, p)^{17}O \tag{6-3}$$

在上述表示方法中，括号内所使用的符号及其所对应的粒子见表 6-1。

表 6-1　常见的符号及其所对应的粒子

符号	粒子	化学表达式	符号	粒子	化学表达式
n	中子	$_0^1 n$	β^-	β^-粒子/电子	$_{-1}^{0}e$
p	质子/氕核	$_1^1 H$	β^+	β^+粒子/正电子	$_{+1}^{0}e$
d	氘核	$_1^2 H$	γ	γ 射线	——
t	氚核	$_1^3 H$	π	π 介子	——
α	α 粒子/氦核	$_2^4 He$	$\bar{p}$	反质子	——

核反应通常分为四类：核衰变、粒子轰击、核裂变和核聚变。其中，核衰变为自发发生的核反应，后三种为人工核反应，即采用人工方法进行的非自发核反应。

6.2 放射性与核衰变

核衰变，也称为放射性衰变，是指一种核素的原子核自发地发射出某种粒子（射线）而转变为另一种核素的原子核或另一种能量状态的原子核的过程。具有一定数目质子和一定数目中子的一种原子称为核素。通常，人们将衰变前的原子核称为母核，衰变后生成的原子核称为子核。若子核核素仍具有放射性，则会进一步发生衰变，衰变过程中所生成的各代子核核素分别称为第一代、第二代、……、第 N 代子核核素。在该过程中，核素的原子核自发地发射出射线的性质称天然放射性，具有放射性的核素称为放射性核素。根据核衰变过程中核素的原子核射出粒子或射线的性质，可将天然放射性核素的衰变方式分为 α 衰变、β 衰变和 γ 衰变三种基本类型。此外，人工放射性核素还有其他衰变方式，如正电子 β 衰变、电子俘获等。因不同衰变过程中发射出的粒子质量和带电状态的差异，α、β 和 γ 射线在磁场或电场作用下表现出迥异的特性，如图 6-1 所示。

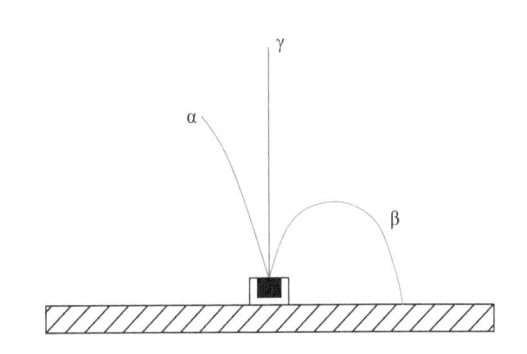

图 6-1 磁场或电场作用下 α、β 和 γ 射线的偏转

6.2.1 α 衰变

α 衰变是指放射性核素的原子核自发地发射出 α 粒子（α 射线）而转变成另一种核素的原子核的过程。α 粒子，即高速运动的氦原子核（$^{4}_{2}\text{He}$），由两个中子和两个质子构成，携带两个正电荷。某原子序数为 Z、质量数为 A 的放射性核素 X 的 α 衰变过程可用以下核反应方程式表示：

$$^{A}_{Z}\text{X} \longrightarrow {^{A-4}_{Z-2}}\text{Y} + \alpha + Q_\alpha \tag{6-4}$$

式中，X、Y 和 α 分别为母核核素、子核核素和 α 粒子；Q_α 为 α 衰变能。

由式（6-4）可知母核核素经 α 衰变后，其质量数 A 减少 4 个单位，原子序数 Z 减少 2 个单位，转变为子核核素 Y。相较于母核核素，子核核素的核电荷数减少 2 个单位，意味着子核核素在元素周期表中的位置向左移动 2 格，这称作 α 衰变的位移定则。图 6-2 为某放射性核素的 α 衰变过程。显而易见，只有当母核核素的静止质量大于子核核素和 α 粒子的静止质量之和时，衰变才有可能自发进行。α 衰变能是指母核核素在 α 衰变过程中所释放的能量，由 α 粒子的动能和子核核素的反冲动能两部分组成。

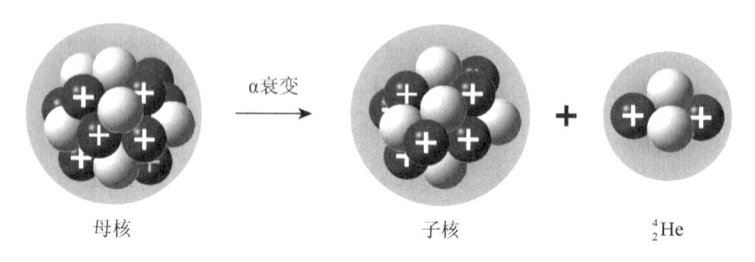

图 6-2 原子核的 α 衰变示意图

根据爱因斯坦提出的质能互换理论和质能公式，利用反应方程式两边核素的静止质量之差（也称质量亏损）可以计算得出 α 衰变过程释放的能量，质量亏损可以由下式获得：

$$\Delta M = M_X - M_Y - M_\alpha \tag{6-5}$$

式中，M_X、M_Y 和 M_α 分别为母核、子核和 α 粒子的静止质量，单位为 u。

根据质能相互联系的原理，和质量亏损相联系的能量相当于将 Z 个质子和 A−Z 个中子结合成原子核 $_Z^A X$ 时所放出的能量，或是将原子核 $_Z^A X$ 中所有核子分开时需要提供的能量，该能量称为原子核的总结合能，其大小表征原子核的稳定程度。质量亏损和总结合能之间的关系式如下：

$$B = 931.49 \Delta M \tag{6-6}$$

式中，B 为核素 $_Z^A X$ 原子核的总结合能，单位为 MeV。

一般而言，人们更加关注原子核内每个核子的平均结合能或者是比结合能，其大小等于总结合能 B 与质量数 A 的比值，即 B/A。图 6-3 所示为比结合能 B/A 随质量数 A 的变化关系，表 6-2 列举了部分核素的比结合能。

从图 6-3 和表 6-2 中可以看出，$_2^4$He、$_4^9$Be、$_6^{12}$C、$_8^{16}$O、$_{10}^{20}$Ne 等核素的比结合能明显高于与其质量数接近的核素的比结合能，而其他核素的比结合能随质量数的增加呈现有规律的变化趋势。当质量数较小时，比结合能随质量数的增加而快速上升，如质量数为 2 的核素 $_1^2$H 比结合能为 1.112MeV，质量数为 6 的核素 $_3^6$Li 的比结合能为 5.332MeV；随后，比结合能随质量数增加的上升速率有所减缓，如 $_7^{14}$N 的比结合能为 7.476MeV；随着质量数的进一步增加，比结合能的上升速率更加缓慢，$_{15}^{31}$P 的比结合能为 8.481MeV；当质量数增加至 50～90 时，比结合能达到最大值，为 8.7～8.8MeV；对于更大质量数的核素而言，随着质量数的增加，比结合能缓慢下降，如 $_{92}^{238}$U 的比结合能为 7.570MeV。

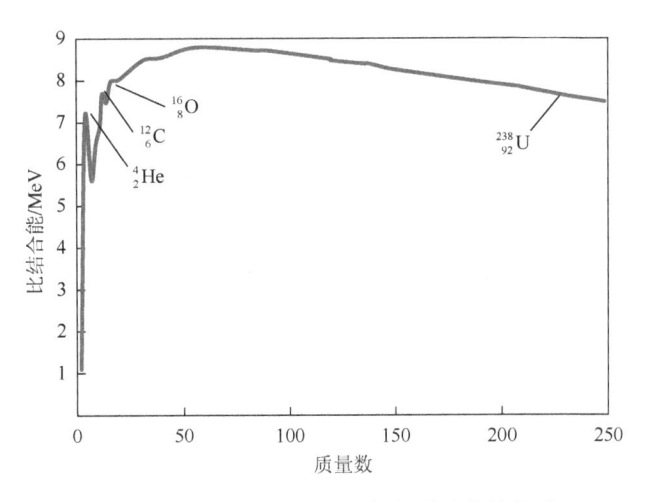

图 6-3 部分核素的比结合能与质量数的关系

表 6-2 部分核素的比结合能

核素	质子数 Z	质量数 A	比结合能 /MeV	核素	质子数 Z	质量数 A	比结合能 /MeV
$_1^2$H	1	2	1.112	$_{10}^{20}$Ne	10	20	8.032
$_1^3$H	1	3	2.827	$_{15}^{31}$P	15	31	8.481
$_2^3$He	2	3	2.573	$_{20}^{40}$Ca	20	40	8.551
$_2^4$He	2	4	7.074	$_{26}^{56}$Fe	26	56	8.790
$_3^6$Li	3	6	5.332	$_{36}^{84}$Kr	36	84	8.717
$_3^7$Li	3	7	5.606	$_{40}^{90}$Zr	40	90	8.714
$_4^9$Be	4	9	6.462	$_{40}^{91}$Zr	40	91	8.697
$_5^{10}$B	5	10	6.750	$_{50}^{120}$Sn	50	120	8.505
$_5^{11}$B	5	11	6.928	$_{51}^{120}$Sb	51	120	8.476
$_6^{11}$C	6	11	6.676	$_{54}^{135}$Xe	54	135	8.400
$_6^{12}$C	6	12	7.680	$_{54}^{136}$Xe	54	136	8.396
$_6^{13}$C	6	13	7.470	$_{56}^{138}$Ba	56	138	8.395
$_6^{14}$C	6	14	7.520	$_{60}^{142}$Nd	60	142	8.348
$_7^{13}$N	7	13	7.239	$_{60}^{143}$Nd	60	143	8.332
$_7^{14}$N	7	14	7.476	$_{60}^{144}$Nd	60	144	8.328
$_8^{16}$O	8	16	7.976	$_{62}^{149}$Sm	62	149	8.265
$_8^{17}$O	8	17	7.751	$_{62}^{150}$Sm	62	150	8.263
$_8^{18}$O	8	18	7.767	$_{76}^{190}$Os	76	190	7.967

核素	质子数 Z	质量数 A	比结合能/MeV	核素	质子数 Z	质量数 A	比结合能/MeV
$^{209}_{83}\text{Bi}$	83	209	7.848	$^{239}_{92}\text{U}$	92	239	7.558
$^{210}_{83}\text{Bi}$	83	210	7.833	$^{237}_{93}\text{Np}$	93	237	7.561
$^{210}_{84}\text{Po}$	84	210	7.834	$^{239}_{94}\text{Pu}$	94	239	7.560
$^{232}_{90}\text{Th}$	90	232	7.614	$^{240}_{94}\text{Pu}$	94	240	7.555
$^{233}_{92}\text{U}$	92	233	7.604	$^{241}_{94}\text{Pu}$	94	241	7.547
$^{235}_{92}\text{U}$	92	235	7.591	$^{242}_{94}\text{Pu}$	94	242	7.541
$^{238}_{92}\text{U}$	92	238	7.570	$^{249}_{98}\text{Cf}$	98	249	7.484

以 $^{210}_{84}\text{Po}$ 为例，其 α 衰变的反应方程式可以写为

$$^{210}_{84}\text{Po} \longrightarrow {}^{206}_{82}\text{Pb} + \alpha + Q_\alpha \tag{6-7}$$

已知 $^{210}_{84}\text{Po}$、$^{206}_{82}\text{Pb}$ 和 $^{4}_{2}\text{He}$ 的静止质量分别为 209.9829u、205.9745u 和 4.0026u，可以得到 $^{210}_{84}\text{Po}$ 在 α 衰变过程中释放的动能 Q_α 为 5.40MeV。根据能量和动量守恒定律可知，若衰变前的母核核素处于静止状态，衰变产物 $^{206}_{82}\text{Pb}$ 和 $^{4}_{2}\text{He}$ 的动量大小相等、方向相反，而它们的动能与各自的质量成反比。由于绝大多数天然放射性核素的原子序数很大（一般 Z>82），衰变后子核核素的质量远远大于 α 粒子的质量，因此，α 衰变能以 α 粒子所携带的动能为主，而以子核核素反冲动能形式存在的衰变能占比非常小，如理论上 $^{210}_{84}\text{Po}$ 衰变中释放的 α 粒子携带动能约为 5.31MeV。

原子核衰变的初始过程可以用衰变纲图来表示，一个完整的衰变纲图需包括核素的所有衰变方式，以及它们的分支比、辐射能量、放出射线的次序、任何一个中间态可测的半衰期等。$^{226}_{88}\text{Ra}$ 衰变纲图如图 6-4 所示，$^{226}_{88}\text{Ra}$ 的半衰期约为 1600 年，所有的 $^{226}_{88}\text{Ra}$ 经 α 衰变都会生成 $^{222}_{86}\text{Rn}$。

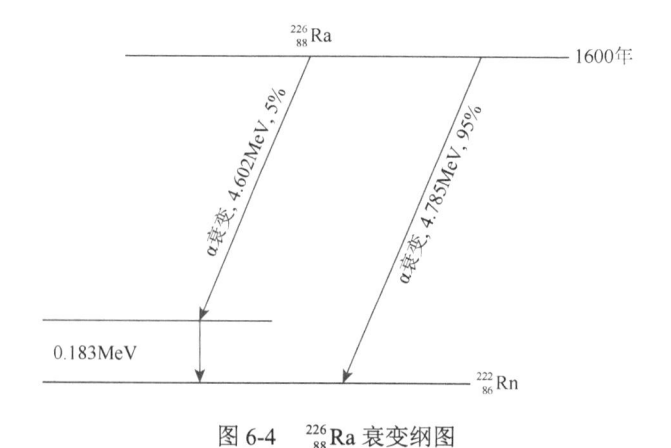

图 6-4　$^{226}_{88}\text{Ra}$ 衰变纲图

6.2.2 β衰变

β衰变是指放射性核素的原子核自发地发射出粒子或俘获一个轨道电子而变成另一种核素的原子核的过程。β衰变可分为β⁻衰变、β⁺衰变和轨道电子俘获三种形式，都是受弱相互作用力影响产生的。

1. β⁻衰变

原子核自发地发射出 β⁻粒子（β射线）而转变成另一种核素的原子核的过程称为β⁻衰变，该过程在发射出 β⁻粒子的同时，还放出反中微子（记作 $\bar{\nu}$）。β⁻粒子是高速运动的电子（$_{-1}^{0}e$），其最大运动速度可接近光速，携带一个负电荷。反中微子是中微子的反粒子，是一种静止质量几乎为零的电中性粒子。因此，从本质上来说，β⁻衰变其实是原子核内部的一个中子转变成一个质子的过程，图 6-5 为原子核的β⁻衰变过程的示意图。

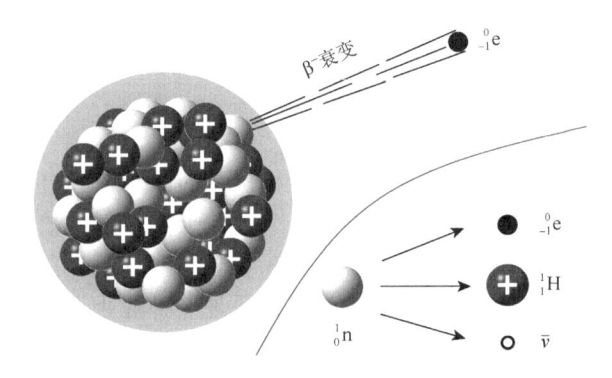

图 6-5 原子核的β⁻衰变示意图

核素原子核的β⁻衰变过程可用以下反应方程式表示：

$$_{Z}^{A}X \rightarrow {_{Z+1}^{A}Y} + \beta^- + \bar{\nu} + Q_{\beta^-} \tag{6-8}$$

式中，X、Y、β⁻和 $\bar{\nu}$ 分别为母核核素、子核核素、β⁻粒子和反中微子；Q_{β^-} 为β⁻衰变能，由子核核素、β⁻粒子和反中微子三种衰变产物的动能所组成。

依据式（6-8）可知，母核核素 X 经β⁻衰变后，其质量数 A 不变，原子序数 Z 增加 1 个单位，转变为子核核素 Y。相较于母核核素，子核核素的核电荷数增加 1 个单位，意味着子核核素在元素周期表中的位置向右移动 1 格，称作β⁻衰变的位移定则。与α衰变类似，只有当母核核素的静止质量大于子核核素、β⁻粒子和反中微子三种衰变产物的静止质量之和时，β⁻衰变才有可能发生。尽管β⁻衰变过程也要同时满足能量和动量守恒定律，但是三种衰变产物发射的方向和构成的角度可以是任意的，所以每种产物分配的动能并非是固定不变的。由于子核核素的质量远大于β⁻粒子、反中微子的质量，因此子核核素的动能非常小，β⁻衰变能的主要形式为β⁻粒子和反中微子 $\bar{\nu}$ 的动能。当子核核素能量状态确定时，β⁻粒子和反中微子的动能之和也是确定的。换而言之，β⁻粒子的动能可以从零变化至某一极大值，分别对应反中微子分配了所有动能或动能为零，这解释了 β⁻粒子能量具有连续谱的现象。

图 6-6 所示为 $_{19}^{40}$K 的衰变纲图，其中 89%的 $_{19}^{40}$K 经 β⁻衰变生成 $_{20}^{40}$Ca，其余 11%则经轨道电子俘获方式衰变生成 $_{18}^{40}$Ar，并发射出 γ 射线。

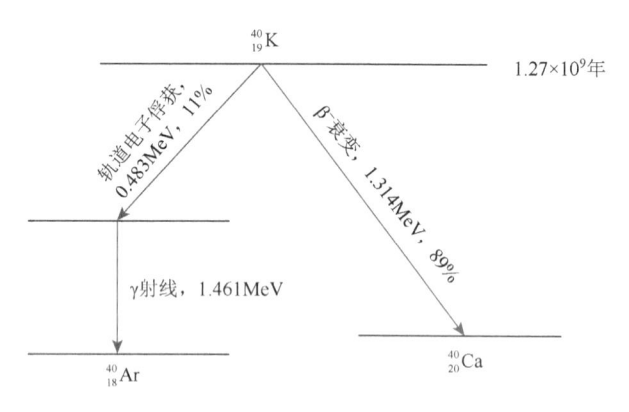

图 6-6　$_{19}^{40}$K 衰变纲图

2. β⁺衰变

原子核自发地发射出 β⁺粒子而转变成另一种核素的原子核的过程称为 β⁺衰变，该过程在发射出 β⁺粒子的同时，还放出中微子（记作 ν）。天然放射性核素中没有发现 β⁺衰变体，因此 β⁺衰变只存在于人工放射性核素中。β⁺粒子是高速运动的正电子（$_{+1}^{0}$e），其静止质量与电子质量相同，携带一个正电荷。中微子是一种静止质量几乎为零的电中性粒子。β⁺衰变本质上是原子核内的一个质子转变成一个中子的跃迁过程，放射性核素的 β⁺衰变过程如图 6-7 所示。

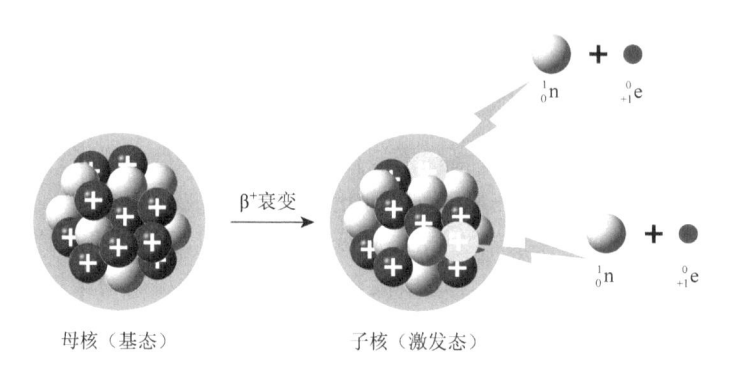

图 6-7　原子核的 β⁺衰变示意图

核素原子核的 β⁺衰变过程可用以下反应方程式表示：

$$_{Z}^{A}X \longrightarrow \,_{Z-1}^{A}Y + \beta^{+} + \nu + Q_{\beta^{+}} \tag{6-9}$$

式中，X、Y、β⁺和 ν 分别为母核核素、子核核素、β⁺粒子和中微子；$Q_{\beta^{+}}$ 为 β⁺衰变能，由子核核素、β⁺粒子和中微子三种衰变产物的动能所组成。

反应方程式（6-9）表明，母核核素经 β^+ 衰变后，子核核素的核电荷数减小 1 个单位，所以子核核素在元素周期表中的位置向左移动 1 格。与 β^- 衰变类似，β^+ 衰变只有当母核核素的静止质量大于子核核素、β^+ 粒子和中微子的静止质量之和时才可能发生。母核核素衰变后，三种衰变产物的动能分配也并非是固定的，以 β^+ 粒子和中微子所携带的动能为主，而子核核素携带的能量相对较小。

图 6-8 所示为 $^{13}_{7}\text{N}$ 的衰变纲图，衰变能 Q_{β^+} 并非母核核素与子核核素之间质量亏损带来的能量损失，而是在此基础上减去 $2m_0c^2$。

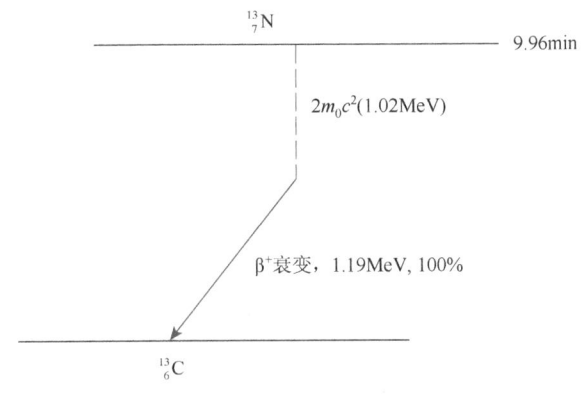

图 6-8 $^{13}_{7}\text{N}$ 衰变纲图

3. 轨道电子俘获

轨道电子俘获也称电子俘获，是指原子核俘获一个轨道电子，使核内的一个质子转变成中子，并放出中微子的过程。如果 K 层电子被俘获则称为 K 俘获，如果 L 层电子被俘获则称为 L 俘获，以此类推。然而，K 层电子最靠近原子核，被俘获的概率远高于其他层电子（如比 L 层电子俘获概率高 100 倍），因此如未作特别说明时，通常所说的电子俘获均指代 K 俘获。电子俘获衰变过程可用以下反应方程式表示：

$$^{A}_{Z}\text{X} + ^{0}_{-1}\text{e} \longrightarrow ^{A}_{Z-1}\text{Y} + \nu + Q_K \tag{6-10}$$

式中，X、Y、$^{0}_{-1}\text{e}$ 和 ν 分别为母核核素、子核核素、轨道电子和中微子；Q_K 为 K 层电子俘获衰变能，由子核核素和中微子的动能所组成。

电子俘获产生的必要条件是母核核素的静止质量大于子核核素静止质量与壳层电子的结合能之和。此处提到的结合能是指某一粒子的静止质量与实际质量之差。由于子核核素的质量与中微子的质量相差非常大，因此电子俘获衰变能几乎完全为中微子的动能。

6.2.3 γ 衰变

γ 衰变，也称 γ 跃迁，是放射性衰变的另一种形式，往往伴随着放射性核素的 α 或 β 衰变而发生。当某一放射性核素发生 α 或 β 衰变时，所产生的子核核素仍处于激发态，处于激发态的原子核不稳定，可以通过直接退激或级联退激回到基态。激发态的原子核

通过释放出 γ 射线的形式向较低激发态或基态跃迁的过程称为 γ 衰变或 γ 跃迁，如图 6-9 所示。

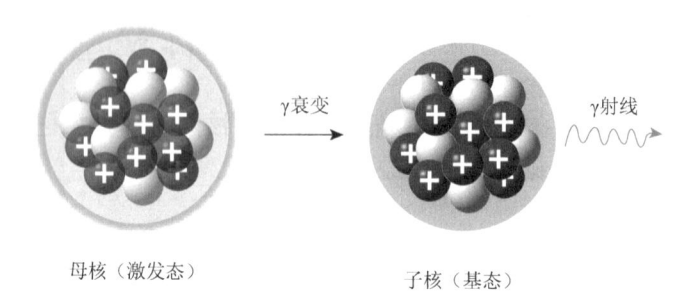

图 6-9 处于激发态原子核的 γ 衰变示意图

同质异能素间的 γ 跃迁称为同质异能跃迁，该过程的特征是能量发生改变，而原子核的质量数 A 和原子序数 Z 均保持不变，因此可以用以下方程来表示：

$$_{Z}^{Am}X \longrightarrow {}_{Z}^{A}X + \gamma + Q_\gamma \tag{6-11}$$

式中，$_{Z}^{Am}X$ 和 $_{Z}^{A}X$ 分别为退激发前、后的核素；γ 为 γ 射线；Q_γ 为 γ 衰变能。

γ 衰变能是原子核进行 γ 衰变前后的能级差，所以 Q_γ 可以通过下式进行计算：

$$Q_\gamma = E_n - E_1 \tag{6-12}$$

式中，E_n 和 E_1 分别为原子核在 γ 衰变前后的能级或者退激发前后的能量。

然而，处于激发态的原子核在退激过程中未必会释放 γ 射线，而是将释放的能量传递给核外电子，使其脱离原子核的束缚，这是原子核退激发的另一种途径，称为内转换，脱离原子核束缚的电子则称为内转换电子。内转换电子的能量等于原子核激发态和较低能级的能量差减去电子在原子中的结合能。处于激发态的原子核通过内转换与释放 γ 射线退激的概率之比称为内转换系数，该系数的大小取决于有关核能级的特性。

6.3 核 裂 变

核裂变，又称核分裂，是指质量数较大的重核（$A \geqslant 200$，如 $_{92}^{235}U$ 和 $_{94}^{239}Pu$）分裂成两个或多个中等质量轻核的一种反应过程，伴随有能量的释放，即所谓的裂变能，又称核能或原子能，是原子弹或核电厂的能量来源。原则上，只要处于充分高的激发态，任何原子核可以进行裂变反应。然而，玻尔、惠勒和弗仑克尔等物理学家的研究表明，并非所有的重核都能发生自发裂变现象。对于 $Z^2/A \geqslant 45$ 的核素，因库仑排斥力的作用超过表面张力的作用，有可能自发地产生裂变；然而，对于 $Z^2/A < 45$ 的核素，裂变过程不会自发地产生，只有当核素达到进行裂变时某激发态所需的能量才会裂变，该能量即为裂变反应的活化能。活化能的作用是使原子核产生变形和振荡，直至变成哑铃形状并导致分裂为止。图 6-10 所示为原子核裂变的液滴模型，在裂变过程中，原子核像液滴一样变成椭球形、哑铃形，进而发生分裂，变成两个或更多的液滴。

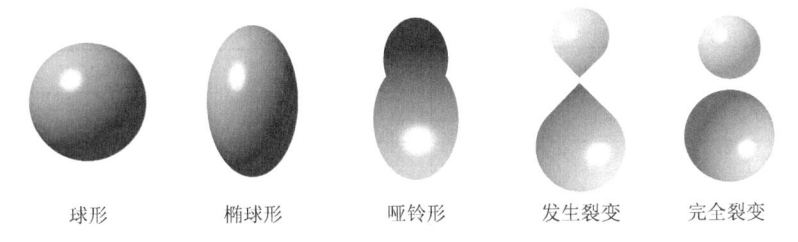

图 6-10 原子核裂变的液滴模型

在中子引起的核裂变过程中，中子轰击处于激发态的靶核后被吸收，形成复合核后分裂产生两个或多个中等质量的碎片，该反应的活化能来源于入射中子的动能和进入靶核后释放的结合能。所需最小入射中子的动能称为中子裂变阈，也称为裂变阈。当释放的结合能高于裂变活化能时，核素的中子裂变阈小于零，即核素的裂变过程可由入射动能很小的中子所引发，如热中子。表 6-3 所示为中子的类型、能量及对应的特点。

表 6-3 中子的类型、能量及特点

类型	名称	能量 E/eV	特点
慢中子	冷中子	$\leq 2\times 10^{-3}$	能量较低
	热中子	≈0.025	与分子、原子、晶格振动的能量相当
	超热中子	≥0.5	能量略高
	共振中子	1～1000	与原子核发生共振吸收，吸收截面较大
快中子	中能中子	$10^3 \sim 5\times 10^5$	能量介于快、慢中子之间
	快中子	$5\times 10^5 \sim 10^7$	核裂变释放的中子
	极快中子	$10^7 \sim 5\times 10^7$	—
	超快中子	$5\times 10^7 \sim 10^{10}$	—
	相对论中子	$>10^{10}$	—

表 6-4 所示为部分核素的中子裂变阈，其中 $^{233}_{92}\text{U}$、$^{235}_{92}\text{U}$ 和 $^{239}_{94}\text{Pu}$ 等中子数为奇数的核素的中子裂变阈较低（小于零），它们也是自然界中少数容易发生核裂变的核素，中子数为偶数的核素的中子裂变阈相对较高。

表 6-4 部分核素的中子裂变阈

靶核	复合核	中子裂变阈/MeV
$^{232}_{90}\text{Th}$	$^{233}_{90}\text{Th}$	1.3
$^{233}_{92}\text{U}$	$^{234}_{92}\text{U}$	<0
$^{234}_{92}\text{U}$	$^{235}_{92}\text{U}$	0.4
$^{235}_{92}\text{U}$	$^{236}_{92}\text{U}$	<0
$^{236}_{92}\text{U}$	$^{237}_{92}\text{U}$	0.8

续表

靶核	复合核	中子裂变阈/MeV
$^{238}_{92}U$	$^{239}_{92}U$	1.2
$^{237}_{93}Np$	$^{238}_{93}Np$	0.4
$^{239}_{94}Pu$	$^{240}_{94}Pu$	<0

核裂变是一个极其复杂的反应过程，伴随有新中子和巨大能量的释放，产生的新中子可以进一步轰击重核引发新的核裂变，形成链式核裂变反应。图 6-11 所示为单个铀核（以核素 $^{235}_{92}U$ 为例）的裂变过程。当中子轰击铀核 $^{235}_{92}U$ 后，形成不稳定的复合核 $^{236}_{92}U^*$，进而裂变产生两个新的原子核（如 $^{95}_{39}Y$ 和 $^{139}_{53}I$ 或者 $^{92}_{36}Kr$ 和 $^{141}_{56}Ba$），包含 80 余种放射性同位素，它们的质量数主要分布在 72～160，且以质量数为 95 和 139 左右的核素生成概率最高，而裂变产生两种质量数相当的新核的概率较小，仅约为 0.01%。产生的新核是不稳定的，要经过多次衰变（如 β 衰变、γ 衰变）才能转变成稳定的原子核，所以 $^{235}_{92}U$ 核反应堆的同位素多达 200 余种。与此同时，$^{235}_{92}U$ 裂变时会释放出 2～3 个快中子，其能量主要分布在 1～2MeV，它们可能会发生逃逸，也可能慢化后成为热中子（即能量约为 0.025eV 的慢中子）。产生的热中子中，有的可能在非裂变反应中被吸收而消耗，有的可以被 $^{235}_{92}U$ 吸收，进而引发新的裂变反应。

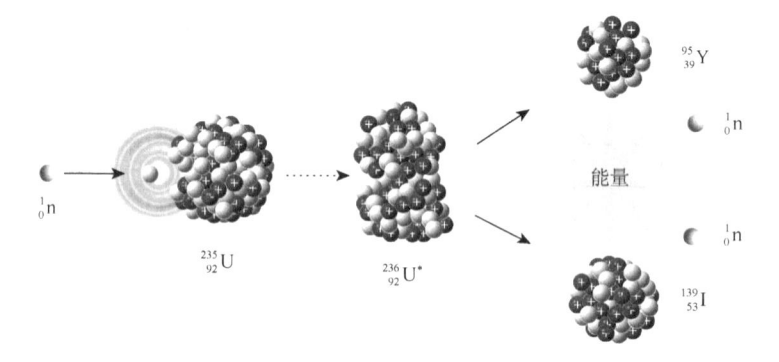

图 6-11 以 $^{235}_{92}U$ 为例的核裂变反应

图 6-11 中 $^{235}_{92}U$ 裂变产生 $^{95}_{39}Y$ 和 $^{139}_{53}I$ 的过程可以用以下方程式表示：

$$^{235}_{92}U + ^{1}_{0}n \longrightarrow ^{236}_{92}U^* \longrightarrow ^{95}_{39}Y + ^{139}_{53}I + 2^{1}_{0}n + Q_{fission} \quad (6-13)$$

式中，$Q_{fission}$ 为单个 $^{235}_{92}U$ 裂变成 $^{95}_{39}Y$ 和 $^{139}_{53}I$ 释放的能量。

裂变前总静止质量为 $^{235}_{92}U$（235.124u）和中子（1.009u）之和，即 236.133u，裂变后总静止质量为 $^{95}_{39}Y$（94.945u）、$^{139}_{53}I$（138.955u）和两个中子（2.018u）之和，即 235.918u，可知裂变过程质量亏损为 0.215u，转变成能量为 200.3MeV，即中子轰击单个 $^{235}_{92}U$ 原子核裂变释放的能量高达 200.3MeV。表 6-5 列举了几种核素裂变反应释放的能量。1 kg 的 $^{235}_{92}U$ 裂变释放的能量总和高达 8.2×10^{10}kJ，折合约 2800t 标准煤（以发热量为 29.3MJ·kg^{-1} 进行估算），可见核裂变反应释放的能量远高于传统化石燃料完全燃烧放出的化学能。

表 6-5　部分核素的中子裂变反应释放的能量

核素	单个原子核释放的能量/MeV
$^{232}_{90}\text{Th}$	196.2
$^{233}_{92}\text{U}$	199.0
$^{235}_{92}\text{U}$	200.3
$^{238}_{92}\text{U}$	208.5
$^{239}_{94}\text{Pu}$	210.7
$^{241}_{94}\text{Pu}$	213.8

链式核裂变反应过程如图 6-12 所示。以 $^{235}_{92}\text{U}$ 为例，一个中子轰击可裂变原子核引发的核裂变反应可以产生 2 个中子，若这些新的中子去轰击新的 $^{235}_{92}\text{U}$，将引发 2 个一样的核裂变反应，并产生 4 个中子，以此类推，这些新的中子使裂变反应连续不断地进行，即形成链式核裂变反应，并源源不断地提供核能。目前，如何实现参与裂变中子数控制已成为核反应堆控制和安全稳定运行的关键所在。

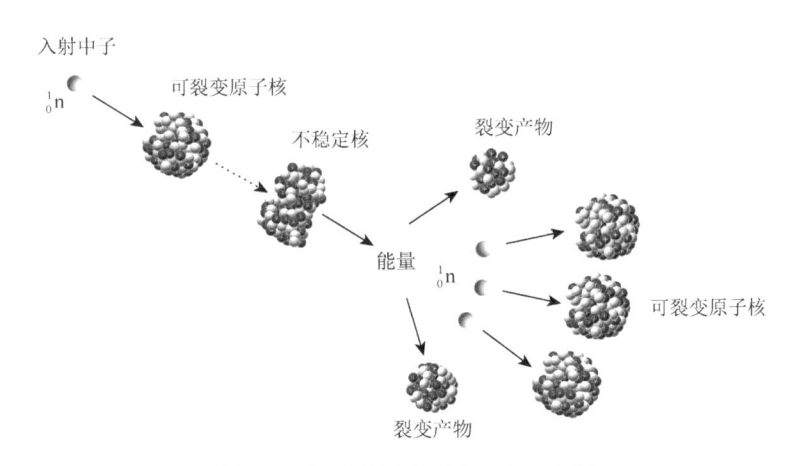

图 6-12　链式核裂变反应过程示意图

6.4 核 聚 变

核聚变，又称核融合、融合反应、聚变反应或热核反应，是指两个质量数小（一般 $A \leqslant 15$，如氢、氦的同位素等）的轻核聚合成一个较重核的反应过程，也称为轻核的聚变反应。与重核的裂变反应类似，由于不同核素比结合能之间的差异，轻核的聚变反应会释放出多余的结合能，称为聚变能，是核能的另一种重要的利用形式。聚变前后核素的比结合能差异越大，聚变反应释放的能量越多。然而，由于原子核之间存在很强的静电排斥力，聚变反应过程需要克服库仑势垒，所以只有当轻核发生高速碰撞时或在极高的温度条件下才有可能进行。1934 年，卢瑟福与澳大利亚物理学家奥利芬特、奥地利化学家哈尔特克使用加速的粒子 $_1^2H$ 去轰击靶核 $_1^2H$，在实验室中发现了核聚变现象，具体涉及的反应如下：

$$_1^2H + _1^2H \longrightarrow _1^3H + _1^1H + 4.04\text{MeV} \tag{6-14}$$

$$_1^2H + _1^2H \longrightarrow _2^3He + _0^1n + 3.27\text{MeV} \tag{6-15}$$

当使用加速的粒子 $_1^3H$ 或 $_2^3He$ 去轰击靶核 $_1^2H$ 时，则会发生以下反应：

$$_1^3H + _1^2H \longrightarrow _2^4He + _0^1n + 17.58\text{MeV} \tag{6-16}$$

$$_2^3He + _1^2H \longrightarrow _2^4He + _1^1H + 18.34\text{MeV} \tag{6-17}$$

以上 4 个反应是最重要的核聚变反应，其示意图如图 6-13 所示。氘-氘核聚变反应会生成不同的产物，一种是氚核与质子，另一种是轻氦核与中子，且它们的生成概率几乎相当。氚-氘核聚变反应会生成氦核与中子，氘-轻氦核聚变反应则生成氦核与质子。

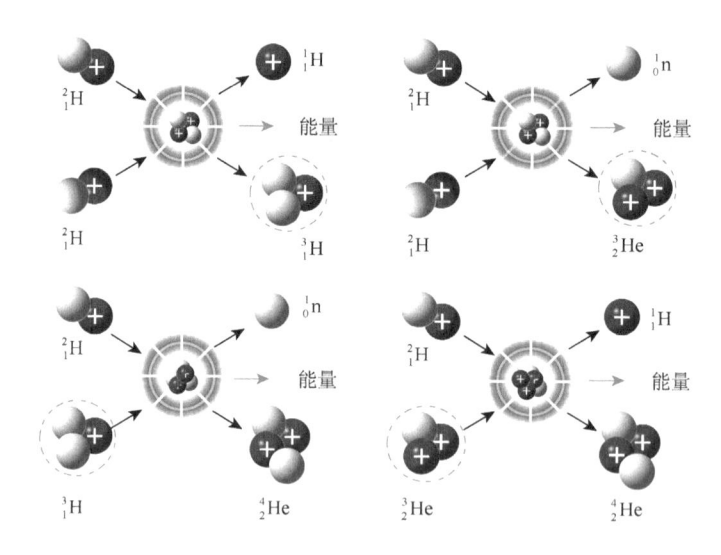

图 6-13 核聚变反应示意图

上述过程的整体效果可以由下列方程式表示：

$$6_1^2H \longrightarrow 2_2^4He + 2_1^1H + 2_0^1n + 43.24\text{MeV} \tag{6-18}$$

可知，每消耗 6 个 $_1^2H$ 原子核释放出 43.24MeV 的聚变能，相当于每个核子平均释放出 3.60MeV。尽管式（6-13）中子轰击 $_{92}^{235}U$ 原子核发生裂变过程释放的能量高达 200MeV，但每个核子平均释放的裂变能仅约为 0.85MeV。因此，就单位质量物质反应所释放能量的大小而言，聚变反应时的比结合能变化更加显著，所以聚变反应比裂变反应更加有效，聚变能是一种比裂变能更为可观的核能。然而，实现聚变能利用的条件是极其苛刻的，自持的核聚变反应必须在极高的温度和压力下进行，且聚变反应的燃料需要有足够高的密度，同时这些苛刻条件需要维持足够长的时间。当然，聚变反应一旦发生，其释放的巨大能量足以维持核聚变过程的连续进行，这也是太阳和其他恒星"运作"的原理及辐射能量的来源。

6.5 核能的开发与利用

随着人们对元素的放射性、核衰变、人工核反应本质的理解，核能的开发与利用受到越来越多的关注，核化学与核技术相关的研究成果已广泛应用于生产实践和科学研究，各种核技术方法在医学、材料科学、环境科学、生物学、地学、宇宙化学、考古学和法医学等领域都有着重要的应用。例如，核技术勘测是利用天然放射性核素的性质，通过专门的核勘测仪器测量射线的强度和放射性核素的含量，以实现寻找矿产资源和地质工程勘探的目的。核磁共振成像、放射性核素成像和 X 射线摄影等现代医学的主要影像手段同样是利用核素的放射性、射线的穿透性等特点，实现医学诊断和疾病防治的目的。原子弹和氢弹等核武器、核电等则是对核裂变或者聚变反应释放的巨大核能加以利用。

核能是一种能量密度高、品位高、储量大的清洁能源，对其进行持续的开发与应用是未来突破能源、交通和环保等领域瓶颈问题的重要途径。储存量是决定一种能源是否能成为主力能源的关键因素。铀是重要的核裂变燃料，其已知同位素多达十余种，然而，天然铀中易裂变的同位素 $^{235}_{92}U$ 仅占 0.72%，占比高达 99.275%的同位素 $^{238}_{92}U$ 在吸收一个慢中子后并不会发生裂变反应，而是会经历连续两次 β^-衰变转变为 $^{239}_{93}Np$ 和 $^{239}_{94}Pu$。换而言之，$^{238}_{92}U$ 会通过非裂变反应消耗中子，阻碍链式裂变反应的进行。幸运的是，$^{239}_{94}Pu$ 也是一种易裂变的元素，因此可以通过将不易裂变的 $^{238}_{92}U$ 转变成易裂变的 $^{239}_{94}Pu$，使其成为一种优秀的核燃料。在实际工业应用中，如果通过对核反应堆进行合理设计，使产生的 $^{239}_{94}Pu$ 多于消耗的 $^{235}_{92}U$，可确保堆中核燃料不断增殖，这样的反应堆通常称为"增殖反应堆"。通过增殖反应堆，地球上所蕴藏的铀资源，而不仅仅是 $^{235}_{92}U$，均可作为潜在的核燃料，以满足人类未来数千年的能源需求。同样地，尽管自然界中不存在另一种同样易裂变的铀同位素 $^{233}_{92}U$，但人们可以通过中子轰击 $^{232}_{90}Th$，并历经连续两次的 β^-衰变将其转变为 $^{233}_{92}U$，获得一种优秀的核燃料。据估算，地球上的铀和钍资源所蕴藏的能量是所有煤炭和石油资源能量总和的 100 多倍。然而，铀和钍元素的分布非常稀散，元素提纯将是充分利用其核燃料裂变能的重要前提。

相比于重核的裂变能，轻核的聚变能更为可观。氢的两种同位素，氘（^2_1H）和氚（^3_1H）是聚变能利用的关键核燃料。氘广泛存在于海水中，每 1000 个氢原子中约有 17 个氘原子，其总量高达 40 万亿 t。单位体积海水中所含有的氘原子完全聚变所释放的聚变能相当于同体积汽油燃料热值的 300 倍。然而，氘-氚聚变反应中的氚在自然界中并不存在，需要通过人工的方法进行生产。目前，主要通过使用中子轰击锂的同位素（^6_3Li 和 ^7_3Li）来获得，其中 ^6_3Li 通过吸收热中子（一种能量较低的慢中子）可以转变成氚，并释放出高达 48MeV 的能量，^7_3Li 则需要吸收快中子才能转变成氚。尽管海洋中的锂资源远低于氘的储量，但也超过 2000 亿 t，使用锂来生产氚是切实可行的。为此，在可以预见的未来，核聚变能将是一种取之不尽、用之不竭的清洁安全能源。然而，实现聚变能利用的条件是非常苛刻的，必须要达到高温和高密度的条件，据估算，温度需要达到数千万甚至一亿摄氏度以上。例如，战略核武器氢弹爆炸时，氘-氚核聚变是依靠原子弹爆炸产生的高温高压来实现的，可想而知核聚变反应实现难度之大。此外，另一个制约核聚变能应用的难题便是材料问题,目前无法用任何已知材料的容器去加以约束。因此,要将聚变时放出的巨大能量作为社会生产和人类生活的能源,必须对剧烈的聚变反应加以控制,即实现受控核聚变,这也将是人类目前和未来很长时间内实现核聚变能开发与利用的关键所在。

习　题

1. 何谓 α 衰变、β 衰变、γ 衰变?简述三者的区别与联系。
2. 试列举三种铀的同位素,并写出它们的表示符号。
3. 试写出氢的三种同位素表示符号。
4. 何谓核裂变、核聚变反应?简述两者的差异。
5. 何谓原子核结合能?试从该角度比较核裂变能和核聚变能的大小。

第7章 氢　　能

7.1 概　　述

氢是宇宙中最丰富的元素，在地球上主要存在于水和有机化合物中；氢是最轻、最简单的元素，由一个电子和一个质子组成；氢气是一种无色、无臭、可燃的气体；氢气的燃烧热值高，且燃烧产物为水，是当前最干净的能源形式。

1. 氢的生产方式

化石燃料重整：这是目前最常见的方法，特别是通过天然气的蒸汽重整，虽然成本较低，但会产生大量 CO_2，不符合可持续发展理念。

水的电解：通过电解方法将水分解成氢气和氧气，如果使用可再生能源提供电力，这种方式可以产生零排放的绿色氢能。

生物质转化：通过生物技术将有机物质转化为氢气，是一种可持续的氢气生产方法，但技术成熟度和效率仍待提高。

光催化和热化学方法：利用太阳能直接分解水或进行化学反应产生氢气，尚处于研发阶段。

2. 氢的储存技术

压缩氢气储存：将氢气压缩在高压罐中，技术成熟但需要大量能量以维持压力。

液态氢储存：将氢气冷却至 $-253℃$ 以下液化，能量密度高，适合大规模运输，但绝热和保温技术要求高。

固态氢储存：利用金属氢化物或复合材料吸附或储存氢气，能量效率较高，但面临成本和反应动力学的挑战。

3. 氢的应用领域

能源产生：氢气在燃料电池中与氧气反应产生电力和热，应用于电动车、便携电源和备用电源等。

工业原料：在炼油、化学和食品工业中作为还原剂，用于油品提升、金属加工、肥料生产和食品处理等。

储能与电网管理：氢能作为能量载体，可以用来平衡电网供需，尤其在可再生能源高度集中的区域。

4. 氢能的挑战与未来

尽管氢气作为一种清洁能源具有巨大潜力，但它的广泛应用仍面临技术和经济上的挑战，包括氢气的生产效率、储存和运输成本、使用过程的安全性，以及氢能基础设施建设等。未来氢能的发展需要政策支持、科技创新和市场需求的协同增长，以实现氢能在全球能源系统中的有效整合。

7.2 氢气的制备

7.2.1 基础理论

常用的制氢技术包括热化学重整、电解转化、直接太阳能水分解和生物法。这些技术根据其能源来源和生产工艺的不同，制备的氢气可分为灰色、蓝色和绿色氢气。灰色氢气（灰氢）是通过化石燃料石油、天然气和煤制取得到的氢气，制氢成本较低但碳排放量大；蓝色氢气（蓝氢）是利用化石燃料制氢，同时配合碳捕集与封存技术，碳排放强度相对较低但捕集成本较高；绿色氢气（绿氢）是采用风电、水电、太阳能、核电、生物质等可再生能源制得的氢气，制氢过程基本不存在碳排放，但成本较高。表 7-1 总结了这些不同制氢技术的优势和劣势。

表 7-1 制氢技术优缺点

制氢工艺	优点	缺点
甲烷蒸汽重整	较高的氢产率，较高的 H/C 比，制氢清洁，工艺环保，丰富的蒸汽，不需要氧气	温室气体排放量较高，转化率较低，运行成本增加，能耗增加，需要持续不断地供热
生物质气化	运行可靠，维护方便、快捷，操作非常容易	热值低，水分含量高，会产生固体焦油
质子交换膜水电解	具有良好的装置紧凑性、高效性、快速响应性	价格昂贵，耐久性较差
水热分解	以氧气为副产品，清洁可靠	高昂的成本，腐蚀性和毒性
光催化分解水	清洁，副产品为氧气	效率低，可靠性低，且需要太阳光照射

2023 年全球氢气产量达到 97Mt。其中，绝大多数氢气来源于化石燃料，具体分为蓝氢和灰氢两种类型。蓝氢主要通过对天然气（占全球消耗的 6%，约 205 亿 m^3）的重整过程产生，约占氢气总产量的 76%。灰氢则主要来自煤炭（占全球煤炭使用量的 2%，约 107Mt），约占氢气总产量的 23%。这些生产过程导致每年约 830Mt 的二氧化碳排放，其中约 2%以温室气体形式释放到大气中。尽管氢气的生产目前大部分依赖于化石燃料，但国际社会正日益认识到低碳氢能在推动全球能源转型中的重要性。实现氢经济的关键在于开发既经济又低碳的氢源，并简化氢的制备工艺。

图 7-1 展示了绿色制氢的示意图。首先，通过混合可再生能源产生电力。随后，这些电力输入电解槽内，将水分解成主要产物氢气和副产物氧气。之后，所产生的氢气被压缩并储存，以便进行商业运输。在运营过程中，通过电解槽产生的绿色氢气能够补充太阳能和风能混合发电系统中的电力不足。氢的生产能够提供灵活性和可调节的电力，使其成为实施可再生能源储存的理想选择。

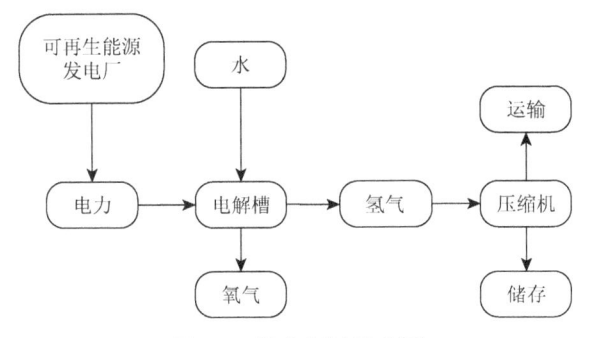

图 7-1 绿色制氢示意图

7.2.2 技术及应用

制氢的技术包括电解水、气化、暗发酵、蒸汽重整、光催化和水热分解等。本节将详细探讨这些制氢技术的特点和应用。

1. 电解水制氢

由于经济性因素，全球通过电解水制氢的产量仅占氢气总产量的 4%。电解水技术成本较高主要是因为工艺所需电力常来自不可再生能源，但该技术具有较好的推广潜力，制得的氢气纯度可高达 99% 以上。此外，该方法环保性强，可以从可持续的水资源中生产氢气，并将氧气作为副产品释放。图 7-2 展示了电解水的基本原理，在该过程中，通过在阴极和阳极上施加电压，水作为反应物被分解成氢气和氧气，具体反应原理如以下公式所示。

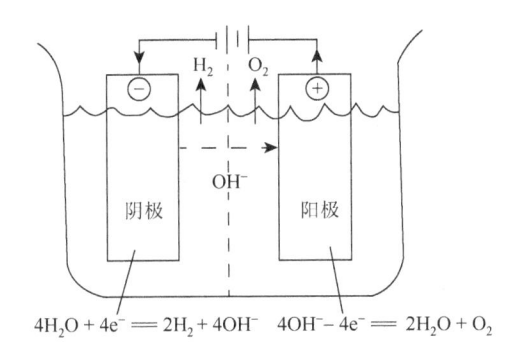

图 7-2 电解水示意图

（1）碱性条件下。

$$阴极： 4H_2O + 4e^- \longrightarrow 2H_2(g) + 4OH^- \tag{7-1}$$

$$阳极： 4OH^- - 4e^- \longrightarrow 2H_2O + O_2(g) \tag{7-2}$$

$$总反应式： 2H_2O \longrightarrow 2H_2(g) + O_2(g) \tag{7-3}$$

（2）酸性条件下。

$$阴极： 4H^+ + 4e^- \longrightarrow 2H_2(g) \tag{7-4}$$

阳极: $$2H_2O - 4e^- \longrightarrow 4H^+ + O_2(g) \tag{7-5}$$

电解水时，因为纯水的电离度很小，导电能力差，属于典型的弱电解质，所以需要加入电解质以强化溶液的导电能力，使水能够顺利地电解成为氢气和氧气。在一些电解质水溶液中通入直流电时，分解出的物质与电解质基本无关，被分解的是作为溶剂的水，原来的电解质仍然留在水中。此外，为了将产物氢气、氧气有效分离，提升氢气纯度与生产安全性，在电解槽中通常设置隔膜以分隔阴极与阳极。与此同时，隔膜材料仍需保证电解槽内离子的自由移动。按照工作原理和电解质的不同，电解水制氢可分为四种类型：质子交换膜（PEM）水电解、碱性水电解（AWE）、阴离子交换膜（AEM）电解、固体氧化物电解（SOE）。以下将详细介绍不同类型的电解水技术。

1）质子交换膜水电解

PEM 电解槽的核心组成部分包括阴极、阳极、质子交换膜等。常用的阳极为铂、钌、铱等贵金属催化剂，阴极材料为碳材料。这种电解槽通过电流将水分解为氢气和氧气，阳极和阴极通过 PEM 隔离，这种膜仅允许质子（H^+）通过，而阻挡电子（e^-）和气体的扩散，因此得名。图 7-3 展示了 PEM 电解槽的示意图。在电解过程中，水被送入阳极腔，在那里被氧化生成氧气和带正电的氢离子。这一反应产生的电子通过外部电路流向阴极，在阴极与氢离子和水反应生成氢气和带负电的氢氧根离子。PEM 的设计使得氢离子可穿过膜抵达阴极，并与电子结合形成氢气，同时阻止氧气和其他气体的通过。这种设计确保了高纯度气体生产，也有效避免了爆炸风险。

阳极：$2H_2O - 4e^- \longrightarrow 4H^+ + O_2$

阴极：$4H^+ + 4e^- \longrightarrow 2H_2$

阳极：$4OH^- - 4e^- \longrightarrow 2H_2O + O_2$

阴极：$4H_2O + 4e^- \longrightarrow 2H_2 + 4OH^-$

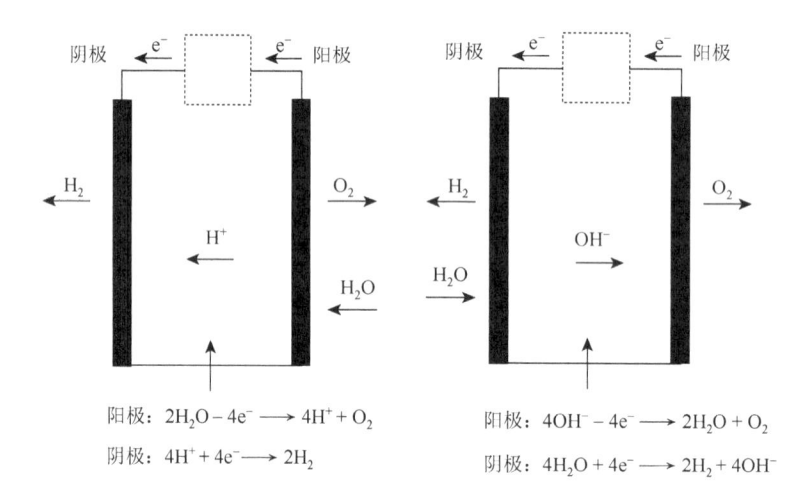

图 7-3 PEM 电解槽示意图

PEM 电解槽通常使用去离子水或蒸馏水作为电解水制氢的原料，以提供所需的质子和氢氧根离子。设备一般在 50～80℃的温度范围内运行，操作温度取决于选用的催化剂和膜材料特性。氢气和氧气的生成压力通常保持在 1～30bar（1bar = 10^5Pa）范围内，而电流密度较高，通常为 0.5～3A·cm^{-2}，以确保电解效率和设备的耐用性。PEM 膜的湿度控制也极为关键，通常需要加湿系统维持适宜的湿度水平，以保证膜的有效性和长期稳定性。尽管PEM电解槽以其快速响应和高纯度氢气产出而受到推崇，但其工艺使用贵金属催化剂也带来了较高的成本问题。

2）碱性水电解

AWE是一种成熟且被广泛应用的氢气生产技术，其以高可靠性、安全性和适用于大规模生产的特点而受到青睐。在AWE系统中，两个电极浸入含有20%~40%的NaOH或KOH的水溶液，在强碱性环境中有助于提高电解效率。这些电极通过隔膜分隔开来，该隔膜允许OH⁻和水分子的通过，同时有效隔离了在电解过程中产生的氢气和氧气，也确保了氢气的纯度（通常为99.5%~99.9%），并可通过催化气体净化工艺进一步提纯至99.99%。电解过程中使用的隔膜、阳极和阴极的材料类型及它们的厚度是影响AWE性能的关键因素。

值得注意的是，虽然电解质温度对氢气产量没有直接影响，但通过调节温度可以降低系统所需的总功率，从而提高能效。相比之下，电解质溶液的浓度直接影响氢气产出率。因此，在设计AWE系统时，精确控制电解质浓度至关重要。

AWE与PEM技术的主要区别在于所使用的电解质类型：PEM电解采用密封的聚合物膜作为电解质，这使得系统更为紧凑且适用于变动需求较大的环境；而AWE则使用腐蚀性的液体电解质，适合于稳定且连续的大规模生产环境。此外，AWE技术的设备和维护成本相对较低，使其更适用于工业级应用。图7-4展示了AWE设备的结构和工作原理。

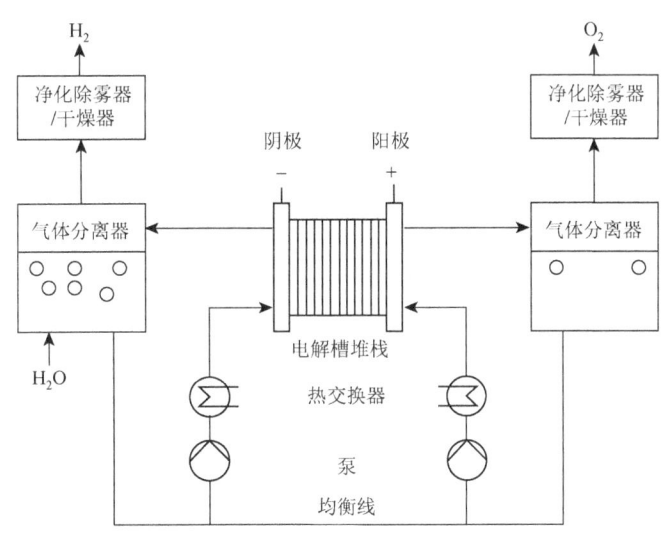

图7-4 AWE电解槽示意图

3）阴离子交换膜电解

AEM电解是一种采用碱性电解质将水分解为氢气和氧气的高效技术。在AEM电解槽中，阳极和阴极之间通过阴离子交换膜隔离，该膜仅允许带负电的OH⁻通过，有效阻挡其他离子和气体，从而保障氢气的纯度和安全性。电解过程中，水分子在阴极室接受电子发生析氢反应，释放出氢气和OH⁻。OH⁻随后穿过阴离子交换膜，在阳极室失去电子生成氧气和水。AEM电解槽所用的电解液需提供充足的OH⁻，以支持整个电解反应。

与 PEM 电解槽相比，AEM 电解槽可在更高的 pH 和更低的操作压力下运行，这有助于降低整体系统成本和操作复杂度。然而，高碱性环境要求使用能够抵抗碱腐蚀的材料。在 AEM 电解槽的设计中，通常采用低浓度的碱性溶液结合致密的聚合物电解质膜，如采用 Mg-Al 层状双金属氢氧化物，取代了传统的高浓度 NaOH 或 KOH 溶液。新型聚合物电解质膜的使用不仅降低了设备腐蚀，还有助于改善系统的环境兼容性和经济性。在电极材料的选择上，AEM 电解槽的阴极通常由镍或镍铁合金组成，而阳极则可采用泡沫镍或钛等材质。这些材料的选择旨在优化电解效率和延长设备寿命。图 7-5 展示了 AEM 电解槽的工作原理和组成结构。

阴极：$4H_2O + 4e^- \longrightarrow 2H_2 + 4OH^-$
阳极：$4OH^- - 4e^- \longrightarrow O_2 + 2H_2O$
总反应：$2H_2O \longrightarrow 2H_2 + O_2$

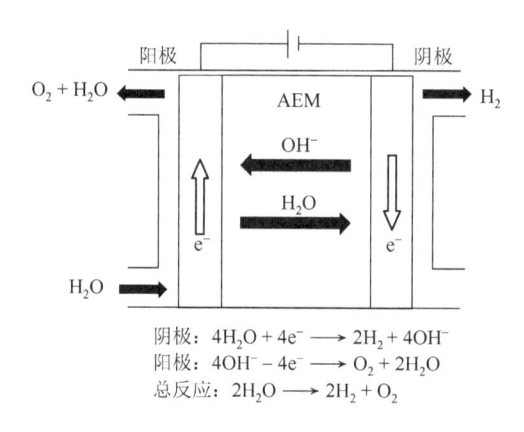

图 7-5 AEM 电解槽的示意图

4）固体氧化物电解

SOE 技术是利用固体氧化物作为电解质，在高温环境下运行的水电解技术。相比低温电解技术，其在电解水过程中所需的电能显著降低。SOE 可使用廉价的热能或废热以进一步提高系统总能效，这使 SOE 成为一种能效极高的氢气生产方法。

在材料方面，SOE 单元的阳极和电解质通常采用高温稳定的陶瓷材料，而阴极则由镧锶锰氧（LSM）与稳定化锆氧（Y 稳定的 ZrO_2）混合物制成。这些材料能够耐受极高的操作温度和化学环境，同时保持良好的电化学活性和稳定性。在 SOE 单元的运行过程中，首先在阴极将水分子还原为氢气，同时生成的氧化物阴离子（O^{2-}）通过固体电解质向阳极迁移，在阳极侧失去电子后释放出氧气。这个过程不仅提高了氢气的产出效率，还有助于氧气的高效释放。固体氧化物电解槽原理如图 7-6 所示。

阳极：$O^{2-} - 2e^- \longrightarrow \frac{1}{2}O_2$
阴极：$H_2O + 2e^- \longrightarrow H_2 + O^{2-}$
总反应：$H_2O \longrightarrow H_2 + \frac{1}{2}O_2$

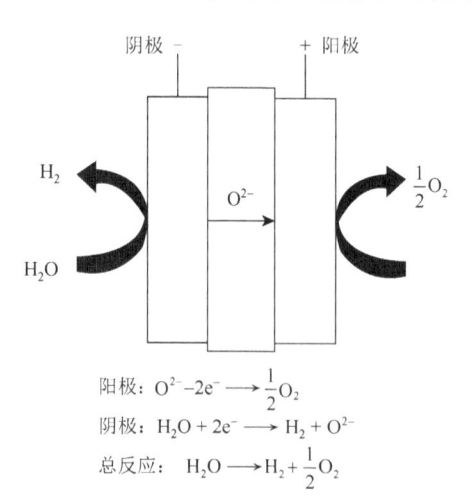

图 7-6 SOE 电解槽工艺

2. 气化制氢

气化作为一种高效的制氢方法主要分为两类：煤气化和生物质气化。在煤气化制氢过程中，煤在高温高压的条件下与氧气、水蒸气等气化剂反应，不仅生成氢气和一氧化碳，还产生多种副产品，如二氧化碳、甲烷、含硫化合物等。这一过程中，合成气（一氧化碳和氢气的混合物）可通过水煤气变换反应以增加氢气产量，而产气还需经过洗涤以去除硫元素或转化为硫酸。在煤气化制氢领域，技术的进步推动着效率的提升和环境污染的减少。碳捕集技术和硫回收系统已广泛应用于煤气化过程中，以满足日益严格的环保要求。此外，随着煤气化技术的发展，其对煤质和煤类型具有更强的适应性，可使用质量较低的煤炭进行生产，从而降低原料成本。煤气化过程如图 7-7 所示。

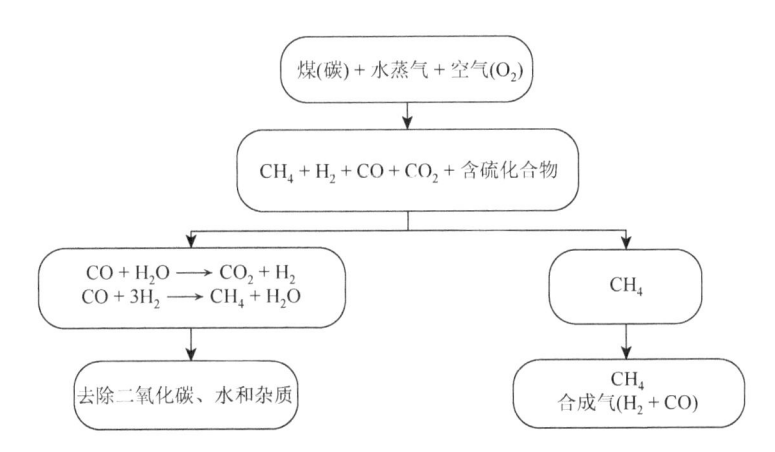

图 7-7 煤气化过程示意图

生物质气化制氢流程与煤气化制氢基本相同。由于其成本相对较低，生物质气化被视为一种极具潜力的制氢技术。常见的原料包括木材废料、稻壳、纸废料、甘蔗废料、餐厨垃圾、砂岩废水、棕榈油和聚乙烯等。然而，建设大型生物质气化设施的成本高于煤气化设施，主要是生物质单位体积能量较低，导致运输和处理成本较高。随着全球对氢能源需求的增加，气化技术进一步发展的关键在于持续的技术创新和改进，包括更高效的催化剂开发、更佳的过程集成和更环保的操作方式。这些技术的进步不仅能提升氢气的生产效率，还有助于减少气化过程的环境污染。

3. 暗发酵制氢

暗发酵制氢技术是一种利用微生物代谢进行氢气生产的技术，其主要通过微生物在无氧条件下分解有机物生产 H_2 和 CO_2。暗发酵使用的有机原料涵盖了从藻类到农业废弃物、有机废弃物和木质纤维素等多种物料，生产成本较低。暗发酵过程中氢气产量受多种因素影响，包括温度、pH、接种量、底物类型等。以乙酸型暗发酵为例，其反应过程如下：

$$C_6H_{12}O_6 + 2H_2O \longrightarrow 4H_2 + 2CH_3COOH + 2CO_2 \tag{7-6}$$

这一过程在工业生产中具有低污染特点和可持续性优势。然而，暗发酵过程面临产氢率较低的挑战，主要是由于随着反应进行产氢微生物活性逐渐降低。造成产氢微生物活性下降的原因包括有机负荷过高，微量元素如铁、锌、锰、铜、钴和镍的缺乏，以及环境 pH 不适宜等。为了促进微生物的生长和代谢，可以通过添加矿物盐或复合营养物质以提供必需的微量元素，这些元素的需求因微生物种类和所用底物而异。

此外，还可通过添加金属催化剂增强氢化酶活性，以提高产氢效率。金属催化剂具有量子尺寸效应和较大比表面积等优势，促进了电子吸附效应，进而加快了氢化酶的生长和电子转移过程。例如，添加锰掺杂磁性碳、铁酸钴纳米颗粒等催化剂都可显著提升暗发酵的氢气产量。

4. 蒸汽重整制氢

蒸汽重整制氢是目前最常用的大规模制氢技术之一。蒸汽重整技术使用的原料广泛，包括甲醇、甲烷、乙醇、甘油、甲苯和乙酸等。甲醇蒸汽重整是一种经济有效的制氢方法，在制氢过程中甲醇和水蒸气转化为合成气（主要包含 H_2、CO 和 CO_2），相关化学反应如式（7-7）～式（7-9）所示。该过程通常在 200～300℃ 的温度和 20～30atm（$1atm = 10^5 Pa$）条件下进行，常用的催化剂为铜、锌和铝氧化物的混合物，这种催化剂不仅促进了主反应的进行，还可最大限度地减少不必要的副反应。

$$CH_3OH \longrightarrow CO + 2H_2 \quad （吸热反应） \tag{7-7}$$

$$CO + H_2O \longrightarrow CO_2 + H_2 \quad （放热反应） \tag{7-8}$$

甲醇蒸汽重整的总反应可表示为

$$CH_3OH + H_2O \longrightarrow CO_2 + 3H_2 \tag{7-9}$$

在甲烷蒸汽重整过程中，甲烷与水蒸气在高温条件下反应生成氢气，同时产生一氧化碳和二氧化碳。该过程通常在 800℃ 进行，并且是一个高度吸热的反应。在此技术中，产生的合成气主要由氢气构成。氢气通过变压吸附技术从合成气中分离出来。甲烷蒸汽重整反应可用式（7-10）表示：

$$CH_4 + H_2O \longrightarrow 3H_2 + CO \tag{7-10}$$

甲烷蒸汽重整是主要的制氢方法之一，该方法虽然效率高，但其高温操作条件、复杂的反应动态、高能耗的氢气分离提纯，限制了其制取低碳足迹氢气的可行性。可通过新型反应器设计、催化剂开发，以降低甲烷蒸汽重整产生的能耗与碳排放。图 7-8 展示了蒸汽重整的工艺流程。

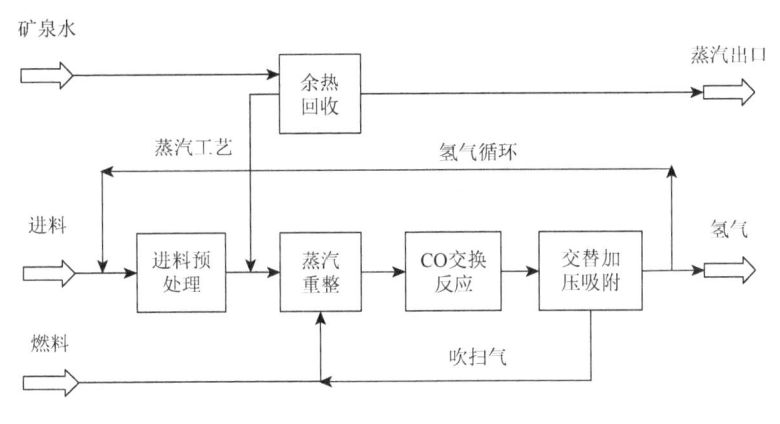

图 7-8 蒸汽重整系统示意图

随着氢能技术的发展，制氢方法的优化和创新不断推动着氢气生产向更高效率和更低成本的方向发展。在蒸汽重整技术中，不断有新的催化剂和工艺被开发以优化反应条件和提高氢气产量、纯度。表 7-2 展示了当前乙醇、甲醇和甲烷蒸汽重整反应中使用的催化剂及其产物浓度。

表 7-2 蒸汽重整中使用的各种催化剂及其产物浓度

催化剂	原料	原料转化率/%	H_2 浓度/%	CH_4 浓度/%	CO 浓度/%
$Ni_{0.91}La_{0.09}/CeO_2$	C_2H_5OH	100	78	33	2
$Cu/Zn/Al_2O_3$	CH_3OH	93.1	72	—	0.6
Ni/Al_2O_3	CH_4	99.4	87	—	—
$Ni/Ce-Al_2O_3$	CH_4	95.7	97.3	—	—
Ni/MgO	C_2H_5OH	100	98	2	24
$Ni_{0.58}-Mg_{0.41}/CeO_2$	C_2H_5OH	91	74	1	17
$Cu/ZnO/Al_2O_3$	CH_3OH	96	72	—	0.5
$Ni_{0.5}Co_{0.5}/g-Al_2O_3$	C_2H_5OH	100	92	2	8
$Ni-Cu/La_{0.8}Ce_{0.2}Mn_{0.6}Ni_{0.4}O_3$	C_2H_5OH	100	43.5	31.5	32.9
Pt/Al_2O_3	CH_3OH	91	73.2	—	1.7
$Ni/Ca_5Al_6O_{14}$	CH_4	94	92	—	—

5. 光催化分解水制氢

光催化分解水制氢的本质是半导体材料的光电效应。当入射光的能量大于等于半导体的带隙时，光能被吸收，价带电子跃迁到导带，产生光生电子和空穴。电子（e^-）和空穴（h^+）迁移到材料表面，与水发生氧化还原反应，产生氧气和氢气。整个光催化水分解反应可以用式（7-11）~式（7-13）表示：

$$2H^+ + 2e^- \longrightarrow H_2 \qquad (7\text{-}11)$$

$$H_2O + 2h^+ \longrightarrow 2H^+ + \frac{1}{2}O_2 \qquad (7\text{-}12)$$

$$H_2O \longrightarrow H_2 + \frac{1}{2}O_2 \qquad (7\text{-}13)$$

光催化分解水制氢主要包括三个过程，即光吸收、光生电荷迁移和表面氧化还原反应。

（1）光吸收。对太阳光谱的吸收范围取决于半导体材料的带隙大小：带隙（eV）= 1240/λ（nm），即带隙越小，材料对光的吸收范围越宽。对于光催化制氢材料来说，理论上要求带隙大小≥1.23eV。

（2）光生电荷迁移。材料的晶体结构、结晶度、颗粒大小等因素对光生电荷的分离和迁移存在重要影响。材料缺陷会成为光生电荷的捕获和复合中心，因此结晶度越好，缺陷越少，催化活性越高。颗粒越小，光生电荷的迁移路径越短，复合概率越小。

（3）表面氧化还原反应。催化剂表面反应活性位点和比表面积的大小对该过程具有重要影响。通常选用 Pt、Au 等贵金属纳米粒子或 NiO 和 RuO$_2$ 等氧化物纳米粒子负载在催化剂表面作为表面反应活性位点，仅少量负载此类助催化材料即可大幅提高催化剂的制氢效率。

6. 水热分解制氢

水热分解制氢技术是通过高温热源将水分子解离成氢气和氧气的技术方法。水的热分解是一个单步过程，水直接经热解离成为氢气和氧气。这个过程本质上是可逆的，因此，防止反应产物重新结合成水至关重要，可通过迅速冷却或者迅速将产物从反应区移除来实现。整体反应可用式（7-14）表示：

$$H_2O \xrightarrow{\triangle} H_2 + \frac{1}{2}O_2 \qquad (7\text{-}14)$$

在水热分解中，解离水平的高低取决于温度，反应一般需要在极高温度（如 2500K）下进行。这种高温要求使得材料的选择和系统设计尤为关键。反应器通常由耐高温且能承受化学侵蚀的先进耐火材料构建，以确保能在极高温度下稳定工作。由于传统材料性能受限于极端条件，这种技术在工业和商业规模上的应用相对较少。

7.3 氢气的利用

7.3.1 基础理论

目前，氢能主要应用于能源、冶金、石油化工等领域。随着氢能产业技术的快速发展，氢能的应用领域呈现多元化拓展，在储能、燃料、化工、冶金等领域的应用必将更加广泛。氢气在能源领域的应用如图 7-9 所示。

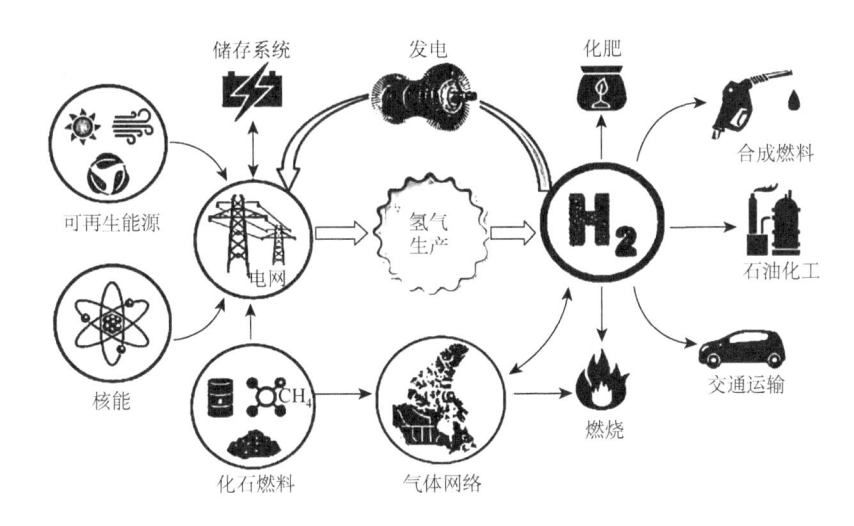

图 7-9 氢气在能源领域中的应用

在工业部门，氢气主要用作精炼材料、金属处理、制造肥料等过程中的化学反应物，以及用于食品加工。此外，氢气作为燃料，被广泛用于汽车行业和航空航天领域。在航天工业中，氢气主要作为火箭的燃料，将氢气和氧气的混合物用作推进剂。在汽车领域，氢气可以直接用于内燃机，或通过燃料电池间接提供动力。氢气通过电化学反应在燃料电池中用于发电，推动了能源的可持续利用。尽管氢气作为燃料带来了环保和高能效的好处，但其储存和处理的成本仍是实际应用的主要挑战之一。

在石油工业中，氢气是关键的反应物。在石油加工过程中，氢气通过催化作用与烃类反应，执行如加氢裂化和加氢处理等关键步骤。加氢处理中，氢气用于将产品中的氮和硫化合物转化为氨和硫化氢，从而实现杂质元素的脱除。加氢裂化则涉及将重质烃裂解和加氢反应，生产出分子更小、H/C 比更高的精制燃料。在石油化工领域，氢气与一氧化碳在高温和高压的条件下反应，可催化生成甲醇。

氢气的另一个重要应用是在化肥生产中合成氨。氨的生产是化肥制造的关键环节，全球约有 50%的氢气被用于此过程。此外，氢气也用作氧气清除剂。氮气和氢气的混合气体被用于冶金过程中的加热设备，如光亮退火炉、碳氮共渗炉等；在核工业中，氢气有助于将沸水反应堆中的氧含量降至 100ppb 以下（ppb 为无量纲单位，表示十亿分之一）。

7.3.2 技术及应用

氢气在能量储存和传输中扮演了重要角色。本节将探讨氢气集成到电力系统中的主要应用，并通过具体项目实例进行说明。

1. 储能

我国拥有丰富的可再生能源，加大风能、太阳能等可再生能源的开发有助于能源结构绿色低碳转型。然而，风电和光伏发电的间歇性和不可预测性对其并网供电的连续性和稳定性提出了挑战，并减弱了电力系统的调峰能力。这使得必须通过可靠的储存方法来管理所产生的可再生能源的波动性和不确定性。目前已开发出多种储能技术，包括抽水蓄能、压缩空气储能和电池储能等。与这些储能方法相比，氢储能具有诸多优势，如高储能量、长期储存能力和使用的灵活性。氢能有效地平衡能源的波动和不确定性，尤其适合吸收过剩的可再生能源。它可以应用于以下几方面。

能量时移：氢气在解决能源供需之间的差异平衡中扮演关键角色。在能源供应过剩时，多余的可再生能源可以转换为氢气储存起来；而在需求增加时，储存的氢气可以用来发电或注入电网，如通过固定式燃料电池。尤其是在电力需求低和电价低的时段，将能量储存为氢气有助于降低能源成本；相反，在电力需求高和电价高的时段，利用氢气发电可以实现更高的经济收益。

季节性储存：考虑到能源生产的季节性变化，氢气也可用于跨季节的能源转移，帮助调节季节间的供需差异。此外，得益于氢气的高能量密度，氢气的储存容量可以达到百万瓦时甚至数十亿瓦时级别，相比之下，电池储存通常用于千瓦时到百万瓦时级别的应用。因此，氢气储存系统可能需要更大规模的设施以实现巨大的储存潜能。

鉴于氢气的高储存能力，近年来基于氢气的能量储存系统发展迅速。这种系统能够满足从短期系统频率调节到中长期（季节性）能量供需平衡的广泛时间尺度需求，可增强可再生能源发电的安全性和稳定性。利用风能和太阳能制取绿氢，不仅可有效利用风电和光电，还能降低制氢成本，从而增强电网的灵活性并促进可再生能源的更广泛利用。此外，氢能还可作为能源互联网的关键枢纽，链接电网、气网、热网和交通网，推动整体能源结构的转型。通过这种方式，氢能不仅为可再生能源的利用提供了新的可能性，还为现代能源系统的综合优化和升级提供了强有力的支持。

2. 电转气

电转气是一种常见的利用电能生成可燃气体的技术，特别是鉴于氢气的高能量密度，它越来越多地被用于氢能发电。氢气也可通过其他步骤再转化为合成气体（如甲烷或液化石油气等），为能源市场平衡提供服务。

全球范围内，许多电转气试点和示范项目已实施与运行。据统计，目前约85%的电转气项目位于欧洲，其余一些分布在美国和日本。HAEOLUS项目在挪威北部一个风电场中集成了一个兆瓦级电解槽，旨在通过两种系统的联合运行提高风电场的灵活性和并网能力，从而提升其经济效益。该项目使用2.5MW的PEM电解槽将风能转化为氢气，并通过100kW的PEM燃料电池将氢气转化为多种用途的能源，该系统的框架如图7-10所示。法国HYCAUNAIS项目展现了利用甲烷化过程的电转气系统可行性。该项目配备了1MW的电解设备，该电解设备的调控非常灵活，可满足电网需求并根据风力发电的变化进行调整。生成的氢气经甲烷化后注入天然气网络，同时与垃圾填埋场的生物甲烷生产单元耦合。

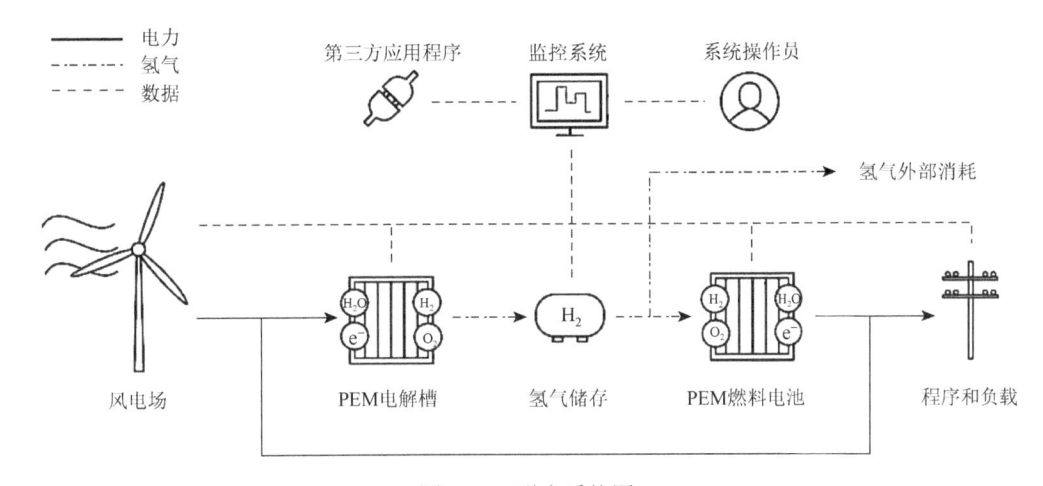

图 7-10 联合系统图

此外，电转气技术生成的氢气可直接注入现有的天然气网络，能够利用现有基础设施并节约建设成本。Jupiter 1000 项目为法国首个氢气和电气甲烷工业示范项目，旨在将可再生电力转换为气体以便储存，所产生的氢气和甲烷注入燃气输送网络。在将氢气混合到燃气管网中时，为了减轻氢脆问题，氢气的体积分数应控制在 15%～20%。在高压输气管网中，这一比例应进一步降低，以减少高压对氢脆的影响。注入的氢气可用于包括发电、供热和运输等多个领域，如用于城市客车或长途客车。电转气技术潜在的提升方向包括提高产氢和甲烷化过程的生产效率，同时充分利用氧气和产生的热量等副产物。

3. 联产联供

为了提升能效并降低成本，氢燃料电池被广泛用作热电联产（CHP）系统或冷电联产（CCP）系统的主要动力源。燃料电池也可用于更为复杂的冷热电联产（CCHP）系统。这些系统利用电解槽和质子交换膜燃料电池（PEMFC）从可再生能源中同时产生电力和热能，其运行机理如图 7-11 所示。这种集成方式不仅能有效利用发电过程中产生的热能，还可提供制冷服务，从而大幅提高系统的整体能源利用效率。

1）热电联产

燃料电池作为原动力装置，能同时产生电能和热能，这种过程被称为热电联产。在该过程中，电能用来满足电力需求，而产生的热能则用于供暖等热应用。典型的燃料电池热电联产系统包括电堆、燃料处理单元（如重整器或电解槽）、电力电子设备、热回收系统、热能储存系统（如热水储存系统）、电化学储能系统（如蓄电池或超级电容器）、控制系统及其他辅助设备（如风机、水泵、通信设备等）。

目前，日本的 ENE-FARM 项目成功推广了小型热电联产装置。这些装置的功率通常为 0.3～1kW，主要用于家庭供电和供热。在这些系统中，通过重整器将液化石油气转化为氢气，同时余热被用来加热水。然后，PEMFC 电堆使用这些氢气和环境中的氧气产生电能和热能，满足家庭的电力需求，并为厨房、浴室及房间供暖提供热水。ENE-FIELD 项目是欧洲首个采用燃料电池的微型热电联产项目，在 10 个欧洲国家安装了超过 1000 台

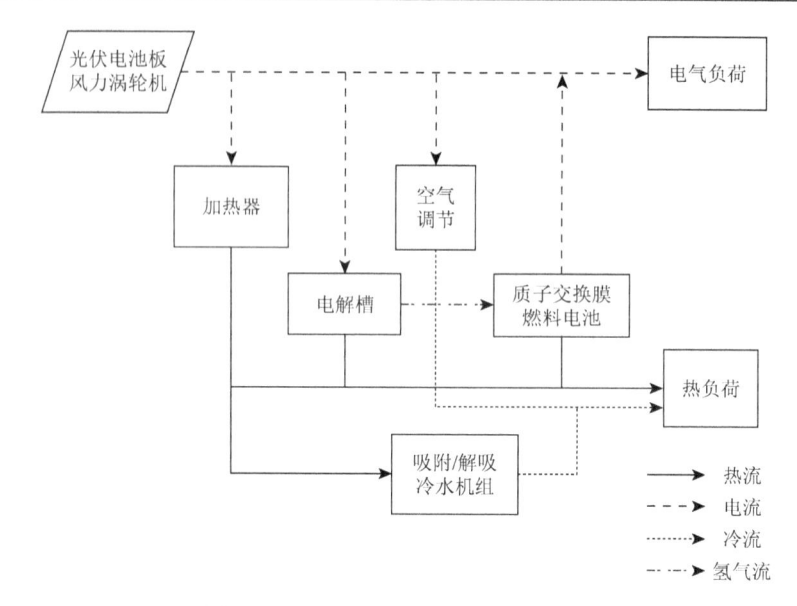

图 7-11　联产联供系统的工作原理演示

设备。项目经环境生命周期评估后表明，微型热电联产燃料电池在多种情况下的温室气体排放均较低，相比于传统的燃气锅炉和热泵有显著优势。

2）冷热电联产

冷热电联产，作为热电联产的一种衍生形式，通过将原动力装置与热驱动的制冷设备耦合，实现制冷效果。与传统的分布式冷热电联产系统相比，燃料电池加入的联产系统可显著降低碳排放并提高能源效率。例如，339 kW 的固体氧化物燃料电池系统配备了燃烧室和热蒸汽回收装置，成功回收了 267 kW 的热量，总效率提升至 84%。此外，当该系统集成吸收式制冷机时，能够产生 303.6 kW 的冷量，将总效率进一步提高至 89%。在孤立应用中，有效利用燃料电池的余热不仅可以降低压缩机的电力消耗，而且还可以在不需要冷气时储存冷量，这提升了系统的自给自足能力和效率。

7.4　氢气的储存

7.4.1　基础理论

储氢技术是实现氢经济的关键环节，其中最紧迫且最具挑战性的任务之一是开发安全、可靠、高效且成本低廉的储氢方法。氢气在自然状态下具有较高的质量能量密度，但其体积能量密度相对较低。例如，常温常压下，5kg 的氢气体积大到足以填满一个直径为 5m 的球体。因此，针对不同的应用需求，氢气的储存方式也需有所差异。在移动端应用时，如汽车领域，储气系统不仅需要与车辆的尺寸匹配，而且还必须尽量轻便，以避免增加过多的负担，确保足够的续航里程。在这一领域，开发轻质、高密度且安全的储气容器显得尤为重要。与之对比，在固定端应用时，如储能站，则更看重体积能量密度，因为质量并不是影响系统效率的主要因素。

氢的储存方法大致可分为四类：高压气态储氢、低温液态储氢、固态储氢与有机液体储氢，如图 7-12 所示。

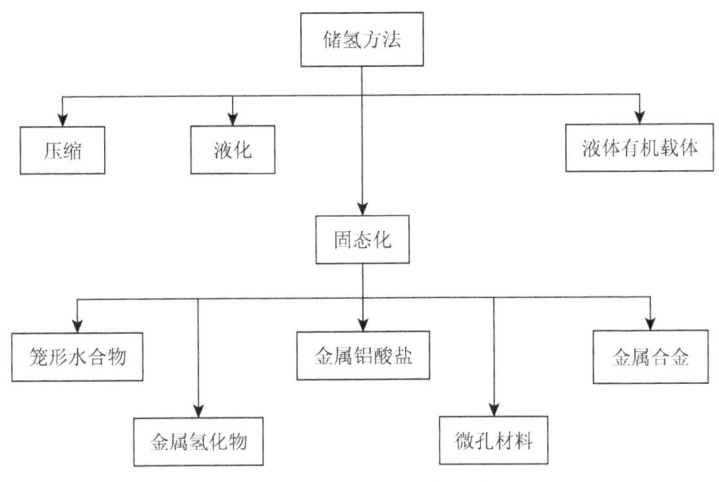

图 7-12　氢气的储存方法

1. 高压气态储氢

高压气态储氢是一种广泛应用的技术，通常将氢气在高压下储存在特制的压力容器中。这种方法简单、成本较低，但需要的储存空间较大，且随着压力的增加，安全性的要求也提高。

2. 低温液态储氢

将氢气液化是另一种常见的储存方法，通过在极低温度（-253℃以下）下冷却氢气使其液化，大幅减小其体积。液态氢的体积能量密度较高，适合大规模运输和储存。然而，液态氢的储存和运输需要高绝热性能的容器，以维持低温状态，这增加了设备成本和复杂度。

3. 固态储氢

固态储存技术主要是氢气通过吸附或化学结合的方式储存在固体材料中，如金属有机骨架、合金或化合物等。这种方法能够在较低的压力下实现高密度储氢，且理论上更安全、更高效。但该技术的商业应用受限于成本、储氢量及材料释放氢气的可控性等因素。

4. 有机液体储氢

有机液体储氢技术是借助某些烯烃、炔烃或芳香烃等不饱和液体有机物和氢气的可逆反应、加氢反应实现氢气的储存（化学键合），并通过脱氢反应实现氢气的释放，质量储氢密度通常在 5wt%～10wt%，储氢量大。储氢材料为液态有机物，可以实现常温常压运输，方便安全。有机液体储氢载体材料仍存在成本偏高、加氢/脱氢过程贵金属催化剂用量较大、脱氢能耗较高等问题。

7.4.2 技术及应用

1. 高压气态储氢

高压气态储氢是目前最常用的氢气储存形式，因其技术成熟、充填和释放效率高而广受欢迎。此技术无需额外能量即可释放氢气，但氢气压缩到更高压力时将引发 13%～18%的能量损失，这种热值损失会影响整体操作效率并导致成本增加。尽管如此，随着压力的增加，所需压缩功率的增长幅度相对较小。

氢气通常储存在圆柱形容器中，选择成本低廉、质量轻、能承受高压的容器材料至关重要。这些材料除了要具备防止氢脆的特性外，还需具有良好的抗氢气扩散能力。基于这些要求，用于储存压缩氢气的容器通常有四种类型，如图 7-13 所示。

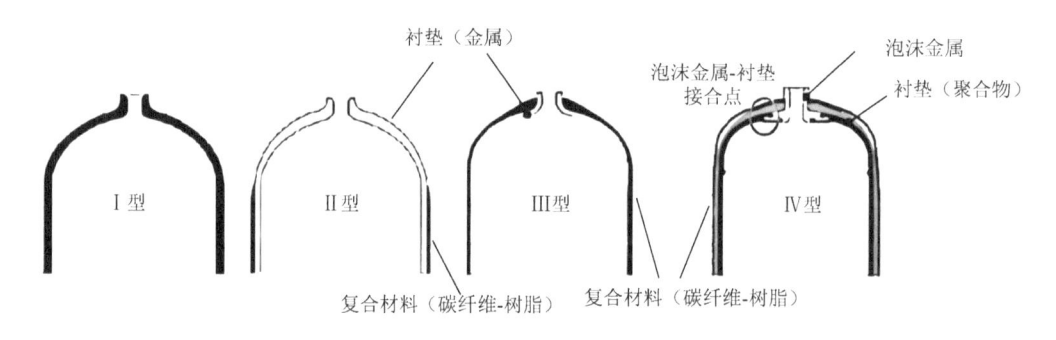

图 7-13　Ⅰ、Ⅱ、Ⅲ、Ⅳ型 H_2 压缩容器示意图

Ⅰ型容器：完全由金属（如钢或铝合金）构成，这种容器的成本最低，但由于其高压或密度需求，需要较厚的金属壁面支撑。因此，随着容器质量的增加，氢气的质量能量密度大幅下降，这些容器的质量储氢密度通常只有约 1wt%。

Ⅱ型容器：具有金属壁体，外覆碳纤维-树脂复合材料。这种设计降低了容器的质量（比Ⅰ型轻 30%～40%），但成本高出 50%。

Ⅲ型容器：由金属内衬和碳纤维-树脂外壳构成，这种复合材料容器称为碳纤维增强塑料容器。其适用于高达 450bar 的场景，并能承受高达 700bar 的压力，但较低的热导率可能会在压缩过程中造成热管理问题。

Ⅳ型容器：全复合材料制成，以聚合物（如高密度聚乙烯）作为内衬，外覆碳纤维-树脂复合材料。这种设计允许储存高达 700bar 的氢气，但在机械强度上仍待加强。还有一种改进的Ⅳ型容器，其采用空间填充骨架进行加固，以实现更高的体积储氢密度和质量储氢密度。

2. 低温液态储氢

液态氢因其较高的体积能量密度而在储氢领域具有重要应用。在-253℃下，液态氢的密度约为 71g/L，其能量密度为 8MJ/L，远高于气态氢气。为了实现氢气的液化，需将其冷却至-240℃以下，而为了维持其液态状态（即保持在其沸点以下），必须将温度控制在-253℃以下。

在低温储存系统中，液态氢的释放速率与压缩氢相当，但由于其低热膨胀性能，即使在意外情况下泄漏，也不会引发安全隐患。此外，由于液态氢的高密度，储存同等体积的氢气只需较小的储罐。液态氢储存通常在低压下进行，从而降低了储罐的材料厚度和成本。由于液态氢不具有腐蚀性，可以使用不锈钢或铝合金等材料制造低温储存容器。

然而，氢气液化的过程不仅成本高昂，而且能耗巨大，液化过程中有30%～40%的氢能量会以热能形式损失。此外，由于沸腾现象，液态氢会持续蒸发，造成每日1.5%～3.0%的氢损失，可以通过使用双层真空隔热储罐来降低该损失。同时选择容积更大、表面积更小的容器也有助于减少蒸发损失。加强绝缘和使用特殊制造技术可能导致容器变重，降低液态氢的质量能量密度。

尽管液态氢的使用带来了一些挑战，包括高昂的液化和储存成本、需要特定基础设施支持，但其在某些应用中，如航天领域，因高能量密度和较短的储存时间要求而显得尤为合适。未来液态氢的广泛接受度将取决于基础设施的发展、成本降低、公众认知的提高。此外，对于中小型车辆，由于其对储存设施的特殊要求和维护成本，液态氢的应用仍面临挑战。随着氢能技术的不断发展和成本的逐渐降低，液态氢作为一种高效的储能介质，尤其在大规模能量储存和长距离运输方面展示出独特优势。对于大型运输工具如飞机和大型船舶，液态氢由于较高的能量密度和较低的体积需求，成为更理想的选择。

3. 有机液体储氢

有机液体储氢/释氢循环适用于固定式和车载式应用场景，其路径如图7-14所示。在室温下，液态有机载体的可逆储氢容量为1.7wt%～7.3wt%。采用有机液体储氢的主要优势在于能够利用现有的基础设施进行批量储存和输送。在储氢液态有机载体中，十氢萘、甲基环己烷和环己烷等环烷烃引起广泛关注。十氢萘脱氢过程包含两步，首先脱除3分子氢气生成四氢萘，然后四氢萘中的六元环脱除2分子氢气生成萘，总反应可用式（7-15）表示。

$$C_{10}H_{18} \longrightarrow C_{10}H_8 + 5H_2 \tag{7-15}$$

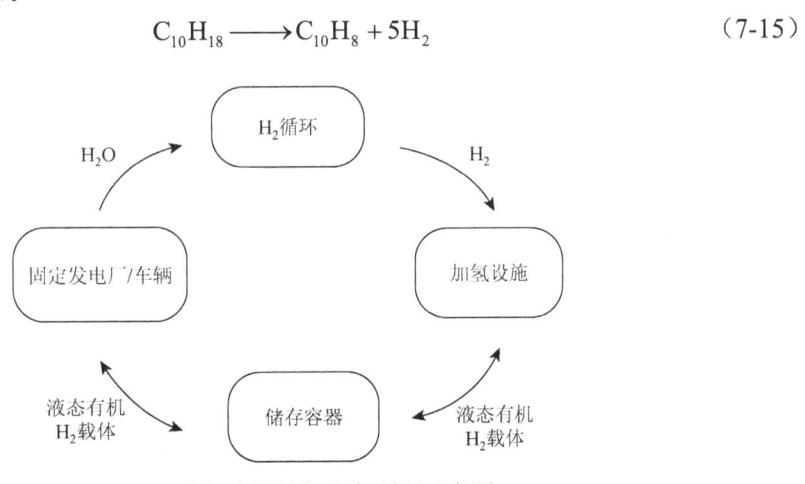

图7-14 有机液体储氢/释氢循环示意图

甲基环己烷经过脱氢反应后形成甲苯，反之甲苯可通过加氢反应转化为甲基环己烷，甲基环己烷脱氢的总反应如式（7-16）所示。

$$C_7H_{14} \longrightarrow C_7H_8 + 3H_2 \quad (7-16)$$

环己烷是液态有机载体体系中最简单的富氢有机物，环己烷的脱氢可以通过几种不同的途径发生，其中每种途径都涉及从环己烷分子中去除氢原子，生成苯和氢气，其反应如式（7-17）所示。

$$C_6H_{12} \longrightarrow C_6H_6 + 3H_2 \quad (7-17)$$

以上反应通常在多种金属催化剂（如铂或钯）的作用下进行，这些催化剂促进环烷烃中氢原子的脱除。这些环烷烃的储氢容量通常为 6.2wt%～7.3wt%。由于甲苯相对容易获取且可大规模生产，以甲基环己烷和甲苯为原料的氢气储存具有较好的经济性。在正常运行条件下，十氢萘的转化率最高，而环己烷的转化率相对较低。甲基环己烷因含有甲基，脱氢生成甲苯的过程比环己烷脱氢更为顺畅。

4. 固态储氢

在这种方法中，氢气的储存依赖于机械压缩和氢气在固态材料上的吸附性能。以下对常用的固态储氢材料进行介绍。

1）笼形水合物

水合物法储氢是通过将氢气分子在水合物热力学生成条件（低温与高压）下储存在水合物笼形结构中以达到稳定保存的技术。笼形水合物，又称气体水合物，是一种类冰状晶体，由水分子通过氢键形成的主体空笼在很弱的范德华力作用下包含客体分子组成。水分子构成了主体分子，而气体或液体分子则作为客体分子。通常情况下，这些晶体结构可以在一定条件下分解为冰或液态水。

采用水合物的方式储存氢气具有以下优点：①储氢和放氢过程完全互逆，储氢材料为水，放氢后的剩余产物也只有水，对环境没有污染，而且水在自然界中大量存在，价格低廉；②水合物形成和分解的温度压力相对较低、速度快、能耗少。水合物分解时，因为氢气以分子的形态包含在水合物孔穴中，所以只需要在常温常压下氢气即可从水合物中释放出来，分解过程非常安全且能耗少。

在特定的压力和温度条件下，小分子气体如氢气（H_2）、氧气（O_2）、氮气（N_2）、甲烷（CH_4）、二氧化碳（CO_2）、硫化氢（H_2S）、氙（Xe）、氪（Kr）和氩（Ar）等能够形成水合物。类似地，一些碳氢化合物和氟利昂也能在同样的条件下形成水合物。这些水合物通常不被认为是化学合成物质，因为其内部储存的分子没有与晶格形成化学键。它们的形成和分解是一种涉及相变的物理过程。

2）金属氢化物

金属氢化物是一类因金属与氢之间的键合作用而形成的氢化物，具有独特的性质。这些材料中的主体金属可以是单质、合金或金属络合物。因此，它们被广泛应用于氢燃料罐、二次电池（能量储存）、气体分离、干燥剂、氢气纯化、燃料电池（能量转换）、催化剂、还原剂、强还原剂和强碱（化学处理）、热泵（热应用）、屏蔽、中子慢化剂和反射体（核工程）等方面的基本组成部分。

储氢金属具有较强的捕氢能力，在一定温度和压力下，氢气分子在金属表面分解为氢原子并扩散到储氢金属的原子间隙中，与金属反应形成金属氢化物，同时剧烈放热。该反应过程实际上是从固溶体α相到氢化物β相的相转变过程，这种相变往往是可逆的。例如，钯在吸收氢气时会从α-Pd相转变为β-Pd相。需要放氢时，对金属氢化物进行加热，其又会发生分解反应，氢原子结合成氢气分子释放出来，此过程伴随明显的吸热效应。金属氢化物储氢技术具有原料丰富易得、储氢容量较高、储放氢条件相对温和且调节范围宽等优点。

由于金属氢化物在储氢容量和反应逆转能力方面具有优异的性能，它们不仅适用于高密度能量储存，而且还适用于清洁能源应用。金属氢化物作为燃料电池的储氢材料，可为电池提供持续的氢气供应。然而，这些材料的挑战在于它们通常需要较高的活化温度和压力才能开始吸附和释放氢气。此外，一些金属氢化物的形成可能伴随着体积膨胀和收缩，这可能影响材料的机械稳定性。

此外，还可通过合金化与纳米化的手段提高金属材料的储氢性能。合金是指一种金属与另一种或几种金属或非金属经过混合熔化，冷却凝固后得到的具有金属性质的固体产物。储氢合金由两部分组成，一部分为吸氢元素或与氢有很强亲和力的元素，其控制着合金的储氢量，是组成储氢合金的关键元素；另一部分为吸氢量小或根本不吸氢的元素，其控制着吸氢/放氢的可逆性，起到调节生成热与分解压力的作用。储氢合金纳米化后，由于具有量子尺寸效应、小尺寸效应及表面效应，出现了许多新的热力学和动力学特性，如活化性能明显提升，具有更高的氢扩散系数和优良的吸氢/放氢动力学性能。纳米储氢材料通常在储氢容量、循环寿命和氢化-脱氢速率等方面比普通储氢材料具有更优异的性能。

3）配位氢化物

配位氢化物是由碱金属及碱土金属与ⅢA族元素、氢形成的化合物，配位氢化物的通式为$A(MH_4)_n$。其中A为碱金属（Na、K等）或碱土金属（Ca、Mg等），M为ⅢA族的B或Al，n为金属的化合价（1或2）。氢原子与配位氢化物中的中心原子以共价键形式连接，根据配位氢化物的金属种类可以将配位氢化物分成碱金属配位氢化物和碱土金属配位氢化物两类。

以$NaAlH_4$放氢为例，反应通常分为三步，如式（7-18）～式（7-20）所示。

第一步，$NaAlH_4$发生脱氢反应，生成Na_3AlH_6、铝和氢气分子，反应通常发生在180～190℃。

$$3NaAlH_4 \longrightarrow Na_3AlH_6 + 2Al + 3H_2 \tag{7-18}$$

第二步，Na_3AlH_6发生去稳定化反应，生成NaH、铝和氢气，反应通常发生在190～225℃。

$$Na_3AlH_6 \longrightarrow 3NaH + Al + 3/2H_2 \tag{7-19}$$

最后，在第三步中，氢化钠分解形成Na和氢气，反应通常发生在400℃以上。

$$\text{NaH} \longrightarrow \text{Na} + 1/2\text{H}_2 \qquad (7\text{-}20)$$

高储氢容量是配位氢化物用作储氢材料的最大亮点，但也存在以下缺点：①合成较困难，一般采用高温、高压氢化反应或有机液相反应合成；②放氢动力学和可逆吸氢/放氢性能差；③反应路径复杂，放氢一般分多步进行，实际放氢量与理论储氢量有较大差别。

4）微孔材料

微孔材料以其独特的无机/有机框架结构和具有丰富的 0.2～2.0nm 孔隙闻名，主要的微孔材料包括活性炭、碳纳米管、金属有机骨架、硅酸盐和沸石等。微孔的存在意味着孔壁与气体分子之间的吸引势场发生重叠，从而增强了对气体的吸附能力，尤其是氢气。微孔材料对氢气的储存能力大多来自材料对氢气的范德华力作用，可认为是物理吸附过程。

在这些材料中，其比表面积通常达到数千平方米每克。特别是碳纳米材料，如碳纳米管和石墨烯，由于其高孔隙率，展示出非凡的储氢性能。石墨烯，一种人工合成的二维碳纳米材料，尽管具有卓越的储氢潜力，但循环稳定性仍有待提高。碳纳米管的结构特征在于碳原子间形成的强烈的面内 sp^2 杂化共价键，赋予其高度的结构稳定性。氢气主要以 H—H 键的形式储存在碳纳米管的内部。经活化处理的杯状碳纳米管的储氢容量可达 0.55wt%，这种储氢能力对于实际应用来说仍然较低，需要通过进一步的改性技术以提高其性能。此外，碳纳米管的储氢容量与其微孔体积的增加呈正相关，证实了微孔结构在储氢应用中的重要性。

金属有机骨架是由无机金属中心（金属离子或金属簇）与桥连的有机配体通过自组装相互连接，形成的一类具有周期性网络结构的晶态多孔材料，其因高比表面积和可调节的孔径备受关注。此种材料通过物理吸附机制将氢气分子固定在孔隙中，依靠氢气分子与金属有机骨架孔壁之间的范德华力实现储氢。金属有机骨架的储氢性能取决于孔径和孔道形状、材料的总表面积，以及材料与氢气分子之间的相互作用强度。

习　题

1. 探讨当前氢能生产技术的挑战和发展方向。

2. 对比氢能与其他可再生能源（如太阳能、风能）的优劣势，讨论氢能在未来能源体系中的地位和作用。

3. 讨论氢气储存的主要形式。

4. 分析氢能在能源储存和平衡能源供需方面的潜力，探讨其在可再生能源普及和能源转型中的作用。

5. 探讨制氢技术的主要类型、差异性与共同点。

6. 讨论氢能的环境影响与可持续性，包括氢能生产过程中的碳排放、水资源消耗等问题，以及如何实现氢能的可持续发展。

第8章 储能电池

8.1 概述

8.1.1 储能电池简介

可再生能源尽管拥有众多优点，对缓解能源紧缺、改善生态环境具有十分重要的作用，但目前广泛应用的可再生能源（如风能和太阳能）均存在供电不稳定、波动大的问题。可再生能源在电网中的渗透率日益提高，给电力系统的稳定运行带来很多新的问题。同时，随着全球范围内对微电网、分布式发电技术的广泛研究，传统电力系统向更为先进的智能电网方向进化，为适应这一变化，进一步提高电力系统运行的可靠性，大容量的储能技术显得尤为重要。

在大规模储能技术上，储能介质的选取、可靠性、成本是限制储能技术应用的最大瓶颈。尽管已开展了多种储能技术研究，如超导储能、飞轮储能、超级电容、电池储能，但考虑到技术成熟程度及综合性能，电池储能技术具备广阔的应用前景。储能电池是电化学储能的主要载体，通过电池完成能量储存、释放与管理的过程。储能电池一般指的是储能蓄电池，蓄电池又称可充电电池（二次电池），储能蓄电池主要是指用于太阳能发电、风力发电、可再生能源储蓄能源用的蓄电池。

1859年，法国物理学家普兰特发明了铅酸电池，这是人类第一种可充电的电池。铅酸电池由浸入硫酸中的铅阳极和二氧化铅阴极组成。两个电极都与酸反应生成硫酸铅，但铅阳极的反应释放电子，而二氧化铅的反应消耗电子，从而产生电流。通过施加反向电流，可以逆转这些化学反应，从而对电池进行充电。铅酸电池也是最耐用的电池之一，至今仍是大多数燃油汽车的启动电池。基于不同化学成分的电池，产生的电压通常在1.0~3.6V范围内。尽管锂离子电池得到了快速发展，在储能领域有着大规模的应用，但铅酸电池仍是主流的储能电池之一。

8.1.2 储能电池的应用场景

在储能领域，储能电池可应用于可再生能源并网、电网输配、电网辅助服务、分布式电网及微电网、用户侧储能等场景。

1. 可再生能源并网

为了尽可能利用更多的可再生能源，提高电网运行的可靠性和效率，各种储能技术研究及工程示范项目得以快速发展。大容量电池储能技术应用于风电、光伏发电，能够平滑功率输出波动，降低其对电力系统的冲击，提高电站的跟踪计划出力的能力，为可再生能源电站的建设和运行提供备用能源。

2. 电网输配

储能电池系统可以改善配电质量和可靠性。当配网出现故障时，可以作为备用电源持续为用户供电；在改善电能质量方面，作为系统可控电源对配电网的电能质量进行治理，消除电压暂降、谐波等问题，同时降低主干网络扩容投入，节约扩容资金。

3. 电网辅助服务

电网辅助服务分为容量型服务和功率型服务，容量型服务如电网调峰、加载跟随和黑启动等，功率型服务如调频、调压、负荷跟随等。储能电池技术在提高电网调频能力方面，可以减小因频繁切换而造成的传统调频电源的损耗；在提升电网调峰能力方面，根据电源和负荷的变化情况，储能系统可以及时可靠地响应调度指令，并根据指令改变其出力水平。

4. 分布式电网及微电网

微电网系统要求配备储能装置，并要求储能装置能够做到以下几点：①在离网且分布式电源无法供电的情况下提供短时不间断供电；②能够满足微电网调峰需求；③能够改善微电网电能质量；④能够完成微电网系统黑启动；⑤平衡间歇性、波动性电源的输出，对电负荷和热负荷进行有效控制。

储能电池系统具有动态吸收能量并适时释放的特点，作为微电网必要的能量缓冲环节，它可以改善电能质量、稳定组网运行、优化系统配置、保证微电网安全稳定运行。

5. 用户侧储能

用户侧储能主要包括工商业削峰填谷及需求侧响应。电池结合电力电子技术能够为用户提供可靠的电源，改善电能质量，并利用峰谷电价的差价，为用户节省开支。

8.1.3 储能电池行业的发展

储能电池行业的发展经历了三个阶段，包括 2000~2015 年的起步阶段，2016~2019 年的扩展阶段，以及 2020 年至今的发展阶段。早期储能行业市场规模较小，且未制定相关政策。从 2016 年开始，锂离子电池逐渐取代铅酸电池，并开始广泛应用。2020 年以后，磷酸铁锂电池成为行业的主流产品。

储能电池的产业链可以分为上游材料及设备、中游电池制造及系统集成安装及下游应用。我国的储能电池以磷酸铁锂电池为主，产业链上游集中在磷酸铁锂电池原材料领域，包括正极材料、负极材料、隔膜、电解液等。集成系统设备方面主要包括涂布机、搅拌机等。

产业链中游主要涉及储能系统及集成领域。储能系统主要包括电池组、电池管理系统、能量管理系统、储能逆变器等四个组成部分，而其中由电池组和电池管理系统组成的储能电池系统是最核心的。

产业链下游则是储能电池的应用领域。它包括电源侧、电网侧和用户侧的储能应用。电源侧储能主要应用于光伏、风力等可再生能源接入电网，以平滑电力输出为主；电网侧储能则主要用于提供电力辅助服务；用户侧储能则主要应用于分时管理电价。其中，电源侧的应用范围最为广泛。

8.2 基 础 理 论

目前主流的储能电池有锂离子电池、铅酸电池、钠硫电池、全钒液流电池，接下来将对其基本原理进行简要介绍。

8.2.1 锂离子电池

锂离子电池主要由能够发生可逆脱嵌反应的正负极材料、能够传输锂离子的电解质和隔膜组成，锂离子电池工作原理如图 8-1 所示。充电时，锂离子从正极活性物质中脱出，在外电压的驱使下经电解液向负极迁移，嵌入负极活性物质中，同时电子经外电路由正极流向负极，电池处于负极富锂、正极贫锂的高能状态，实现电能向化学能的转换；放电时，锂离子从负极脱嵌，迁移至正极后嵌入活性物质的晶格中，外电路电子由负极流向正极形成电流，实现化学能向电能的转换。需注意的是，通常情况下储能电池中的正极也称作阴极，负极也称作阳极，是根据放电时各电极电流的流动和电子的得失情况进行命名的。在锂离子电池中，可采用 $LiCoO_2$、Li_2MnO_3、$LiFePO_4$、Li_2FePO_4F 等作为正极材料，其中磷酸铁锂类使用更多；负极大多选用石墨、石油焦、碳纤维等碳素材料。

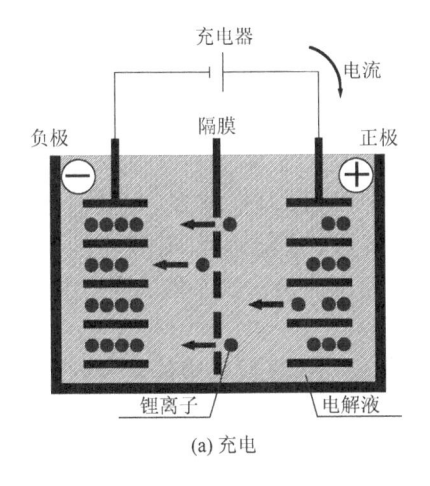

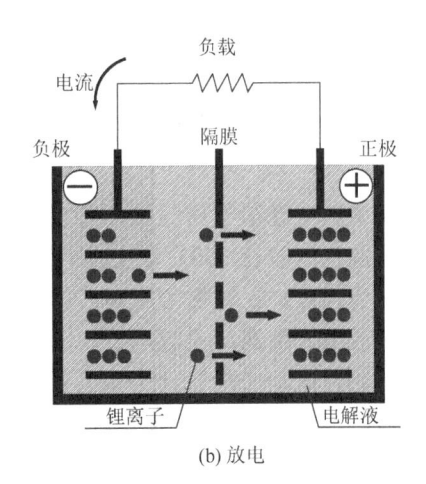

图 8-1 锂离子电池工作原理

8.2.2 铅酸电池

铅酸电池是一种电极主要由铅及其氧化物制成，电解液为硫酸溶液的蓄电池。在铅酸电池放电状态下，正极主要成分为二氧化铅，负极主要成分为铅；而在充电状态下，正负极的主要成分均为硫酸铅。单格铅酸电池的标称电压为 2.0V，可放电至 1.5V，可充电至 2.4V。实际应用中，通常将 6 个单格铅酸电池串联起来使用，可形成标称电压为 12V、24V、36V、48V 等不同的铅酸电池组合。

铅酸电池充电后，正极板由二氧化铅组成，在硫酸溶液中水分子的作用下，少量二氧化铅与水发生反应，生成可解离的氢氧化铅，这种化合物不稳定。OH^- 留在溶液中，而 Pb^{4+} 留在正极板上，导致正极板缺乏电子。负极板是铅，与电解液中的硫酸发生反应，转变为 Pb^{2+}，这些 Pb^{2+} 进入电解液中，负极板上则留有额外的电子。在未接通外电路（即电池开路）时，由于化学作用，正极板上缺乏电子，而负极板存在多余的电子，正负极形成一定的电位差，这便产生了电池的电动势。

在铅酸电池放电时，受电池的电位差影响，负极板上的电子通过负载（外接电路）进入正极板，形成电流。同时，在电池内部进行化学反应。每个铅原子在负极板上放出两个电子后，生成的 Pb^{2+} 与电解液中的 SO_4^{2-} 反应，形成难溶性的 $PbSO_4$。正极板上的 Pb^{4+} 接受来自负极板的两个电子后，转变为 Pb^{2+}，并与电解液中的 SO_4^{2-} 反应，形成难溶性的 $PbSO_4$。正极板上水解产生的 O^{2-} 与电解液中的 H^+ 反应，生成稳定物质水。电解液中的 SO_4^{2-} 和 H^+ 受到电场力的影响分别移向电池的正极和负极，形成电流，从而完成整个回路，使蓄电池持续放电。在放电过程中，硫酸浓度逐渐降低，正负极板上的 $PbSO_4$ 增加，导致电池内阻增加，电解液浓度下降，电池的电动势也随之降低。铅酸电池放电过程的化学反应如式（8-1）所示：

$$PbO_2 + 2H_2SO_4 + Pb \longrightarrow 2PbSO_4 + 2H_2O \tag{8-1}$$

8.2.3 钠硫电池

钠硫电池是一种以钠和硫分别作为电池负极和正极活性材料、钠离子导电的 β-Al_2O_3 同时作为电解质和隔膜的高温二次电池。其基本的电池反应如式（8-2）所示：

$$2Na + xS \rightleftharpoons Na_2S_x \quad (x = 3 \sim 5) \tag{8-2}$$

钠硫电池最早由美国福特公司于 1967 年发明，此后技术不断趋于成熟。钠硫电池的运行温度一般在 300℃ 以上，即仅当钠和硫都处于液态的高温下才能运行。钠硫电池主要有三大优点：①能量密度高；②大电流、高功率放电，并可瞬时放出其 3 倍的固有能量；③充放电效率高，充放电效率可达 85%。

钠硫电池一般设计为中心钠负极的管式结构，即装载钠储罐在固体电解质管内形成负极。电池由钠负极、钠极安全管、陶瓷固体电解质（一般为 β-Al_2O_3）及其封接件、硫（或多硫化钠）正极、硫极导电网络（一般为碳毡）、集流体和外壳等部分组成。通常固体电解质为一端开口一端封闭的管，其开口端通过玻璃封接与绝缘陶瓷进行密封（β-Al_2O_3 陶瓷管口部和 α-Al_2O_3 绝缘环之间通过熔融硼硅酸盐玻璃密封），正负极终端与绝缘陶瓷之间通过热压铝环进行密封。中心为正极设计的钠硫电池在其发展前期也出现过,但是这种设计的能量密度较低而少有进展。

8.2.4 全钒液流电池

钒系的氧化还原电池最早是在 1985 年由澳大利亚新南威尔士大学的 Marria Kacos 提出。全钒液流电池具有以下优点：①输出功率大；②循环寿命长；③反应速率快,在运行过程中充放电状态切换仅需 0.02s,响应速度为 1ms；④转换效率高；⑤安全性高,无潜在爆炸或着火危险。不足的地方是能量密度低、占地面积大等。我国钒资源十分丰富,为大规模开发应用全钒液流电池提供了有力支撑,但目前产业化规模尚不够,成本非常昂贵（尤其是高功率应用）。全钒液流电池的化学反应如下所示。

正极：
$$VO_2^+ + 2H^+ + e^- \longrightarrow VO^{2+} + H_2O, \quad E^\ominus = +1.00V \tag{8-3}$$

负极：
$$V^{2+} - e^- \longrightarrow V^{3+}, \quad E^\ominus = -0.26V \tag{8-4}$$

电池总反应：
$$VO_2^+ + V^{2+} + 2H^+ \longrightarrow VO^{2+} + V^{3+} + H_2O, \quad E^\ominus = 1.26V \tag{8-5}$$

全钒液流电池采用 V(II)/V(III) 和 V(IV)/V(V) 作为氧化还原电对。通常以石墨毡为电极,石墨-塑料板栅为集流体；质子交换膜作为电池隔膜；正负极电解液在充放电过程中流过电极表面发生电化学反应,可在 5～60℃温度范围运行。电池容量取决于活性物质的浓度和储液槽容量,不受电池本身限制,适宜发展大规模能量储存系统。与传统的二次电池相比,其电极反应过程无相变发生,可以进行深度充放电；由于正负极活性物质分开储存,杜绝存放过程自放电可能性；具有效率高、寿命长、价格便宜等特点。全钒液流电池结构示意图如图 8-2 所示。

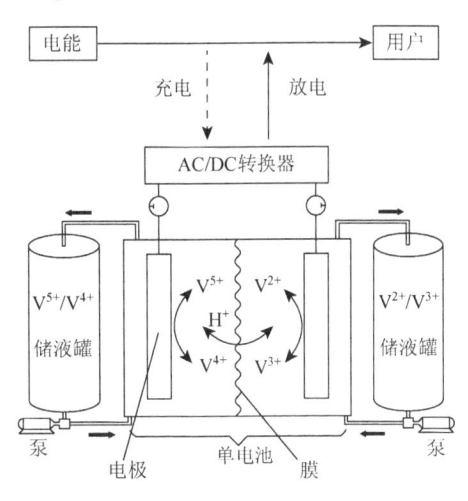

图 8-2 全钒液流电池示意图

8.3 技术及应用

8.3.1 锂离子电池

锂离子电池的性能优势主要有以下方面。

（1）比能量高。锂离子电池的质量比能量是铅酸电池的 4 倍,即同样储能条件下锂离子电池体积大幅缩小。因此，使用锂离子电池的便携式电子设备可做到小型轻量化。

（2）循环使用寿命长。80%放电深度（电池放电量与电池额定容量的百分比）状态下，充放电次数可达 1200 次以上，远高于其他电池，具有长期使用的经济性。

（3）工作电压高。一般单体锂离子电池的电压约为 3.6V，有些甚至可达到 4V 以上，约为铅酸电池的 2 倍。

（4）自放电小。电池在不使用时发生电量损耗的情况称为自放电现象。锂离子电池一般月均放电率在 10%以下。

（5）较好的加工灵活性，可制成各种形状的电池。

（6）锂离子电池中不含铅、镉、铬等重金属元素，是一种没有环境污染的绿色电池。

当然，锂离子电池也有一些问题待解决，如锂离子电池内部电阻较高、工作电压变化较大、部分电极材料（如 $LiCoO_2$）的价格较高、充电时需要保护电路防止过充等。

1. 锂离子电池的正极材料

锂离子电池的正极材料根据其晶体结构类型可分为层状氧化物 $LiMO_2$（如钴酸锂、镍酸锂、锰酸锂等）、多元复合氧化物、尖晶石型 LiM_2O_4（如锰酸锂等）、聚阴离子型化合物（如磷酸铁锂、磷酸钒锂、磷酸锰锂等）和富锂材料等。

1）层状氧化物钴酸锂 $LiCoO_2$

钴酸锂材料呈现理想的 α-$NaFeO_2$ 层状结构。根据计算，其理论比容量为 $274mA·h·g^{-1}$。实际应用中，其比容量可达到 $140mA·h·g^{-1}$，在较高的充放电电压下，可达到 $200mA·h·g^{-1}$。钴酸锂作为正极材料时，具有稳定的骨架作用，协助锂离子的嵌入和脱出过程。大约 50%的锂离子在钴酸锂中可进行可逆的嵌入和脱出。如果锂离子在钴酸锂中过度脱嵌，会影响材料的本体结构，从而降低稳定性和循环性能。尽管钴酸锂材料是目前最成熟的锂离子电池正极材料之一，但其使用受限于钴资源的稀缺和价格的昂贵，以及钴的毒性，这阻碍了其规模化应用。

2）尖晶石型锰酸锂 $LiMn_2O_4$

尖晶石型锰酸锂属于立方晶系，其理论比容量为 $148mA·h·g^{-1}$，而实际充放电比容量仅为 $120mA·h·g^{-1}$。锰酸锂价格低廉且资源丰富，使其在许多领域具有广泛的应用前景。然而，电解液中微量 HF 的存在会导致锰酸锂溶解，且锰酸锂对其溶解具有自催化效应，从而加剧了锰酸锂的溶解，降低了锰酸锂的循环性能。

3）层状氧化物镍酸锂 $LiNiO_2$

镍酸锂具有 α-$NaFeO_2$ 结构，其理论比容量为 $275mA·h·g^{-1}$，实际使用中可达 $200mA·h·g^{-1}$。镍酸锂价格较低、无毒，并且与许多电解质溶液相容性良好。然而，镍酸锂的制备难度较大，对条件要求较高，限制了其实际应用。

4）二元复合氧化物 $LiM_xMn_{2-x}O_4$

二元复合氧化物 $LiM_xMn_{2-x}O_4$ 是根据过渡金属元素掺杂尖晶石型锰酸锂制备的材料，其最显著的优势是具有高电压平台（通常可达 4.5V 以上），其中最成熟的是 $LiNi_{0.5}Mn_{1.5}O_4$。在充放电过程中，$LiNi_{0.5}Mn_{1.5}O_4$ 的电压平台约为 4.7V，对应于 Ni^{3+}/Ni^{4+} 的转化。其理论比容量为 $146.7mA·h·g^{-1}$，其由于高电压平台，属于高能量密度的锂离子电池正极材料。

5) 三元复合氧化物 $LiNi_xCo_yMn_{1-x-y}O_2$

镍钴锰三元系正极材料由于协同效应，集合了三者的优点，也弥补了各自的缺陷，在电化学性能上优于任何单一组元，具有高比容量、低成本、良好的循环性能和高安全性等特点。其中，钴元素作为骨架能够稳定正极材料的层状结构，减少离子混合；镍元素确保材料具有高容量；锰元素主要起稳定结构和提高安全性的作用。三元系正极材料的理论比容量为 $277mA·h·g^{-1}$，实际比容量为 $200mA·h·g^{-1}$，高于广泛使用的钴酸锂正极材料，被认为是钴酸锂理想的替代材料。

6) 富锂材料 $xLi_2MnO_3·(1-x)LiMO_2$

富锂材料可写作 $xLi_2MnO_3·(1-x)LiMO_2$（其中 M 为 Ni、Co、$Ni_{1/3}Co_{1/3}Mn_{1/3}$ 等）。富锂材料可逆比容量高达 $200\sim300mA·h·g^{-1}$，工作电压高达 5V，是正极材料中能量密度最高的种类；其循环稳定性较好且价格低廉。然而，富锂材料首次不可逆容量损失较大（>$50mA·h·g^{-1}$），使首次循环效率较低（约 60%）。由于锰的导电性较差，富锂材料的倍率性能相对较差，这些缺点限制了富锂材料的应用。

7) 聚阴离子型化合物

磷酸铁锂材料的理论比容量可达 $170mA·h·g^{-1}$，工作电压约为 3.4V，适用于动力型锂离子电池。橄榄石结构的 $LiFePO_4$ 属于正交晶系，具有良好的稳定性，但存在电导率低、锂离子扩散系数低及振实密度低等缺点，严重影响了其产业化进程。磷酸钒锂[$Li_3V_2(PO_4)_3$]和磷酸锰锂（$LiMnPO_4$）是两种重要的聚阴离子型正极材料。磷酸钒锂拥有菱方结构和单斜结构，理论比容量达 $197mA·h·g^{-1}$，具有广泛的应用前景。橄榄石型结构的磷酸锰锂具有较高的充电电压，但导电性能较差，限制了其应用。

2. 锂离子电池的负极材料

锂离子电池负极材料分为碳材料、硅基材料、锡基材料、钛酸锂 $Li_4Ti_5O_{12}$ 和过渡金属氧化物等。

1) 碳材料

碳材料是锂离子电池中使用最广泛的负极材料。碳材料的优点包括低嵌锂电位（<1.0V vs. Li^+/Li）和循环稳定性。嵌锂电位是指正负极材料之间发生嵌入和脱出锂离子的电位差。碳材料可分为石墨化碳和非石墨化碳两类。石墨化碳包括天然石墨、人造石墨等；非石墨化碳包括软碳和硬碳。软碳是指在高温下能够石墨化的碳材料，而硬碳则是指即使在高温下也无法石墨化的碳材料。石墨化碳具有层状结构，层间距为 0.335nm，层间由较弱的范德华力连接。石墨化碳通过将锂可逆地嵌入石墨层间，形成石墨插层化合物，实现锂离子的嵌入，其理论比容量为 $372mA·h·g^{-1}$，但由于杂质和结构缺陷的存在，实际比容量约为 $300mA·h·g^{-1}$。改进石墨化碳的方法包括表面包覆和掺杂等处理，以修正首次充放电库仑效率低、循环性能差、对电解质的敏感性等缺点。库仑效率是指在电池充放电过程中，实际放出的电荷量与理论输入电荷量的比值。

2) 硅基材料

硅基材料可形成 $Li_{22}Si_5$ 合金，其理论比容量高达 $4200mA·h·g^{-1}$，是目前已知比容量最高的负极材料。硅基材料具有低嵌锂电位（<0.5V vs. Li^+/Li），是一种高能量的锂离子

电池负极材料。然而，硅基材料在充放电过程中存在大幅体积变化（可达 400%），导致循环性能较差。此外，硅基材料为半导体材料，导电性一般。

3）锡基材料

锡基材料具有可逆脱锂特性，1mol 锡可与 4.4mol 锂反应，其理论比容量高达 994mA·h·g^{-1}。锡基材料主要包括金属锡、锡的氧化物（SnO、SnO$_2$）、锡的合金、锡-碳复合材料等。受体积效应的影响，充放电过程中电极材料会反复膨胀和收缩，最终导致材料粉化和结构坍塌，从而降低了锡基材料的循环性能。

4）钛酸锂 Li$_4$Ti$_5$O$_{12}$

钛酸锂 Li$_4$Ti$_5$O$_{12}$ 具有尖晶石结构，理论比容量为 175mA·h·g^{-1}。Li$_4$Ti$_5$O$_{12}$ 在充放电过程中体积变化不足 0.2%，是一种体积稳定的材料，循环性能非常出色。Li$_4$Ti$_5$O$_{12}$ 的电压平台为 1.5V，其在循环过程中不会形成固体电解质界面膜，也不会析出金属锂。Li$_4$Ti$_5$O$_{12}$ 制备简单且价格较低廉。然而，作为负极材料，Li$_4$Ti$_5$O$_{12}$ 的电压平台为 1.5V，相对于碳负极的电压平台（<1.0V）和硅负极的电压平台（<0.5V）略高，电池的能量密度劣势较为明显。

3. 锂离子电池的电解液

在锂离子电池中，电解液起到传输锂离子的重要作用，因此电解液的性质直接影响锂离子电池的性能。一般而言，锂离子电池的电解液体系由电解质锂盐、电解质有机溶剂及具有稳定作用的添加剂组成。电解质锂盐有多种类型，其中包括 LiPF$_6$、LiClO$_4$ 和 LiAsF$_6$ 等。LiClO$_4$ 具有较强的氧化性，容易引起电池安全性问题，目前使用较少。LiAsF$_6$ 的导电性较好，但 As 元素的毒性限制了其使用。LiPF$_6$ 具有较高的离子电导率、优良的稳定性和较低的环境污染，但价格较高。

电解质有机溶剂必须是非质子型以确保足够的电化学稳定性并避免与锂发生反应。溶剂的熔点和沸点决定了电池的工作温度范围，通常要求高沸点和低熔点；介电常数和偶极矩影响锂盐在其中的溶解度；黏度则影响 Li$^+$ 在电解液中的流动性；闪燃点与电池的安全性密切相关。常用的电解液溶剂体系包括碳酸乙烯酯（EC）+ 碳酸二甲酯（DMC）、EC + 碳酸二乙酯（DEC）、EC + DMC + 碳酸甲乙酯（EMC）和 EC + DMC + DEC 等。

4. 锂离子电池在储能领域的应用

锂离子电池储能技术已被广泛应用于电力系统各个领域，包括发电侧、用户侧和电网侧等应用场景。应用模式主要有各种类型的储能电站、备用/应急电源车和不同种类的储能装置。在发电侧应用中，锂离子电池储能技术主要应用于风/光储能电站、AGC（自动发电控制）调频电站等；而在用户侧应用中，则主要包括光储充一体化电站、应急电源等；至于电网侧应用，则主要包括变电站、调峰调频电站等。不同应用模式对锂离子电池性能的要求各不相同。

1）在发电侧的应用

在发电侧，锂离子电池储能技术被应用于大规模新能源并网和电力辅助服务，主要功能是促进新能源的消纳和增强电力系统的调峰能力。目前，电化学储能技术在风力、光伏系统中得到了广泛应用。结合规模化的锂离子电池储能技术和风光发电技术,可以有效解决新能源并网问题。例如,青海省的"青海格尔木直流侧光伏电站储能项目"就是锂离子电池储能技术应用于光伏电站的案例。该光伏电站规模为180MW,储能系统规模为1.5MW/3.5MW·h,采用了光伏直流侧分布式储能技术,有效解决了储能系统与光伏电站接入匹配的问题。

2)在电网侧的应用

在电网侧,锂离子电池储能技术主要用于电网辅助服务、输配电基础设施服务、分布式电网和微电网。它的主要功能包括确保电网的安全和经济稳定,提供调频、调峰、备用、黑启动等服务,提高输配电设备的利用率,减缓现有输配电网的升级改造以解决偏远地区的供电问题,同时提高供电可靠性和灵活性。随着锂离子电池集成度和电池热管理水平的不断提高,大规模锂离子电池储能项目正在不断涌现。例如,福建晋江电网储能项目(30MW/108MW·h)并网并投入使用,配套的大规模电池储能电站统一调度与控制系统可为附近3个220 kV的重负荷变电站提供调峰调频服务。锂离子电池储能技术在电力能源的发电侧、用户侧和电网侧的一些典型应用案例如表8-1所示。

表8-1 锂离子电池储能技术在储能领域中的应用案例

年份	地点	规模	应用场景
2024	广东和平县	200MW/400MW·h	电网侧
2023	山东济南	100MW/200MW·h	电网侧
2023	山东德州	100MW/200MW·h	电网侧
2023	甘肃	60MW/240MW·h	发电侧
2024	西藏日喀则	1.2MW/8.4MW·h	用户侧
2023	山东烟台	101MW/202MW·h	电网侧

3)在用户侧的应用

在用户侧,锂离子电池储能技术的应用场景非常广泛,包括光储充一体化的充电站、工业园区、数据中心、通信基站、地铁和有轨电车、港口和岛屿、医院、商场、政府大楼、银行、酒店、各类大型临时活动场所的用电保障和应急供电等。此外,还包括一些商业储能项目,如电镀和冶炼企业等用电大户利用储能电站在用电高峰时段放电而在用电低谷时段充电,以降低用电成本。随着电力需求响应领域的不断发展和完善,用户侧电池储能项目正在迅速增长;同时,5G通信基站的扩建也加快了对锂离子电池储能技术需求的增长;各级政府对用户侧储能项目建设的支持也在促进这一技术领域的快速发展。

8.3.2 燃料电池

燃料电池是一种能够将燃料的化学能转换为电能的装置,其工作原理与储能电池类似，但氧化还原反应的原料（燃料和氧化剂）是从外部源连续供应的，而不是预先储存在电池内部。燃料电池更侧重于将化学能直接转换为电能，而储能电池则侧重于电能的储存和释放。两者在工作原理和应用上有所区别，但都可以用于能源储存和转换的目的。燃料电池的应用场景包括固定电站、交通运输、分布式发电等，其特点是高效率、环境友好，可以直接使用多种燃料。从理论上讲，只要持续供给燃料，燃料电池便可不间断地产生电力，被称为继火力、水力和核能之后的第四代发电技术。

燃料电池的优势如下。

（1）发电效率高。燃料电池产生电力不受卡诺循环的限制。理论上，其发电效率可达85%～90%，但受各种极化的限制，目前燃料电池的能量转换效率为40%～60%。如果能实现热电联供，则燃料的总利用率可高达80%以上。

（2）高比能量。甲醇燃料电池的比能量是锂离子电池的10倍以上。尽管目前燃料电池的实际比能量仅为理论值的10%，但仍然远高于一般电池的实际比能量。

（3）燃料种类多。燃料电池可使用任何含氢物质作为燃料，包括天然气、石油、煤炭等化石燃料，或者沼气、乙醇、甲醇等。因此，燃料电池非常适合实现能源多样化，以减缓主流能源的消耗。

（4）负荷调节灵活、可靠性高。燃料电池能够快速响应负载变化。无论处于额定功率以上的过载运行还是低于额定功率运行，其承受能力较强且效率变化不大。燃料电池因其高可靠性，可用作各种应急电源和不间断电源。

（5）易于建造。燃料电池具有组装式结构，安装和维护方便，无需大量辅助设备。设计和制造燃料电池电站相对容易。

（6）低噪声。燃料电池结构简单，运动部件少，工作时噪声较低。即使在功率为11MW的燃料电池发电厂附近，测得的噪声也低于55dB。

（7）环境友好。燃料电池以天然气等富氢气体为燃料时，二氧化碳排放量比热机过程减少40%以上，对减轻地球的温室效应至关重要。此外，燃料电池的燃料气在反应前必须脱硫，且按照电化学原理发电，无高温燃烧过程，几乎不排放氮氧化物和硫氧化物，减少了对大气的污染。

1. 燃料电池的分类与工作原理

目前各国开发的燃料电池种类多，应用范围广泛，分类方法也多种多样。燃料电池有不同的分类方法：按工作温度不同，可将燃料电池分为低温型（工作温度低于120℃）、中温型（工作温度120～260℃）、高温型（工作温度260～750℃）和超高温型（工作温度750～1200℃）；按电解质种类可分为碱性燃料电池（AFC）、磷酸燃料电池（PAFC）、质子交换膜燃料电池（PEMFC）、熔融碳酸盐燃料电池（MCFC）和固体氧化物燃料电池（SOFC）等；按燃料处理方式不同，可分为直接型、间接型和再生型。

1）固体氧化物燃料电池

固体氧化物燃料电池是一种全固态能量转换装置，直接将燃料气和氧化气中的化学能转换成电能。它采用致密的固体氧化物作为电解质，在800～1000℃高温下运行，反应气体不直接接触，可以使用较高的压力来缩小反应器的体积，而不会出现燃烧或爆炸的风险。

采用薄膜制造技术制造的高温陶瓷膜电化学反应器是新一代固体氧化物燃料电池，通常称为陶瓷膜燃料电池。中国已成功研制了中温（500～750℃）陶瓷膜燃料电池关键材料，并开发了多种薄膜化技术，获得了厚度为5～20μm的薄层固体电解质。与采用传统工艺制造的150～200μm电解质薄板相比，这一厚度减薄了一个数量级，单电池的输出功率可达到500～600mW·cm^{-2}。

固体氧化物燃料电池在各领域的应用不断扩展。除了应用于发展大型电站技术外，还广泛用于分布式电站和备用电源技术。此外，固体氧化物燃料电池还可作为移动式电源，为大型车辆提供辅助动力源。此外，该种燃料电池还可用于轮船、舰艇、航空航天等领域的发电系统。

2) 直接甲醇燃料电池

直接以甲醇为燃料的质子交换膜燃料电池通常称为直接甲醇燃料电池（DMFC），其主要由阳极、阴极和质子交换膜构成。阳极和阴极由不锈钢板、塑料薄膜、铜质电流收集板、石墨、气体扩散层和多孔结构的催化层组成。其中，气体扩散层起支撑催化层、收集电流及传导反应物的作用，由具有导电功能的碳纸或碳布组成；催化层是电化学反应的场所，常用的阳极和阴极电极催化剂分别为PtRu/C和Pt/C。直接甲醇燃料电池无需中间转化装置，因而系统结构简单，体积能量密度高，还具有启动时间短、负载响应特性佳、运行可靠性高、在较大的温度范围内都能正常工作、燃料补充方便等优点。其应用领域非常广泛，主要包括如下几种。

（1）野外作业或军事领域的便携式移动电源。

（2）未来电动汽车动力源。

（3）50～1000kW的固定式发电设备。

（4）移动通信设备电源。

微型DMFC和军用燃料电池已经逐渐接近实用化阶段，但是仍然存在一些技术难题。其中，阳极催化剂活性不足、缺乏合理的甲醇和二氧化碳分流通道、防止甲醇穿透到阴极等问题仍然需要解决。针对这些问题，已经提出了一些解决途径。例如，在催化剂活性方面，可以利用贵金属的二元或三元合金催化剂来提高其抗CO中毒的能力，或者寻找非贵金属催化剂以提高其催化效能。

3) 氢燃料电池

氢燃料电池是一种利用氢气和氧气通过电化学反应产生电能的装置。反应产物为水，而不会产生一氧化碳、氮氧化物和二氧化碳等排放，因此具有高效无污染的特点。

在20世纪60年代，氢燃料电池已成功应用于航天领域；从70年代至今，随着制氢技术的不断改进，氢燃料电池在发电、电动车和微型电池方面的应用取得了许多进展。目前，氢燃料电池的电能转换效率可达65%～85%，质量能量密度为500～700W·h·kg^{-1}，体积能量密度为1000～1200W·h·L^{-1}，发电效率高于固体氧化物燃料电池。氢燃料电池通常在30～90℃下运行，启动时间短，可以在0～20s内达到满负荷运行，寿命可达到10年，无振动、无废气排放。将氢燃料电池用于电动车可以获得诸多优势，除成本外，在各方面的性能均优于传统燃油车辆。

2. 燃料电池的挑战与发展趋势

以固体氧化物燃料电池（SOFC）为例，SOFC 面临的挑战首先是碳氢气体直接在 SOFC 上应用的积碳问题。以 Ni 基金属陶瓷作为阳极的 SOFC 在使用沼气、天然气等含碳燃料时，因为 Ni 对燃料的催化裂解活性极强，所以在催化裂解过程中 Ni 表面易产生积碳。Ni 表面的积碳首先会占据 Ni 的催化活性位点，阻碍催化反应的进行；如果积碳在阳极持续积累，会导致催化剂活性进一步降低，并堵塞阳极孔道，影响燃料气体扩散，致使 SOFC 性能急剧下降。

另一个挑战是中低温下 SOFC 的低输出问题。导致 SOFC 低输出的原因如下：一是电池的欧姆损失；二是电极的催化活性和极化损失。电池的欧姆损失主要来自电解质。电解质材料的离子电导率随温度的降低明显下降，因此，降低电解质层的电阻是提高单电池输出性能的最佳途径。然而即使用具有较高离子电导率的电解质材料，传统的电解质支撑的单电池依然很难获得较高的电性能，可通过减小电解质层的厚度，即电解质层薄膜化，来解决相关问题。

在中低温下，在阳极支撑的 SOFC 中，影响电池效率的主要因素是电极极化损失。其中最明显的现象是降低 SOFC 的工作温度会使电池的阴极极化电阻迅速增大，因此阴极极化电阻被认为是影响低温 SOFC 性能的主要因素之一，降低阴极极化电阻才能确保 SOFC 在低温条件下获得理想的电性能。降低阴极的极化损失有两种主要方法：一是研发新型阴极材料，二是改善阴极微观形貌以增强电解质与阴极界面的结合，提高阴极的稳定性和电催化活性。

8.3.3 超级电容器

超级电容器是一种利用电极和电解质之间的界面储存电能的设备，是介于传统电容器和储能电池之间的新型绿色储能器件。其具有高比电容、工作电压范围宽、环境友好、高能量密度和高功率密度等特性，同时具备传统电容器的高功率输出和储能电池储存电荷的能力。目前，超级电容器在电子通信、医疗卫生、国防科技、航空航天等领域的应用越来越广泛。

超级电容器是一种典型的功率型储能器件，目前产业化程度较高的是双电层电容器。它具有高电容量、快速响应、高功率密度、长循环寿命和宽工作温度范围等优点，特别适用于短时高频储能领域，如平滑波动和调频等应用场景。其优点如下。

（1）响应速度快和功率密度高。双电层电容器依赖离子在电极表面的吸附和脱附实现充放电，可在极短时间（毫秒级）内实现满功率吞吐。

（2）电容量较高。由于电极的比表面积大，双电层电容器电容量为普通电容器的数千倍。

（3）工作温度范围宽。部分可达 40～70℃。

（4）循环寿命长。超级电容器储能是基于静电场的物理储能，电极和电解液老化慢，循环寿命可达百万次。

然而，双电层电容器的能量密度相对较低，导致持续供能时间较为有限。为了实现长时间的连续输出，通常需要额外配备电池等设备，这将导致成本的增加。它通常与其他储能技术相结合，构建混合储能系统，以支持调峰和调频模式的切换，从而减少能量型储能系统介入调频响应的次数，延长系统寿命。

碱金属离子电容器，作为介于双电层电容器和储能电池之间的新型储能器件，具有较高的能量密度、高功率密度和长寿命的特性。其能量密度通常为双电层电容器的3~10倍，功率密度约为储能电池的3倍，并具有近10万次的循环寿命。碱金属离子电容器的市场定位是功率型储能，其优势在于利用高能量密度减少了超级电容器储能系统中的额外配置成本。

1. 超级电容器的分类与工作原理

超级电容器由电极（阳极、阴极）、电解质、隔膜、集流体和外壳五个部分组成。其中，电极作为超级电容器最核心的组成部分，是决定超级电容器储能性能优劣的关键。根据储存电能的机理不同，超级电容器可分为双电层电容器和赝电容器。

1）双电层电容器

双电层电容器是一种利用电极与电解质之间形成的双层界面来储存能量的新型元器件。当电极与电解液接触时，受库仑力、分子间和原子间作用力的影响，固液界面会形成稳定的、符号相反的双层电荷，即所谓的界面双层。

双电层电容器通常采用多孔碳材料作为电极材料，包括活性炭（如活性炭粉末、活性炭纤维）、碳气凝胶和碳纳米管等。电容器的容量大小与电极材料的孔隙率密切相关。一般来说，孔隙率越高，电极材料的比表面积越大，电容器的储能能力也越强。然而，并非孔隙率越高，电容器容量一定越大。只有在保持电极材料孔径在2~50nm的情况下提高孔隙率，才能增加材料的有效比表面积，从而提高双电层电容。

整个超级电容器相当于由正极和负极的两个电容器串联组成，其器件电容 C 与正极电容 C_+、负极电容 C_- 之间满足 $1/C = 1/C_+ + 1/C_-$。在对称型双电层电容器中，由于电极材料、电极质量、电极厚度均完全相同，正负极电容相等，则有 $C = C_e/2$（其中 $C_e = C_+ = C_-$）。为了便于不同种类多孔碳材料的性能比较，通常采用质量比电容 C_{sp}（单位为F/g），即单位质量电极的电容，计算公式为 $C_{sp} = C_e/m_e$，其中 m_e 是单个电极的质量。

2）赝电容器

赝电容，又称为法拉第准电容，是指在电极材料的表面或体相中，电活性物质进行欠电位沉积，产生高度可逆的化学吸脱附或氧化还原反应，从而形成与电极充电电位相关的电容现象的新型器件。由于这些反应发生在整个体相中，因此赝电容系统可实现的最大电容值非常可观。在相同的体积或质量下，赝电容器的容量可达到双电层电容器容量的10~100倍。目前，赝电容器的电极材料主要包括一些金属氧化物和导电聚合物。

金属氧化物超级电容器通常采用一些过渡金属氧化物作为电极材料，如 MnO_2、V_2O_5、RuO_2、IrO_2、NiO、$H_3PMo_{12}O_{40}$、WO_3、PbO_2 和 Co_3O_4 等。其中，RuO_2 是研究最为成功的金属氧化物电极材料之一，在 H_2SO_4 电解液中其比电容能达到700~760F/g。然而，RuO_2

资源稀缺且价格昂贵，限制了其广泛应用。导电聚合物作为超级电容器的电极材料逐渐崭露头角。这些聚合物具有良好的电子导电性，电子电导率典型数值为 1~100S/cm。

2. 超级电容器电极材料

在超级电容器的各个组成部分中，电极材料发挥着至关重要的作用，其种类和性能在很大程度上决定了器件的整体性能和应用领域。电极材料主要分为两大类：一是利用材料表面和孔隙进行物理吸附的双电层电极材料，如碳基材料；二是具有氧化还原活性的赝电容材料，如金属氧化物/氢氧化物、金属有机骨架、导电聚合物和过渡金属硫化物等。

1) 碳基材料

随着各种柔韧性强、可拉伸材料的发展，各种碳基材料在超级电容器中得到广泛应用。活性炭、碳纤维、碳纳米管、石墨烯和碳化物衍生物等成为研究的焦点。高孔隙率碳基材料具有成本低廉、化学和热稳定性高等特点，并且具有密度小、导电性良好和大比表面积等物理性质和结构特征。然而，在实际应用中，碳基材料的表面积并未完全利用，孔径分布和电解液类型会影响双电层的形成，导致实际比容量只能达到理论比容量的 10%~20%。因此，在不降低功率密度的前提下，可通过分级纳米结构构筑、物理/化学性质调整、表面修饰来提高碳基材料的能量密度。

2) 金属氧化物材料

金属氧化物作为典型的赝电容材料，在适当的电压窗口下可以快速实现可逆的氧化还原反应，而不涉及相变和结构不可逆的转化。因此，金属氧化物作为电极材料的基本要求是具有良好的电子导电性，或者金属元素存在两种或两种以上的价态。金属氧化物在理论比容量和能量密度方面可以达到碳基材料的 10~100 倍，且与导电聚合物相比，具有更稳定的电化学性能。

RuO_2 是最早开发的赝电容材料之一，也是技术最成熟的金属氧化物电极材料之一。虽然在 1.2V 电压窗口下，RuO_2 具有三种不同的氧化态、优异的电子和离子导电性，以及良好的倍率和循环稳定性，但其本身具有毒性且价格昂贵，限制了其在储能器件中的广泛应用。为了实现可持续发展和降低成本的目标，一些廉价且储量丰富的单一金属氧化物（如 MnO_2、Co_3O_4、NiO、V_2O_5、Fe_3O_4 和 CeO_2 等）和多元金属氧化物（如 $MnCo_2O_4$、$ZnCo_2O_4$ 和 $NiMoO_4$ 等）开始受到关注。

3) 导电聚合物材料

导电聚合物的发现可以追溯到 1976 年，它们是一种常见的赝电容材料，具有较高的电导率和电化学活性，易于合成且成本相对较低。导电聚合物主要包括聚吡咯、聚苯胺、聚噻吩及其衍生物等。这些材料可以通过化学氧化和电化学聚合的方式合成，其储存能量是通过 N 型（电子）或 P 型（空穴）掺杂或去掺杂的氧化还原反应实现的。由于这些反应发生在导电聚合物材料的整个体相中，因此其理论比容量比碳基材料高。然而，在充放电过程中，导电聚合物链条持续溶胀和收缩，导致离子载体扩散能力不足，是其实际应用的主要障碍之一。通过改善形貌和结构、实现纳米化、与其他电极材料进行复合等手段可提升其性能。

4）过渡金属硫化物材料

在多种电极材料中往往存在一些固有的劣势，如过渡金属氧化物/氢氧化物的导电性较低，碳基材料的理论比容量不高，导电聚合物的循环稳定性较差，这些问题严重影响了它们在电化学储能中的规模化应用。过渡金属硫化物，特别是单金属镍基（Ni_2S_3 和 NiS）、钴基（Co_9S_8 和 Co_3S_4 等）、具有立方结构的三元镍钴双金属硫化物，由于具有较高的导电性和电化学活性而受到广泛关注。此外，硫元素的电负性较低，因此金属硫化物的结构更易于调控，体积膨胀效应小，机械稳定性强，有利于电子持续有效地传输。

然而，基于过渡金属硫化物的电极材料仍存在一些问题，如对表面氧化还原反应依赖性较大，在大电流密度下反应动力学速率较慢，其倍率性能和循环稳定性不佳等。金属硫化物的比容量在高充放电倍率下保持率较低，且在长时间的循环过程中稳定性不理想，主要是由于硫化物易被氧化，且在持续循环过程中活性物质易粉化并从集流体上脱落。

综上所述，超级电容器的电极材料主要可分为碳基材料、导电聚合物、金属氧化物/氢氧化物和金属硫化物四类。每种材料都具有一定优点和不足。碳基材料形成的双电层电容器通常具有高功率密度和优异的循环稳定性，但其比容量和能量密度较低。导电聚合物作为赝电容材料之一，具有良好的电子导电性和较小的内阻，但在充放电过程中易发生体积膨胀和收缩，导致循环稳定性不佳。具有较高理论比容量的金属氧化物/氢氧化物本身电子传导性较差，限制了其高功率密度所需的倍率性能。而金属硫化物具有较高的理论比容量和优异的导电性，但也存在倍率性能和循环稳定性不佳等问题。

习　　题

1. 储能电池有哪些常见的类型和用途？它们在可再生能源、电网调峰、交通运输等方面的应用如何？

2. 锂离子电池是目前最常见的储能电池之一。请解释它的工作原理和优势，以及它在手机、电动汽车等领域的应用。

3. 储能电池的循环寿命对于储能系统的性能和经济效益至关重要。请探讨如何延长储能电池的寿命和提高其可靠性。

4. 燃料电池作为一种可持续能源技术，它在储能中的潜力如何？比较不同类型的燃料电池，并讨论它们的应用和挑战。

5. 固态电池被认为是下一代储能电池的发展方向。请介绍固态电池的工作原理、优势和目前的研究进展。

6. 储能电池的安全性一直是关注的焦点。请讨论储能电池的安全问题和可能的解决方案。

7. 充电和放电效率是评估储能电池性能的重要指标。请解释充电和放电过程中能量损失的原因，并探讨如何提高电池的能量转换效率。

8. 不同环境条件和温度对储能电池的性能有重要影响。请研究温度对电池容量、循环寿命和功率输出的影响，以及如何优化电池的工作温度。

9. 储能电池的成本一直是储能技术推广的一个关键问题。请探讨降低储能电池成本的策略和可行性。

10. 可再生能源和储能电池是推动可持续能源转型的重要技术。请讨论它们之间的相互作用和如何最大限度地发挥它们的潜力。

11. 新兴技术如燃料电池、超级电容器等对储能电池的发展有何影响？请比较它们的特点和应用。

12. 储能电池的未来发展趋势如何？面向可持续能源和智能电网的储能技术将如何演进？

第 9 章 节能减排技术

9.1 基础理论

节能减排技术的发展为制定能源政策、开展环境保护、应对气候变化等提供了理论指导和技术支持，是推动能源可持续发展的重要基础。本章将从节能、低碳、零碳、二氧化碳（CO_2）的捕集、利用与封存和污染物排放等方面进行介绍。

9.1.1 概述

节能减排技术是指在生产、生活、交通等领域，通过引进先进的技术手段，降低能源消耗、减少污染物排放的措施。它涉及工业生产、建筑设计、交通运输、能源利用等各个方面，是一个系统工程，需要各界的共同参与和努力。通过节能减排，不仅可以减缓气候变化对环境和人类健康的影响，还能提高能源利用效率、降低生产成本，实现可持续发展的目标。随着工业化进程的加速，温室气体排放、空气污染和水资源短缺等问题愈发凸显，减少二氧化碳和其他污染物排放的行动刻不容缓。因此，保障能源供应、提高能源利用效率、开发清洁可再生能源等都是世界各国政府和社会共同面对的重要课题。

我国目前已经采取了一系列措施，包括发展清洁能源、提高能源利用效率、推动能源技术创新、实施节能减排政策等。例如，大力发展风能、太阳能等清洁能源，加强能源技术研发和应用，推广节能环保技术和装备，建设绿色低碳城市等。这些举措的实施有助于推动经济可持续发展，提高环境质量，实现能源资源的可持续利用。国内外节能减排相关政策分别如表 9-1 和表 9-2 所示。

表 9-1 我国节能减排政策一览表

年份	政策	重点内容
2017	《"十三五"节能减排综合性工作方案》	优化产业和能源结构，加强重点领域节能，强化主要污染物减排，大力发展循环经济，实施节能减排工程，强化节能减排技术支撑和服务体系建设，完善节能减排支持政策，建立和完善节能减排市场化机制，落时节能减排目标责任，强化节能减排监督检查，动员全社会参与节能减排
2022	《"十四五"现代能源体系规划》	到 2025 年非化石能源消费比重提高到 20%左右，非化石能源消费比重在 2030 年达到 25%的基础上进一步大幅提高，可再生能源发电成为主体电源
2024	《2024～2025 年节能降碳行动方案》	重点提到节能减排是积极稳妥推进碳达峰碳中和、全面推进美丽中国建设、促进经济社会发展全面绿色转型的重要举措

表 9-2　国外节能减排政策一览表

年份	文件	重点内容
1987	《关于消耗臭氧层物质的蒙特利尔议定书》	核心目标是全面控制和减少氯氟烃类化合物等物质的生产和使用,以遏制臭氧层的进一步破坏
1992	《联合国气候变化框架公约》	减少温室气体排放,减少人为活动对气候系统的危害,减缓气候变化,增强生态系统对气候变化的适应性,确保粮食生产和经济可持续发展
1997	《京都议定书》	提出了各种灵活减排机制,为全球气候行动树立了标准,并促进了对温室气体排放的全球监督和管控
2015	《巴黎协定》	核心目标是努力将全球平均气温上升控制在 1.5℃ 以内,以减缓气候变化对生态系统和人类社会的影响
2017	《碳中和联盟声明》	该声明呼吁各国、企业和社会团体共同努力,通过减少温室气体排放并增加吸收措施,使全球排放与吸收达到平衡,实现碳中和状态
2023	《净零工业法案》	确认了八项能对欧盟清洁能源转型做出显著贡献的战略净零技术,并使能源系统更加安全和可持续

9.1.2　节能

节能的目的是提高能量的利用效率,热能是能量的一种主要形式,也就成为节能的主要对象。热力学第一定律和第二定律奠定了节能分析的理论基础。热力学第一定律告诉我们,能量是守恒的。热力学第二定律告诉我们,能量在"质量"上是有差异的,不同形式能量间的转换存在"不等价"现象。例如,机械能可以自发地全部转化为热能,而热能则只能有条件地部分转化为机械能,不可能把热从低温物体传到高温物体而不产生其他影响,也不可能从单一热源取热使之完全转换为有用的功而不产生其他影响,或者不可逆热力过程中熵的微增量总是大于零。热力学第一定律和第二定律为节约能源指明了方向和途径。

根据热力学第一定律和第二定律,能量合理利用的原则就是要求能量系统中的能量在数量上保持平衡,在质量上合理匹配。从能量利用经济性指标的角度考虑,就是要尽量使系统的热效率接近 100%。

在实践中,确保能量的数量保持平衡是切实可行的。然而,依据热力学第一定律,若无足够的能量输入,便难以满足人们生产与生活的基本需求。同时,我们也需认识到,输入的能量并非全部能够得到有效利用。在工业生产过程中,由于工质跑、冒、滴、漏等因素导致的能量损失,管道运输中的能量沿程损失,以及废热废物的遗弃等现象,均为不可避免的情况。因此,问题的关键在于如何最大限度地减少这些非必要的能量损失。

9.1.3　低碳

1. 低碳的意义

可持续发展是低碳发展的基石。随着对生态环境认识的深化,可持续发展从生态环境治理逐渐演化为提倡绿色经济和低碳经济。除了传统的局部环境问题外,还需要解决区域性和全球性的挑战。工业革命以来,人类经济的快速增长导致碳排放不断增加,加剧了全球气候变化。气候变化引发的极端天气事件频繁发生，对生态环境和人类社会造成了巨大的影响。因此，低碳发展成为全球亟须解决的任务。低碳发展的基础是气候系统的承载能力和生态环境容量，其核心理念是经济发展与环境保护相统一，实现人与自然的和谐共处。这一新发展模式强调提升经济发展质量，切实保护自然生态环境，并转变生产和消费方式。在国际经济发展规则方面，低碳发展与国际贸易密切相关，要求国内产业与国际接轨，否则可能受到发达国家低碳环保等市场准入条件的限制，从而面临外贸发展的挑战。

2. 低碳的概念

低碳发展旨在通过减少碳排放，降低温室气体浓度，减缓全球气候变化的速度。同时，低碳发展也是一种从根本上改变经济增长方式的转型，是向着更为可持续的发展模式迈进的重要一步。在实现经济增长的同时，通过节约能源、提高能源效率、推广清洁能源等措施，降低碳排放。

可持续发展理论：该理论的核心是协调人口、资源、环境和经济的发展。随着社会的发展，新问题的出现，这一理论也在不断演进，其中气候变化引起的低碳问题成为其重要方面。其他理论如资源经济、环境经济、循环经济、生态经济、绿色经济等，都可以指导低碳实践。碳代谢与循环理论：该理论强调碳在自然界中的循环规律，碳减排应遵循这一规律，而碳足迹理论则是其应用之一。脱钩理论：该理论揭示了经济发展与碳排放的关系，对于各国制定碳减排策略至关重要。能源、经济、环境系统理论：该理论运用系统科学的方法构建模型，对低碳政策模拟和决策具有现实意义。技术创新理论：该理论认为技术创新是推动低碳发展的核心，选择适合的技术创新模式可以促进低碳发展。隧道效应理论：该理论强调及早采取行动，通过"穿山"之径实现低碳发展，强调了人类行动的效果，是低碳发展的简洁表述。

3. 低碳发展的实现途径

1) 工业

工业低碳理论是指在工业领域中，通过采用低碳技术、节能减排措施和可持续发展理念，来减少温室气体排放及其对环境的影响，从而实现工业生产过程的低碳化和可持续发展。该理论的核心是在维持工业生产的前提下，尽可能地减少碳排放，为应对气候变化和实现绿色发展提供解决方案。

工业低碳理论涉及以下几个方面。①技术创新与升级：包括利用清洁能源替代传统能源、提高能源利用效率、开发低碳生产工艺等，以降低碳排放。②循环经济：通过资源循环利用、废物再利用等方式，减少资源浪费和环境负荷。③碳排放权交易与管理：建立碳排放权交易市场，通过交易机制激励企业减排，推动工业向低碳方向发展。④政策引导：制定和实施相关政策法规，如碳税、排放标准、补贴政策等，引导企业转型升级，实现低碳生产。⑤供应链管理：促进企业对供应链中各个环节的碳排放进行管理和控制，推动整个产业链的低碳化。

2) 建筑

建筑低碳理论是指在建筑设计、建造、运营和维护过程中，通过采用低碳材料、节能技术和可持续建筑理念，以降低建筑物的能耗和碳排放，从而减少对环境的负荷，实现建筑行业的低碳化和可持续发展。

该理论的关键点包括以下几个方面。①节能技术和设计：采用高效隔热材料、节能灯具、智能控制系统等，通过设计优化建筑结构和布局，减少能源消耗。②可再生能源利用：利用太阳能、风能等可再生能源，在建筑中安装太阳能电池板、风力发电设备等，减少对传统能源的依赖，降低碳排放。③循环利用和环保材料：选择可再生、可循环利用的建筑材料，减少对资源的消耗和对环境的影响，如使用可再生木材、回收利用建筑废弃物等。④低碳建筑运营和管理：建立科学的建筑运营管理体系，通过监控和优化建筑设备运行，降低能源消耗和碳排放。⑤生态设计和绿色建筑认证：注重建筑周围的生态环境保护，采用生态景观设计、雨水收集利用系统等，同时通过绿色建筑认证标准，评估和认证建筑的低碳性能。⑥政策引导和市场激励：通过出台相关政策法规，推动建筑业采用低碳技术和材料，同时通过奖励和补贴等激励措施，促进低碳建筑的发展。

3）交通

2022年，我国交通运输部发布了《绿色交通标准体系（2022年）》，旨在进一步推动综合交通运输和公路、水路领域节能降碳、污染防治、生态环境保护修复、资源节约集约利用标准补短板、强弱项、促提升，加快形成绿色低碳运输方式，促进交通与自然和谐发展，为加快建设交通强国提供有力支撑。交通运输行业发展绿色低碳交通是深化生态文明建设、实现碳达峰碳中和目标的重要举措，也是打好污染防治攻坚战的关键举措。交通领域节能降碳主要可从推动铁路行业低碳发展、调整运输结构、提升车辆运营质效、持续推动公交车/出租车新能源化、强化新能源货车使用政策引导等方面入手。

4）消费

消费低碳理论强调个人和社会责任，鼓励人们通过改变消费习惯来减少碳排放和资源消耗，为环境保护和气候变化应对做出贡献。

我国绿色低碳消费市场潜力巨大，据《大型城市居民消费低碳潜力分析》报告，若相同场景下居民从现有消费方式逐步转向低碳消费方式，2030年人口超过1000万的一二线城市人均年减排量至少可达每人每年1.1t。因此，我国立足于消费端发展绿色低碳消费市场是必要且可行的。上海市消费者权益保护委员会和每日经济新闻联合发布的《中国消费市场绿色低碳可持续趋势调查报告（2023）》显示，2023年的消费趋势呈现出多元化、个性化的特点。无论是消费主力的切换，还是流量再分配，抑或是消费者对健康、环保的需求更加旺盛，都将对日后的消费市场产生重要影响。该报告也提出了三大期待：期待有更多新科技助力绿色低碳可持续消费；期待有更多兼具绿色低碳可持续和更好品质体验的产品上市；期待更多品牌与消费者互动共同携手绿色低碳可持续的成功案例。

9.1.4 零碳

1. 零碳的概念

零碳或零碳排放通常指的是在生产、生活等活动中，通过采取各种措施，尽可能地减少或消除二氧化碳等温室气体的排放，达到净碳排放量为零的状态。

2. 零碳的发展趋势

根据国际能源署发布的《全球能源行业 2050 净零排放路线图》，预计到 2030 年全球能源和工业过程二氧化碳排放量将降至约 21Gt，到 2050 年将降至零，如图 9-1（a）所示。发达经济体及新兴市场和发展中经济体的二氧化碳排放量总体上将在 2045 年之前降至净零，到 2050 年，这些国家将共同消除空气中约 0.2Gt 的二氧化碳。发达经济体、新兴市场和发展中经济体的人均 CO_2 排放量也将在 2050 年之前降至净零，如图 9-1（b）所示。

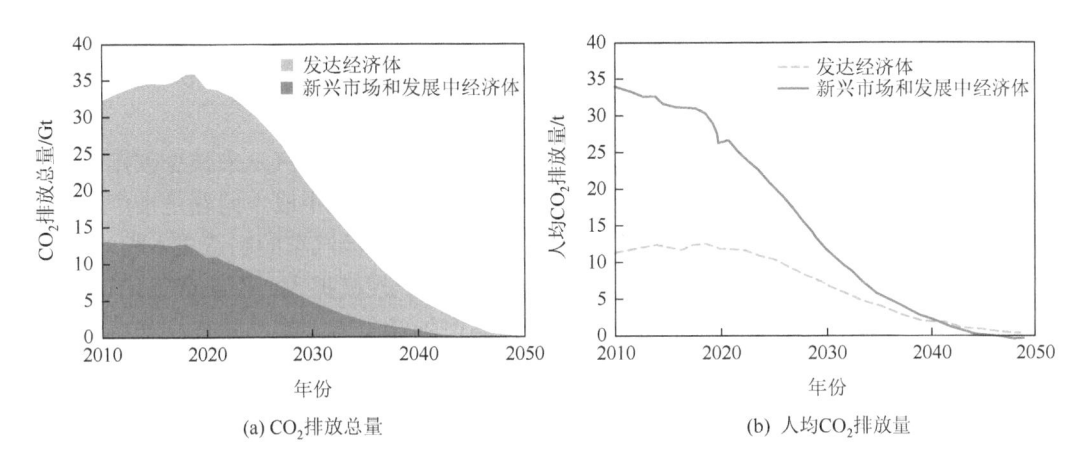

(a) CO_2 排放总量

(b) 人均 CO_2 排放量

图 9-1　全球能源和工业过程二氧化碳排放量趋势

控制城市碳排放将是实现零碳目标的关键。在此背景下，城市更新行动必须聚焦绿色低碳高质量发展。仅靠绿色技术、绿色材料、绿色设备难以实现零碳。需要城市规划和建设更加绿色、可持续的城市基础设施，包括但不限于开发可再生能源、建设高效节能的建筑、优化交通系统等方面。

1）工业

由于能源成本的增加，严格的零碳排放限制了工业的经济发展。为了实现工业零碳排放，首先需要根据当地政策、行业特点和经济情况设定目标。这可能包括建设新的零碳工业园区或将现有低碳园区转型为零碳工业园区。接着，通过产业特征、能耗审计、能源供应评估和碳排放核算等分析，选择一系列综合措施。这些措施涵盖管理和技术两个方面。管理层面包括企业准入条件、能源管理和排放监测；技术方面旨在实现能源平衡和碳排放减少。此外，每年将评估实施效果，根据情况调整综合方案，直至实现零碳排放。

工业要完全实现零碳排放，存在多方面的挑战。在技术层面，电力生产脱碳发展和化石能源向可再生能源转变是零碳发展的主要支柱，而低碳能源的利用则取决于当地的资源禀赋。例如，云南省的太阳能资源充足，并且该地区地热能同样丰富，因此该地区的工业园区单一利用太阳能造成能源供应不足时，可以综合应用各种可再生能源解决此类问题。工业园区在晴天可以从太阳能发电装置中收集能量，而通过地热热泵获得的能量可以在阴天用于工业园区。此外，不同企业之间可能存在资源浪费和投资重叠的问题，可通过构建产业共生关系，鼓励相关企业的能源和副产品流动。再者，对于一些企业来说，化石燃料在某些技术步骤中是必不可少的，并且会排放二氧化碳。因此，应开发负碳排放技术来抵消相应排放量。

除了技术壁垒外，其他方面的挑战也阻碍了工业园区层面的零碳排放发展，特别是资金和数据质量控制不足的问题。为了成功实现零碳排放，不仅要提供政策支持，鼓励企业发展零碳排放，还需设立专项资金，帮助企业克服实现零碳排放的资金障碍。例如，山东省人民政府办公厅印发《关于支持建设绿色低碳高质量发展先行区三年行动计划（2023—2025年）的财政政策措施》，精准支持绿色低碳高质量发展先行区建设，鼓励各市统筹生态环保领域相关资金，支持近零碳城市、近零碳园区、近零碳社区示范创建。

2）交通

大力推广新能源汽车和节能汽车，以及使用可再生替代燃料汽车来减少碳排放，是实现零碳交通的重要途径。然而，实现这一目标并非易事，其中成本问题是推广新能源汽车和燃油替代汽车的难点之一。相比传统燃油汽车，新能源汽车的制造成本相对较高，这直接影响了其在市场上的竞争力。通过技术创新、生产规模扩大、供应链优化等手段，逐步降低新能源汽车的制造成本，将有助于提升其市场竞争力，推动其在汽车市场中的普及和推广。

此外，虽然新能源汽车在行驶过程中可以实现零碳排放，但我国目前约70%的电力仍来自火力发电，这意味着在电力生产过程中同样会释放大量的碳。因此，要实现零碳交通，不仅需要推广新能源汽车，还需要推动电力生产方式向清洁能源转变。风力发电和光伏发电作为清洁能源的重要代表，具有资源丰富、环境友好、零碳排放等优势，是未来我国电力生产的重要方向之一。通过加大对风力发电和光伏发电的投资和建设，提升其在能源结构中的比重，可以有效减少交通领域碳排放的负面影响。

此外，在推动清洁能源发展的过程中，政府在政策制定和执行方面发挥着至关重要的作用。需要建立健全的政策体系，包括鼓励清洁能源的发展、限制高排放车辆的使用、提供补贴和奖励措施等，以激励企业和个人积极参与到清洁能源的推广中来。

9.1.5 减排

污染物是指进入环境后能够直接或者间接危害人类的物质。在能源利用过程中，通过燃烧、气化等环节会产生大量污染物，如NO_x、SO_x、粉尘等，其对人类和生态环境造成了不可逆的影响，因此能源利用过程的污染物治理成为重点关注内容。

1. NO_x的形成原理和控制

1）形成原理

在燃烧过程中产生的氮氧化物主要是一氧化氮（NO）和二氧化氮（NO_2），这两者统称为NO_x，此外还有少量的氧化二氮（N_2O）产生。NO_x的形成主要有三种气相反应机制。

(1) 热力型 NO_x：是空气中的氮气在高温下氧化而生成的。

(2) 燃料型 NO_x：是燃料中的含氮化合物在燃烧过程中热分解，随后氧化而生成的 NO_x。

(3) 快速型 NO_x：是燃烧时空气中的氮气和燃料中的碳氢基团如 CH 等反应生成的 NO_x。

其中燃料型 NO_x 是最主要的，它占总生成量的 60%～80%，热力型 NO_x 的生成和燃烧温度的关系很大，在温度足够高时，热力型 NO_x 的生成量可占到总量的 20%。快速型 NO_x 在燃烧过程中的生成量有限。此外，N_2O 和燃料型 NO_x 一样，也是由燃料中的含氮化合物转化生成的，它的生成过程和燃料型 NO_x 的生成-破坏密切相关。

2) NO_x 的控制

控制 NO_x 的排放技术主要分为两类，即源头生成控制和尾气脱硝处理。在工程实践中，往往采用几种低氮技术组合的方式进行 NO_x 控制。

源头生成控制技术包括以下几种。

(1) 低氧燃烧技术：降低燃烧的过量空气系数，避免燃料在富氧环境中燃烧，可以降低 NO 的生成。

(2) 烟气循环燃烧技术：采用烟气再循环措施，将燃烧后冷却的部分烟气再循环至燃烧区，降低燃烧区温度并稀释助燃空气中的氧气浓度，起到减少 NO 生成量的效果。

(3) 分区段燃烧技术：该技术可应用于燃烧器的设计，燃料先在一个低氧区段进行燃烧，此时助燃空气略低于燃烧理论空气量，再在该区段外围供入过剩空气，形成二次燃烧区，将燃料燃尽，可同时降低燃料型和热力型 NO_x 的生成。

(4) 空气/燃料分级技术：将空气和燃料分级送入炉内，使炉内一次火焰区下游形成低氧还原区，燃烧产物通过此区时，部分 NO_x 会被还原成 N_2。

尾气脱硝处理技术包括以下几种。

(1) 选择性非催化还原（SNCR）脱硝：SNCR 为无催化剂参与的 NO_x 还原反应，过程是以尿素或氨基化合物作为还原剂将 NO 还原为 N_2，反应通常以炉膛或者靠近炉膛出口的烟道为反应空间。SNCR 脱硝主要的化学反应如式（9-1）所示。

$$4NH_3 + 6NO \longrightarrow 5N_2 + 6H_2O \tag{9-1}$$

SNCR 系统对于反应温度十分敏感。反应温度需维持在 850～1050℃，如果温度过低，将造成 NO 还原效率的下降，同时未参与反应的氨会成为烟气中新的污染组分；如果温度过高，则氨的氧化反应将占主导。主要化学反应如式（9-2）和式（9-3）所示。

$$4NH_3 + 5O_2 \longrightarrow 4NO + 6H_2O \tag{9-2}$$

$$4NH_3 + 3O_2 \longrightarrow 2N_2 + 6H_2O \tag{9-3}$$

(2) 选择性催化还原（SCR）脱硝：SCR 为有催化剂参与的 NO_x 还原反应，整个过程是以尿素、氨水、液氨作为还原剂，在含有催化剂的反应器内 NO_x 被还原成 N_2 和 H_2O。氨法 SCR 与尿素法 SCR 的区别在于，后者需要配置分解室并保证尿素分解所需的混合时间、驻留时间和温度。催化剂的活性材料通常由贵金属、碱金属氧化物和沸石等组成，商用催化剂通常为钒钨钛类催化剂。催化反应活性受温度影响,而且不同组分的催化剂要求的反应温度也不同,通常最佳温度为180~400℃。升高温度能够促进NO$_x$的催化还原,并完成催化剂再生,但长期温度过高,会破坏催化剂内部微结构,而且氧化反应会变得活跃,从而导致NO$_x$转化率的下降。根据工程实践,SCR系统对NO$_x$的催化还原率为60%~90%,甚至更高。

NO$_x$选择性催化还原反应:

$$4NH_3 + 4NO + O_2 \longrightarrow 4N_2 + 6H_2O \tag{9-4}$$

氨的潜在氧化反应:

$$4NH_3 + 5O_2 \longrightarrow 4NO + 6H_2O \tag{9-5}$$

$$4NH_3 + 3O_2 \longrightarrow 2N_2 + 6H_2O \tag{9-6}$$

2. SO$_x$的形成原理和控制

1) 形成原理

在燃烧的过程中,所有的可燃硫都会在受热过程中从煤中释放出来。在氧化气氛中,所有的可燃硫均会被氧化而生成SO$_2$,而在炉膛的高温条件下存在氧原子或在受热面上有催化剂时,一部分SO$_2$会转化成SO$_3$,烟气中的水分会和SO$_3$反应生成硫酸(H$_2$SO$_4$)气体,硫酸气体在温度降低时会变成硫酸雾。

SO$_2$的形成原理如下。

(1) 黄铁矿硫(FeS$_2$)的氧化:在氧化性气氛下,黄铁矿硫直接氧化生成SO$_2$。

$$4FeS_2 + 11O_2 \longrightarrow 2Fe_2O_3 + 8SO_2 \tag{9-7}$$

(2) 有机硫的氧化:其主要形式是噻吩,约占有机硫的60%,是最普通的含硫有机结构。其他的有机硫的形式是硫醇(R—SH)、二硫化物(R—SS—R)和硫醚(R—S—R)。

$$4RSH + O_2 \longrightarrow 4RS + 2H_2O \tag{9-8}$$

$$RS + O_2 \longrightarrow R + SO_2 \tag{9-9}$$

(3) SO的氧化:在还原性气氛中生成的SO遇到氧时,会产生下列反应。

$$2SO + O_2 \longrightarrow 2SO_2 \tag{9-10}$$

SO$_3$的形成原理:在过量空气系数大于1时,在完全燃烧的条件下,有0.5%~2%的SO$_2$会进一步氧化生成SO$_3$,其反应式为

$$SO_2 + \frac{1}{2}O_2 \longrightarrow SO_3 \tag{9-11}$$

2) SO$_x$的控制

脱硫技术可以分为三大类:燃烧前脱硫、燃烧中脱硫、燃烧后脱硫。

(1) 燃烧前脱硫。

燃烧前脱硫可以对燃料进行洗选,洗选法的脱硫效率取决于硫化铁硫的颗粒大小及燃料中无机硫的含量。洗选法无法脱除有机硫及在燃料中嵌布很细的硫化铁硫。还可以对燃料进行转化,将固体燃料进行气化或液化,在气化和液化过程中脱去硫分,从而将

固体燃料转化成为一种清洁的二次燃料,这将是燃料清洁技术的一个重要发展方向。此外,化学浸出法、微波法、细菌法、磁力法、溶剂精炼法等各种新方法虽有实验室或中试规模的试验结果,可将煤中大部分硫分去除,但成本太高。

(2) 燃烧中脱硫。

在燃烧过程中生成的 SO_2,如遇到碱金属氧化物 CaO、MgO 等时,便会反应生成 $CaSO_4$、$MgSO_4$ 等而被脱除。因此,在煤燃烧过程中,最经济的脱硫方法就是采用石灰石($CaCO_3$)作为脱硫剂,将其破碎到合适的颗粒度喷入炉内,$CaCO_3$ 在高温下分解生成 CaO:

$$CaCO_3 \longrightarrow CaO + CO_2 \tag{9-12}$$

CaO 在氧化性气氛中遇到 SO_2 将发生脱硫反应:

$$2CaO + 2SO_2 + O_2 \longrightarrow 2CaSO_4 \tag{9-13}$$

这是燃烧中脱硫最主要的反应,但这一反应受温度的限制,其最佳反应温度为 800～850℃。

(3) 燃烧后脱硫。

对于炉膛燃烧温度很高的燃煤设备,如煤粉炉,在燃烧过程中加入石灰石脱硫的效果是不好的,往往达不到环保要求,因而需要在燃烧后的烟气中进行脱硫。现在已经商业化的烟气脱硫技术有许多种,较成熟的烟气脱硫技术之一为石灰石-石膏脱硫法,也是湿法脱硫的一种。石灰石-石膏烟气脱硫系统通常安装于烟道末端、除尘系统之后,采用石灰石($CaCO_3$)浆液作洗涤剂,在反应塔中对烟气进行洗涤,从而除去烟气中的 SO_2,其具体反应过程如下:

$$SO_2 + H_2O \longrightarrow H_2SO_3 \tag{9-14}$$

$$CaCO_3 + H_2SO_3 \longrightarrow CaSO_3 + CO_2 + H_2O \tag{9-15}$$

$$CaSO_3 + \frac{1}{2}O_2 \longrightarrow CaSO_4 \tag{9-16}$$

9.2 技术及应用

9.2.1 清洁能源替代技术

能源的清洁化以利用过程中的排放标准进行衡量,达到标准即是清洁能源,达不到标准为不清洁能源。发展清洁能源及提高传统能源的清洁利用水平是实现能源产业节能减排的关键。

1. 氢冶炼技术

氢冶炼技术是一种使用氢气替代传统的碳作为还原剂来还原铁矿石的工艺,以减少二氧化碳排放。氢冶炼技术目前正处于积极研究和逐步应用的阶段,是实现钢铁行业零碳排放的重要途径之一。

1）富氢高炉冶炼技术

高炉富氢还原的主要途径是在高炉冶炼过程中喷吹 H_2、天然气、焦炉煤气等纯氢或富氢气体。焦炉煤气和天然气的主要成分是 H_2 和 CH_4，在高炉风口回旋区，CH_4 转化为 H_2 和 CO。富氢冶炼改变了传统高炉炉料还原的热力学、动力学条件，但不同富氢介质的适宜喷吹量、喷吹效果存在差异。图 9-2 为富氢高炉冶炼示意图。

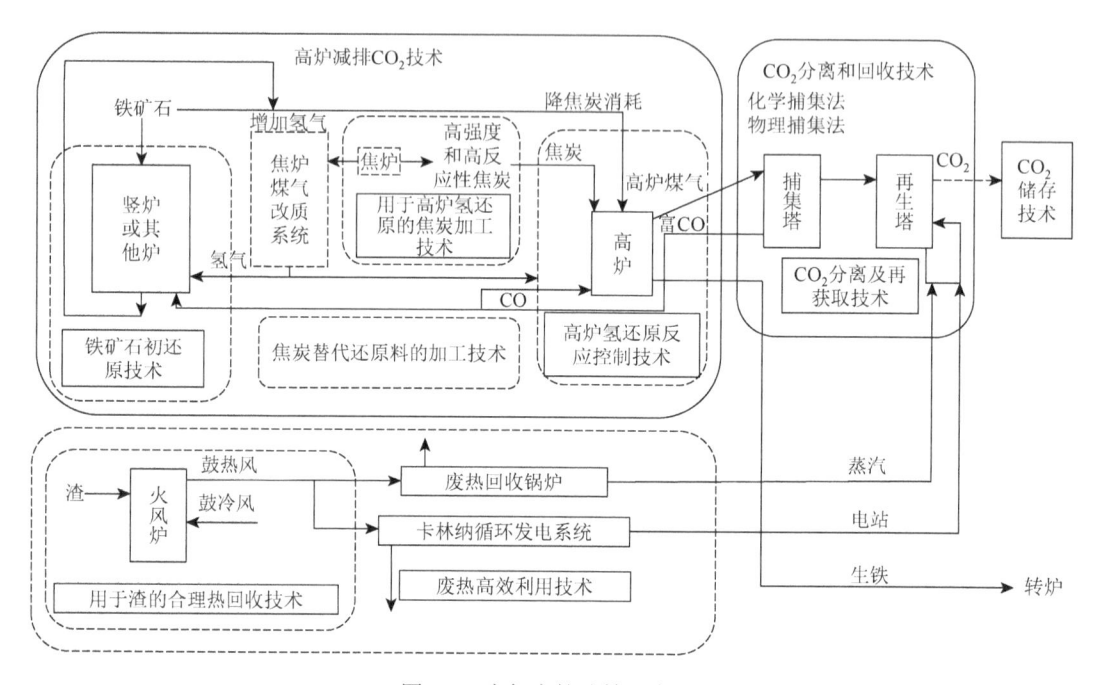

图 9-2 富氢高炉冶炼示意图

2）富氢气基竖炉技术

富氢气基竖炉技术是一种创新的钢铁冶金工艺，它利用氢气作为主要燃料和还原剂，以实现更低的碳排放和更高的能效。该技术代表了由传统碳冶金向新型氢冶金转变的重要发展方向。富氢气基竖炉技术的核心在于使用氢气替代传统的碳基还原剂，如焦炭或煤，从而在源头上减少碳排放。与传统的高炉炼铁相比，富氢气基竖炉技术通过直接还原铁的方式，减少了炼铁过程中的碳排放量，同时提高了能源利用效率。采用富氢气基竖炉技术，可显著降低 CO_2 排放量，与传统高炉炼铁工艺相比，吨钢碳排放可降至约 0.5t，减排比例达到 70%以上。除了减少碳排放外，SO_2、NO_x、粉尘等其他污染物的排放也得到了大幅度降低。图 9-3 为富氢气基竖炉技术中的 Midrex 工艺。

2. 生物质能在工业领域的应用

生物质能在工业领域主要被应用于发电、供热和生产生物基材料。

1）生物质发电技术

生物质发电技术是将农林废弃物等有机物质转换为电能的技术。生物质发电是一种可再生能源发电方式，它将生物质能首先转换为热能，再转换为电能。这种发电方式替代了传统的燃煤发电，具有良好的减排特性。图 9-4 为生物质直接燃烧发电系统图。

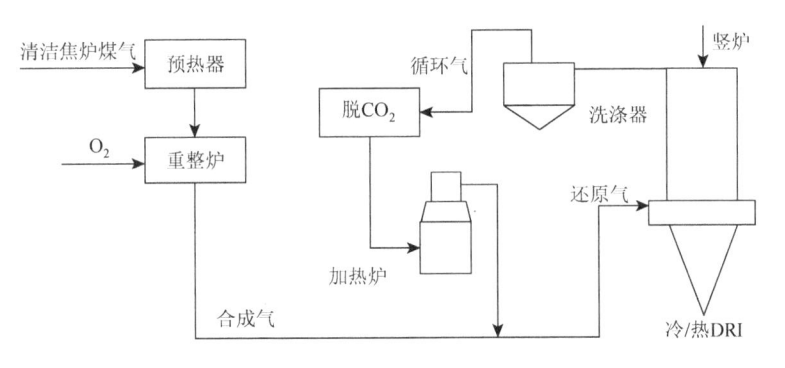

图 9-3 Midrex 工艺流程图

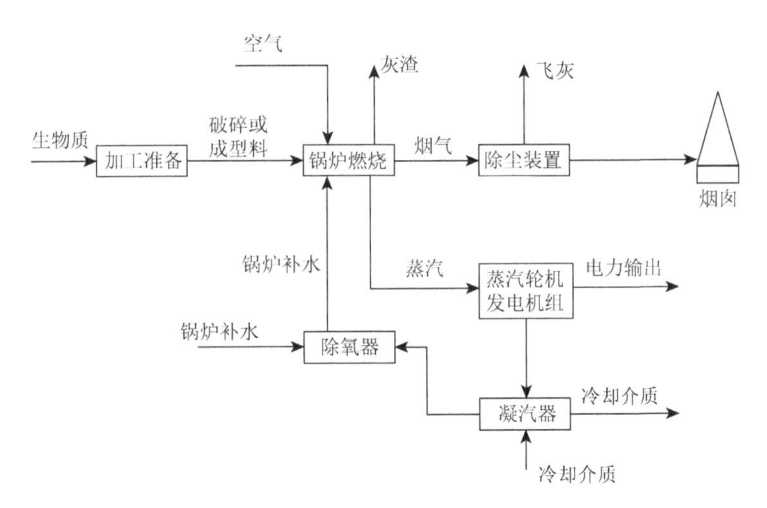

图 9-4 生物质直接燃烧发电系统图

2）沼气利用技术

沼气是有机物质在厌氧条件下，经过微生物的发酵作用而生成的一种混合气体，其主要成分为甲烷。我国的沼气最初主要来源于农村户用沼气池，目的是解决秸秆焚烧和燃料供应不足的问题。此后，大中型废水、养殖业污水、村镇生物质废弃物、城市垃圾沼气的建立拓宽了沼气的生产和使用范围。此外，除了满足日常生活照明、燃气外，产生的沼气还可用于发电、燃料电池等领域。

9.2.2 能源梯级利用技术

能源梯级利用技术是一种按照能源品位逐级降低的原则，对能源进行合理、多次利用的方法。能源梯级利用技术的核心思想是将能源在其品位最高时用于最需要的地方，随着能源品位的逐步降低，再将其用于其他途径，直到能源品位降低到无法再被有效利用为止。这种技术可以显著提高整个系统的能源利用效率，是节能和可持续发展的重要措施。

1. 工业余热回收技术

工业余热回收技术是能源梯级利用技术中的一个重要应用领域，它主要涉及将工业过程中产生的余热进行回收和再利用，以提高能源的整体利用效率。根据余热在热功转换、热能储存、传递、强化等过程的特点，将余热回收利用技术分为余热的直接热交换利用、余热的热功转换利用、余热的提质利用。

2. 热电联产技术

热电联产，也称为联合热能和电力生产或汽电共生，是一种同时产生电力和有用热能（如蒸汽或热水）的过程。这种技术的核心在于利用发电过程中产生的废热来供暖或制冷，从而极大地提高了能源的利用效率。热电联产系统可以显著减少能源消耗和碳排放，因为它能够捕获原本会被浪费的热量，将其转换为有用的热能，用于空间供暖、制冷或其他工业过程。热电联产系统通常围绕一个原动机构建，这个原动机可以是往复式发动机、燃气轮机或燃料电池。这些设备将燃料中的化学能转换为电能，同时产生热能。

3. 区域能源系统

区域能源系统是一种综合性的能源供应和管理概念，旨在提高能源利用效率、减少环境影响，并增强区域内的能源供应稳定性。区域能源系统结合了多种技术，如热电联产、热泵、太阳能等，以实现冷热电力的综合供应。通过优化生产和供应过程，区域能源系统促进了不同能源形式之间的协同，提高了整体效率。区域能源系统有助于减少对化石燃料的依赖，降低二氧化碳排放，改善空气质量。这些系统支持社区经济发展，增加对可再生能源的使用，提高社区对能源供应的控制能力。

9.2.3 化学链技术

化学链技术是一种先进的能源转换和环保技术，它主要用于高效能源转换、二氧化碳内分离、减少污染物排放等领域。化学链技术的核心在于使用金属氧化物作为载氧体，通过氧化反应器和还原反应器之间的循环，实现燃料的高效燃烧和污染物的控制。

1. 化学链燃烧

这是一种将燃料与空气间接接触燃烧的方法，由载氧体（金属氧化物）传递空气中的氧气至燃料中，从而实现燃料的燃烧。这个过程的优势在于可以实现更高效的燃料转化，同时由于燃料与氧气不直接接触，减少了 NO_x 和二噁英等有害气体的生成。

这项技术的优势在于能够降低能耗并减少温室气体排放，对于环境保护和可持续发展具有重要意义。化学链燃烧技术能够实现能源的梯级利用，提高能源转换效率。在燃烧过程中，化学链燃烧技术可以有效地将二氧化碳从烟气中分离出来，减少了后续捕集和分离的成本和能耗。由于化学链燃烧技术采用的是无火焰燃烧，因此可以减少氮氧化物 NO_x 等污染物的生成。化学链燃烧技术适用于多种类型的燃料，包括固体燃料，并且可以通过不同的方式，如气体化学链燃烧或原位气化化学链燃烧，来适应不同燃料的特性。图 9-5 为化学链燃烧技术原理。

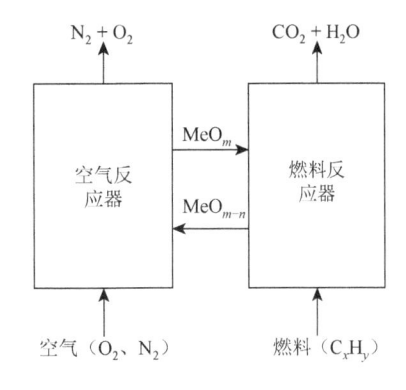

图 9-5 化学链燃烧技术原理

载氧体还原和氧化过程的简化反应分别如式（9-17）和式（9-18）所示。

还原反应：

$$MeO_m(载氧体) + C_xH_y(燃料) \longrightarrow MeO_{m-n} + \frac{y}{2}H_2O + xCO_2 \quad (9-17)$$

氧化反应：

$$MeO_{m-n}(载氧体) + O_2(空气) \longrightarrow MeO_m \quad (9-18)$$

2. 化学链制氢

化学链制氢是一种高效、高纯度的制氢方法，具有产品纯度高、分离简单、内部分离 CO_2 和低 NO_x 排放等优点。化学链制氢通常涉及两个相互连接的反应器，即还原器（燃料反应器）和氧化器（蒸汽反应器）。在这个过程中，金属氧化物作为氧载体在两个反应器之间循环流动。在还原器中，氧载体被燃料（如甲烷）还原，产生蒸汽和 CO_2；在氧化器中，被还原的氧载体与高温蒸汽反应，生成 H_2，并重新氧化，补充晶格氧。化学链制氢能够实现高效率和高纯度的氢气生产，同时简化了氢气的分离过程，因为 CO_2 可以在过程中自然分离，减少了后续处理的复杂性和成本。

9.2.4　CO_2 捕集、利用与封存技术

CO_2 捕集、利用与封存技术（CCUS）和节能减排紧密相关，是实现低碳、零碳乃至负碳的关键技术之一。

1. CO_2 捕集

CO_2 捕集有燃烧前捕集、富氧燃烧、燃烧后捕集等技术。燃烧前捕集：通常应用于整体煤气化联合循环（IGCC）系统中。它涉及将煤在高压富氧气体中转化为煤气，然后通过水煤气变换反应产生 CO_2 和 H_2。由于产生的气体压力和 CO_2 浓度都很高，CO_2 的捕集变得相对容易，剩余的 H_2 可以作为燃料使用。这种方法的捕集系统较小，能耗低，因此在效率和污染物控制方面具有潜力。富氧燃烧：使用纯氧或富氧进行化石燃料的燃烧，产生的主要产物为 CO_2、水和一些惰性组分。这种方法可以提高烟气 CO_2 的浓度，从而

简化捕集过程。燃烧后捕集：这是目前最常用的 CO_2 捕集方法，通常涉及使用溶剂吸收剂从排放的烟气中捕集 CO_2。这种方法可以应用于多种类型的发电和工业过程，但可能需要较大的设备和较高的能量输入来驱动捕集过程。图 9-6 为吸附法捕集 CO_2 过程示意图。

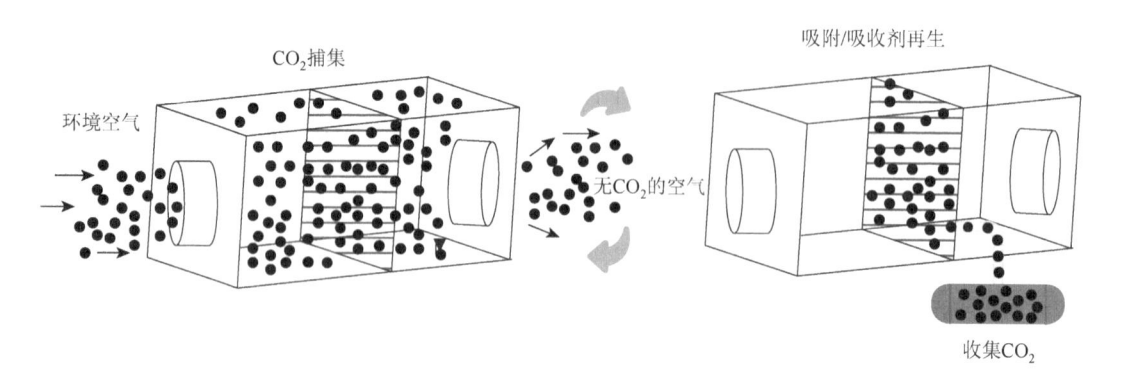

图 9-6　吸附法捕集 CO_2 过程示意图

1）液体吸收技术

液体吸收技术依赖于 CO_2 与溶剂之间发生化学反应，从而实现 CO_2 的捕集。这种反应通常发生在有机胺溶剂中，它们能够有效地与 CO_2 反应形成稳定的化合物。然而，这种方法的再生能耗较高，限制了其在工业规模上的应用。离子液体是一种由可调控的有机阳离子和阴离子组成的有机盐类材料。它们具有高热稳定性、低挥发性、低腐蚀性和良好的 CO_2 溶解性，被认为是有前景的 CO_2 捕集材料。相变吸收剂也是近年来研究的热点，它们可以在吸收 CO_2 后通过温度变化实现相分离，从而减少解吸过程的能量消耗。

2）固体吸附技术

固体吸附技术通过调节吸附剂的孔径、表面化学性质和操作条件等参数，增强吸附剂与 CO_2 之间的相互作用力，从而实现对 CO_2 的捕获和分离。这种技术不仅适用于 CO_2 的排放源捕获，还可以用于天然气的脱硫和脱酸处理、石油精炼等多个领域。固体吸附技术的优点在于能够高效地从气体混合物中选择性地捕获 CO_2。图 9-7 为钙循环捕集 CO_2 工艺流程示意图。

2. CO_2 利用

CO_2 利用的主要途径包括化学转化、生物转化、矿化利用、能源利用等。化学转化，主要通过催化反应将 CO_2 转化为甲醇、甲烷、甲酸等化学品，或用于合成高分子材料，如聚碳酸酯。生物转化，利用微生物或藻类将 CO_2 转化为生物燃料（如乙醇）或其他生物基产品。矿化利用，将 CO_2 与矿物反应生成碳酸盐，用于建筑材料或工业原料。能源化利用，通过电化学还原将 CO_2 转化为合成燃料（如合成天然气或液体燃料），或用于增强石油开采。

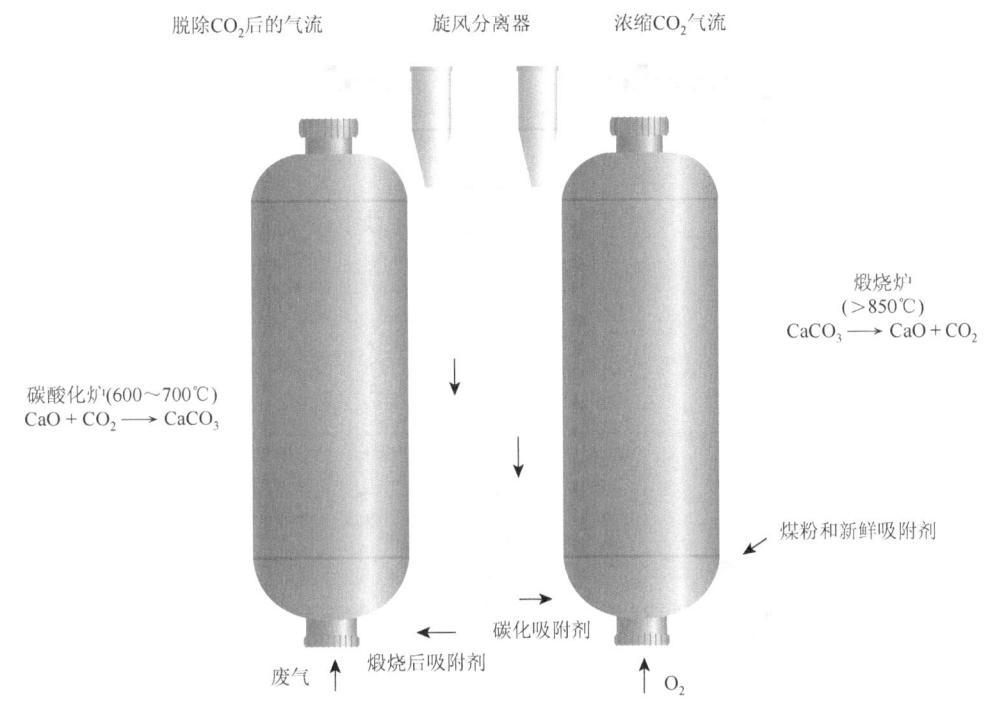

图 9-7　钙循环捕集 CO_2 工艺流程

3. CO_2 封存

CO_2 封存技术主要有地质封存、海洋封存和地表封存三大类。

1）地质封存

CO_2 封存技术中的地质封存是一种有效的方法，它涉及将 CO_2 注入地下的地质结构中，通过物理和化学过程实现长期的安全储存。地质封存的地点通常是在地下 800~3500m 深度范围内的地质构造中，如陆上咸水层、海底咸水层、枯竭油气田等。这些地质体可以通过岩石物理束缚、溶解和矿化作用将 CO_2 安全封存。研究表明，若地质封存点经过谨慎选择、设计与管理，注入其中的 99% CO_2 可以封存 1000 年以上。这种方法不仅可以减少大气中的 CO_2 浓度，还可以提高石油和煤层气的采产率。图 9-8 为地质封存机制示意图。

2）海洋封存

海洋封存是二氧化碳封存技术的另一种形式，具有实现大规模碳减排的潜力。海洋封存的基本原理是利用庞大的海水体积和 CO_2 在海水中一定的溶解度，使海洋成为封存 CO_2 的容器。海洋封存涉及将 CO_2 直接注入海洋的特定区域，通常在深海沉积物中，利用海底的地质结构来实现长期封存。海洋封存需要考虑对海洋生态系统的影响，包括对海洋生物、水质和海底稳定性的潜在影响。监测和评估这些潜在影响是确保海洋碳封存安全性的关键，需要通过科学方法来持续观察和评估。

3）地表封存

地表封存的基本原理是通过 CO_2 与金属氧化物反应形成固体形态的碳酸盐及其他副产品，从而实现 CO_2 的封存。所形成的碳酸盐也是自然界的稳定固态矿物，可在很

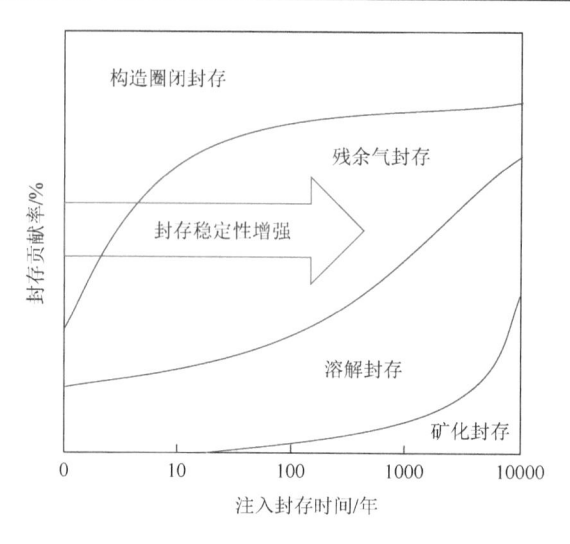

图 9-8 地质封存机制

长的时间内提供稳定的 CO_2 封存效果。地表封存技术的可行性取决于封存过程所需的能量、反应物的成本、封存长期稳定性三个因素。当 CO_2 经地表封存为碳酸盐矿物后，其封存稳定性可高达千年以上，相对于地质封存、海洋封存等其他封存机制，其封存后的监管成本较低。

习　题

1. 什么是节能减排技术？
2. 节能减排的核心目标是什么？目的是什么？
3. 发展绿色低碳交通的目的是什么？
4. 零碳的概念是什么？实现零碳工业园区的措施是什么？面临的挑战有哪些？
5. NO_x 的形成原理是什么？氨法 SCR 与尿素法 SCR 的区别是什么？
6. SO_2 和 SO_3 的形成原理分别是什么？
7. 化学链技术的核心是什么？氧载体还原和氧化反应方程式是怎样的？
8. 化学链制氢的优点有哪些？
9. CO_2 捕集方法有哪些？
10. CO_2 封存技术主要包括哪几种？

参 考 文 献

白雪莉, 蒲彦君, 周建民, 等, 2024. 铁改性煤矸石去除废水中镉的研究[J]. 化工新型材料, 52(S1): 272-277, 284.

曹希文, 罗凌虹, 曾小军, 等, 2024. 固体氧化物燃料电池 Ni 基阳极抗积碳的研究进展[J]. 陶瓷学报, 45(1): 72-88.

陈彬, 谢和平, 刘涛, 等, 2022. 碳中和背景下先进制氢原理与技术研究进展[J]. 工程科学与技术, 54(1): 106-116.

陈佳羽, 马维龙, 赵盼婷, 等, 2023. 天然气脱水工艺发展现状及趋势[J]. 石油化工应用, 42(2): 8-10.

陈祖彪, 张国庆, 柯秀芳, 2024. 混合超级电容器应用于光伏储能的研究[J]. 广东化工, 51(6): 38-40.

丁亮, 2020. 生物质气化反应特性研究[M]. 北京: 中国石化出版社.

丁玉龙, 来小康, 陈海生, 2018. 储能技术及应用[M]. 北京: 化学工业出版社.

董光华, 2018. 能源化学概论[M]. 徐州: 中国矿业大学出版社.

董长青, 陆强, 胡笑颖, 2017. 生物质热化学转化技术[M]. 北京: 科学出版社.

杜彩云, 李忠义, 2022. 有机化学[M]. 2 版. 武汉: 武汉大学出版社.

国家自然科学基金委员会, 中国科学院, 2017. 能源化学[M]. 北京: 科学出版社.

胡英瑛, 吴相伟, 温兆银, 2021. 储能钠硫电池的工程化研究进展与展望: 提高电池安全性的材料与结构设计[J]. 储能科学与技术, 10(3): 781-799.

江涛, 魏小娟, 王胜平, 等, 2022. 固体吸附剂捕集 CO_2 的研究进展[J]. 洁净煤技术, 28(1): 42-57.

李传统, 2012. 新能源与可再生能源技术[M]. 2 版. 南京: 东南大学出版社.

李荻, 李松梅, 2021. 电化学原理[M]. 4 版. 北京: 北京航空航天大学出版社.

李农, 李国旗, 杜忠伟, 等, 2022. 石油炼制工业中加氢技术和加氢催化剂的发展现状[J]. 石化技术, 29(9): 235-237.

李思维, 常博, 刘昆轮, 等, 2021. 煤炭干法分选的发展与挑战[J]. 洁净煤技术, 27(5): 32-37.

李婉君, 张锦威, 袁小帅, 等, 2024. "双碳"目标下化石能源低碳转化方向探讨[J]. 科学通报, 69(8): 990-996.

李新菊, 孙如军, 2016. 太阳能光热总论[M]. 北京: 清华大学出版社.

刘华, 朱焰, 郝红英, 2020. 有机化学[M]. 武汉: 华中科技大学出版社.

刘建红, 商福民, 2010. 煤粉燃烧过程中 NO_x 的生成机理及其控制技术研究[C]. 中国能源学会. 中国可再生能源科技发展大会论文集.

刘思明, 石乐, 2021. 碳中和背景下工业副产氢气能源化利用前景浅析[J]. 中国煤炭, 47(6): 53-56.

刘云, 景朝俊, 马则群, 等, 2021. 固体储氢新材料的研究进展[J]. 化工新型材料, 49(9): 11-14, 19.

龙裕伟, 2021. 世界能源史[M]. 南宁: 广西教育出版社.

罗哈吉-慕克吉 K K, 1991. 光化学基础[M]. 丁革菲, 孙万林, 盛六四, 等译. 北京: 科学出版社.

罗利军, 潘学军, 蒋峰芝, 2019. 二氧化钛复合光催化剂吸附/光催化降解协同去除新型有机污染物[M]. 北京: 科学出版社.

骆仲泱, 王树荣, 王琦, 等, 2013. 生物质液化原理及技术应用[M]. 北京: 化学工业出版社.

骆仲泱, 周劲松, 余春江, 等, 2021. 生物质能[M]. 北京: 中国电力出版社.

马隆龙, 吴创之, 孙立, 2003. 生物质气化技术及其应用[M]. 北京: 化学工业出版社.

孟志林, 2024. 露天煤矿开采工艺现状及发展探讨[J]. 内蒙古煤炭经济, (7): 130-132.

倪永明, 邓冀童, 乔韦军, 等, 2023. 甲烷化学链燃烧技术中氧载体的研究进展[J]. 低碳化学与化工, 48(4): 8-15.

彭好义, 李昌珠, 蒋绍坚, 2020. 生物质燃烧和热转换[M]. 北京: 化学工业出版社.

全国气候与气候变化标准化技术委员会, 2023. 光伏发电太阳能资源评估规范: GB/T 42766—2023[S]. 北京: 中国标准出版社.

全国氢能标准化技术委员会, 2012. 太阳能光催化分解水制氢体系的能量转化效率与量子产率计算: GB/T 26915—2011[S]. 北京: 中国标准出版社.

全国宇航技术及其应用标准化技术委员会, 2019. 太阳辐照度确定过程一般要求: GB/T 37835—2019[S]. 北京: 中国标准出版社.

邵理堂, 刘学东, 孟春站, 等, 2021. 太阳能热利用技术[M]. 北京: 化学工业出版社.

隋依言, 姚辉超, 王秀林, 等, 2024. 基于专利的固体氧化物燃料电池技术趋势分析[J]. 现代化工, 44(3): 5-9.

汪一, 江龙, 徐俊, 2021. 生物质热化学转化原理及高效利用技术[M]. 武汉: 华中科技大学出版社.

肖刚, 倪明江, 岑可法, 等, 2019. 太阳能[M]. 北京: 中国电力出版社.

许杨杨, 尹朝强, 刘宇钢, 等, 2023. 超超临界煤气锅炉发电技术研究[J]. 冶金能源, 42(1): 45-48.

杨冬, 张铭远, 2021. 生物质能源的发电现状及前景[J]. 区域供热, (2): 40-43.

姚向君, 田宜水, 2005. 生物质能资源清洁转化利用技术[M]. 北京: 化学工业出版社.

于恒, 周继程, 郦秀萍, 等, 2021. 气基竖炉直接还原炼铁流程重构优化[J]. 中国冶金, 31(1): 31-35, 45.

于楠, 孙仁金, 石红玲, 等, 2024. 中国能源生态足迹空间差异及收敛趋势[J]. 环境科学与技术, 47(3): 37-47.

余勇, 年珩, 2021. 电池储能系统集成技术与应用[M]. 北京: 机械工业出版社.

张华林, 赵梦飞, 江晓亮, 等, 2024. 煤矸石改性方法及其资源环境利用研究进展[J]. 化学学报, 82(5): 527-540.

张莉, 张建强, 宁树正, 等, 2021. 中国与全球煤炭行业形势对比分析[J]. 中国煤炭地质, 33(z1): 17-21, 43.

张鹏程, 2022. 美国《油气杂志》2021年终盘点: 全球石油产量和油气储量[J]. 世界石油工业, 29(1): 76.

张求慧, 2013. 生物质液化技术及应用[M]. 北京: 化学工业出版社.

张颖, 王莹, 查松妍, 等, 2023. 钢铁行业氢冶金技术路线及发展现状[J]. 烧结球团, 48(4): 8-15, 23.

赵改善, 2023. 二氧化碳地质封存地球物理监测: 现状、挑战与未来发展[J]. 石油物探, 62(2): 194-211.

赵争鸣, 刘建政, 孙晓瑛, 等, 2005. 太阳能光伏发电及其应用[M]. 北京: 科学出版社.

中国电力企业联合会, 2021. 太阳能光热发电站代表年太阳辐射数据集的生成方法: GB/T 40099—2021[S]. 北京: 中国标准出版社.

中国氢能联盟, 2022. 中国氢能源及燃料电池产业白皮书2020[R]. 北京: 中国氢能联盟.

《中国天然气发展报告(2023)》编委会, 2023. 中国天然气发展报告2023[M]. 北京: 石油工业出版社.

中华人民共和国自然资源部, 2023. 中国矿产资源报告2023[M]. 北京: 地质出版社.

钟史明, 2017. 能源与环境: 节能减排理论与研究[M]. 南京: 东南大学出版社.

周凡宇, 曾晋珏, 王学斌, 2024. 碳中和目标下电化学储能技术进展及展望[J]. 动力工程学报, 44(3): 396-405.

周鸿燕, 付万发, 2018. 无机化学[M]. 西安: 西安交通大学出版社.

BASKARAN D, SARAVANAN P, NAGARAJAN L, et al., 2024. An overview of technologies for capturing, storing, and utilizing carbon dioxide: technology readiness, large-scale demonstration, and cost[J]. Chemical Engineering Journal, 491: 151998.

BORETTI A, BANIK B K, 2021. Advances in hydrogen production from natural gas reforming[J]. Advanced

Energy and Sustainability Research, 2(11): 2100097.

BRAUNS J, TUREK T, 2020. Alkaline water electrolysis powered by renewable energy: a review[J]. Processes, 8(2): 248.

CHILD M, KOSKINEN O, LINNANEN L, et al., 2018. Sustainability guardrails for energy scenarios of the global energy transition[J]. Renewable and Sustainable Energy Reviews, 91: 321-334.

GAO S, ZHANG S M, 2021. Application of coal gangue as a coarse aggregate in green concrete production: a review[J]. Materials, 14(22): 6803.

INTERNATIONAL ENERGY AGENCY, 2024. CO_2 Emissions in 2023[R]. Paris: International Energy Agency.

MEGÍA P J, VIZCAÍNO A J, CALLES J A, et al., 2021. Hydrogen production technologies: from fossil fuels toward renewable sources. A mini review[J]. Energy & Fuels, 35(20): 16403-16415.

SAFARI F, DINCER I, 2020. A review and comparative evaluation of thermochemical water splitting cycles for hydrogen production[J]. Energy Conversion and Management, 205: 112182.

SARKER A K, AZAD A K, RASUL M G, et al., 2023. Prospect of green hydrogen generation from hybrid renewable energy sources: a review[J]. Energies, 16(3): 1556.

XU Q, CHEN C, YAN Y, et al., 2024. Interfacial charge transfer in coal gangue/NiO-x composites photocatalyst for efficient-degradation of ciprofloxacin[J]. Materials Chemistry and Physics, 319: 129238.